셀프트래블

방 콕
Bangkok

김정숙 지음

KB019794

상상출판

셀프트래블

방콕

상상출

셀프트래블

방콕

개정2판 1쇄 | 2024년 2월 14일

글과 사진 | 김정숙

발행인 | 유철상
편집 | 안여진, 김정민
디자인 | 주인지, 노세희
마케팅 | 조종삼, 김소희
콘텐츠 | 강한나

펴낸 곳 | 상상출판
주소 | 서울특별시 성동구 뚝섬로17가길 48, 성수에이원센터 1205호(성수동 2가)
구입 · 내용 문의 | **전화** 02-963-9891(편집), 070-7727-6853(마케팅)
팩스 02-963-9892 **이메일** sangsang9892@gmail.com
등록 | 2009년 9월 22일(제305-2010-02호)
찍은 곳 | 다라니
종이 | ㈜월드페이퍼

※ 가격은 뒤표지에 있습니다.

ISBN 979-11-6782-555-1 (14980)
ISBN 979-11-86517-10-9 (SET)

2024 김정숙

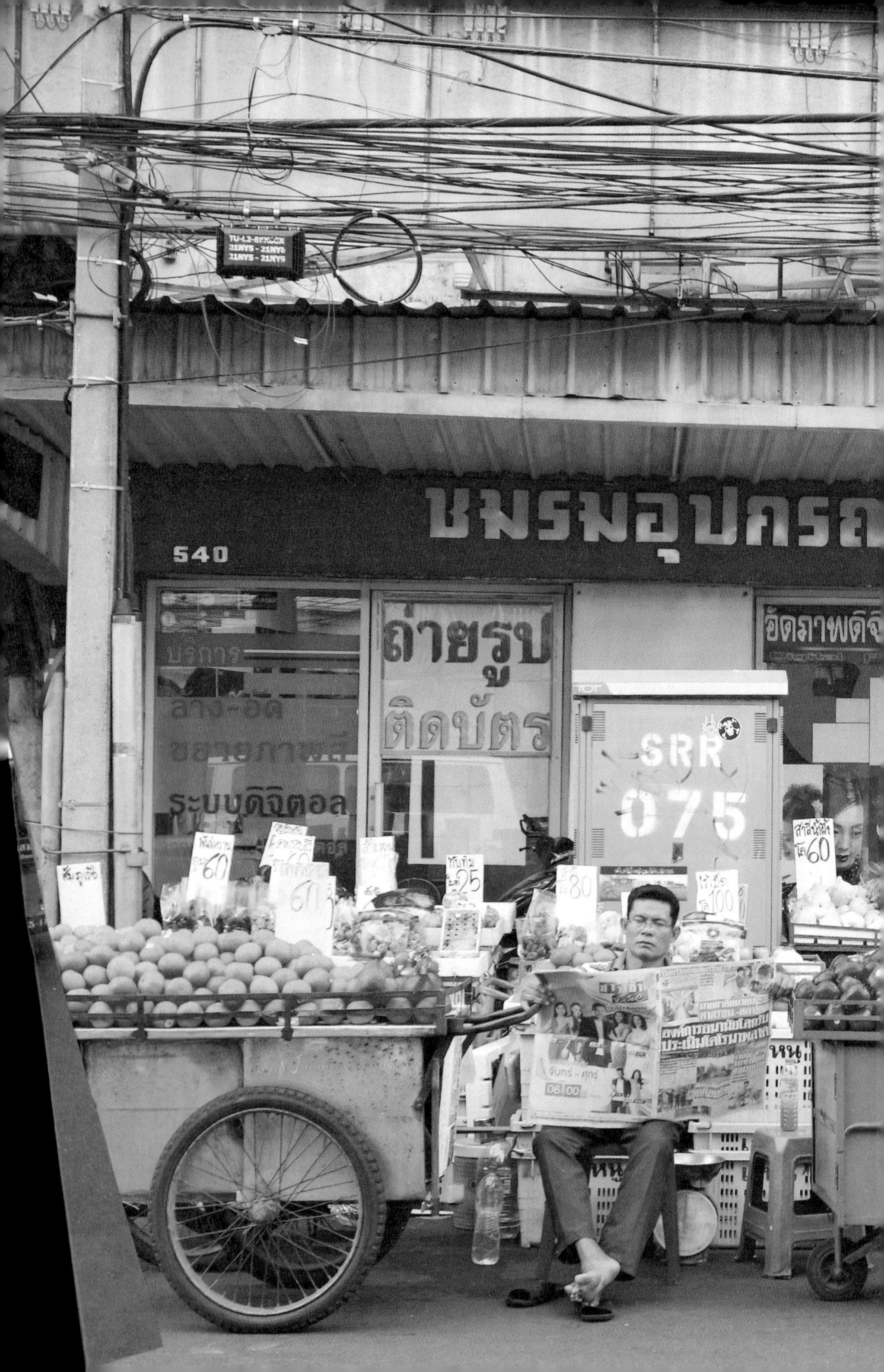
540
ถ่ายรูป
ติดบัตร
ระบบดิจิตอล
SRR
075

Prologue

나의 첫사랑 방콕

방콕하면, 언제나 그리운 것은 바로 '냄새'다. 공항에 내렸을 때, 더운 열기와 함께 훅하고 같이 밀려오던 그 매캐한 냄새. 나는 그 냄새가 좋아서, 서둘러 택시를 타지 않고 아주 오랫동안 그 냄새를 음미하곤 했다.

서른 살이 돼서야 떠난 첫 국외 여행지는 바로 방콕, 전 세계 배낭여행자들이 모인다는 카오산(Khaosan)이었다. 자정이 다 되어 도착한 그곳은 한마디로 별천지였다.

지금이 낮인지 밤인지 구분도 못 할 만큼 거리는 불야성이었고, 가뜩이나 더운 날씨에 틈 하나 없이 들어서 있는 숙소들과 식당들, 술집들이 뿜어내는 열기는 날씨보다 더 뜨거웠다. 각 나라의 여행자들은 백인백색이라는 말처럼 저마다 다양한 모습이었고, 한쪽에는 희한한 물건들을 널어 놓은 좌판들과 길거리 음식을 파는 포장마차들까지 뒤엉켜 혼잡함의 극치를 보여주었다.

미리 공부해 간 숙소(하루에 우리나라 돈으로 3,000원 정도 하는 게스트하우스였다)를 어찌어찌 찾아갔더니 그 안은 더 가관이었다. 커다란 수건을 이불이라고 내주고 땀에 전 몸을 씻으러 간 공용 욕실은 물때가 덕지덕지 끼어 심란하기 그지없었다.

방으로 돌아와 곰팡이가 낀 천장과 벽 한쪽을 보고 있자니 내가 지금 여기서 뭐 하고 있나, 하는 생각이 스멀스멀 올라왔다. 하지만 사람의 적응력이란 참으로 놀라운 일이었다. 그렇게 3일 정도를 보내니 수건을 이불 삼아 잠도 꽤 자게 되었고, 욕실 물때에 미끄러지지 않게 씻는 요령도 터득하는 등 조금씩 적응하게 되었다.

매일 일기도 쓰고 책도 보고 햇빛이 좋은 날은 빨래도 하면서… 점점 그럴싸한 여행자가 되어갔다.

카오산은 참 이상한 곳이었다. 처음 도착했을 때는 하루도 못 지낼 것 같더니만, 하루 이틀 그렇게 지내니 방콕 시내 한 번 나가게 되질 않는다. 그도 그럴 것이 숙소인 게스트하우스에서 한 발자국만 나가면 저렴하고 맛있는 식당 천지에, 매일 먹어도 질리지 않는 노점 국숫집, 1시간에 단돈 100B짜리 마사지 가게까지 즐비하다. 식당인지 술집인지 경계가 모호한 곳이 많은 것도 마음에

들었다. 맥주 한 병 주문하고 길거리를 몇 시간씩 바라만 보고 있어도 무지하
게 재미있으니 말이다. 캄보디아로 떠날 계획은 자꾸 뒤로 미룬 채, 내일 가야
지 내일 가야지 하다가 벌써 열흘째 눌러앉아 버렸다. 자꾸만 누군가가 나를
붙잡는 것 같은 방콕에서 어렵게 궁둥이를 떼고 앙코르 와트로 떠났다. 한 달
간 캄보디아를 거쳐 베트남을 돌아 다시 방콕으로 돌아온, 나의 첫 번째 배낭
여행. 그 시작과 끝에는 모두 방콕이 있었다.

그렇게 시작한 첫 방콕 여행도 어언 20년이 넘었다. 한국에서 밥벌이하며 틈
틈이 방콕을 드나들었지만, 언제나 부족하게 느껴졌고 궁금했고 더 알고 싶
은 상대였다. 그렇다! 나는 방콕과 사랑에 빠지게 된 것이다. 첫 해외 여행지
가 방콕이 아닌 다른 곳이었다면 어땠을까, 가끔 생각해보곤 한다. 방콕이 아
니라도, 공항에 내려 마치 숨구멍이 커진 사람처럼 그 냄새를 탐하곤 했을까?
때론 감당하기 힘든 스펙트럼을 보여주기도 해서 버거울 때도 있었지만, 가
끔 다른 여행지로 외도(?)를 한 적도 있었지만, 결국에 다시 방콕으로 돌아오
곤 한다. 어떤 강력한 자기장에 이끌리는 것처럼, 이성과 논리로는 이해할 수
없는 애정! 긴 시간을 같이했지만, 또 곁에 두고 싶고, 궁금하고, 더 알고 싶
은 그런 곳이다. 오래된 첫사랑임에도 불구하고 이렇게 두근거릴 수 있다니,
참으로 신기한 일이다.

독자에게 전하는 마음
저의 맹목적인 사랑을 받는 방콕이지만, 사진을 찍고, 취재하고, 글을 쓰는
일만큼은 최대한 객관적인 시선으로 방콕을 바라보려고 노력했습니다. 가이
드북을 만드는 일에는 왕도가 없음을 알기에 지도에 점 하나 찍는 일도 쉽지
않았습니다. 그래서 더욱 제가 할 수 있는 최선을 다해 노력과 정성을 아끼
지 않았습니다. 부디 이 책이 방콕 여행의 지혜로운 나침반이 되길 바랍니다.

2024년 2월에, 김정숙 드림

Contents
목차

Mission in Bangkok

방콕에서 꼭 해봐야 할 모든 것 • 40

Enjoy Bangkok

방콕을 즐기는 가장 완벽한 방법 • 88

Step to Bangkok

쉽고 빠르게 끝내는 여행 준비 • 308

Self Travel Bangkok
일러두기

❶ 주요 지역 소개

『방콕 셀프트래블』은 방콕의 스쿰빗 I, 스쿰빗 II, 씨암, 칫롬과 펀칫, 실롬 & 사톤 & 리버사이드, 차이나타운, 올드시티와 근교 파타야까지 폭넓게 다루고 있습니다.

❷ 철저한 여행 준비

Mission in Bangkok 방콕에서 놓치면 안 될 미션 페이지(p40)를 수록했습니다. 방콕 및 근교 주요 관광지부터 대표 음식과 디저트, 로컬 식당, 푸드코트, 스파와 마사지 숍, 쇼핑 리스트, 맞춤형 숙소 타입까지 원하는 대로 나만의 여행을 준비할 수 있습니다.

Step to Bangkok 출입국 수속, 교통과 각종 노선도, 방콕 식문화 정보를 수록해 방콕에 대해 더 깊이 알아볼 수 있습니다. 또한 알아두면 유용한 기초 태국어와 주요 태국어 표기를 실어 초보 여행자도 손쉽게 방콕을 여행할 수 있습니다.

❸ 알차디알찬 여행 핵심 정보

Enjoy Bangkok 지역별 각 챕터에서는 본격적인 소개에 앞서 상세 지도와 함께 해당 지역을 돌아다니는 법과 주요 거리 및 교통수단을 안내합니다. 이후 관광명소, 식당, 나이트라이프, 스파, 쇼핑, 숙소 등을 차례로 소개합니다. 각 관광명소는 별점을 표기했으며 이 밖에 알아두면 좋은 정보는 more & more, Tip, Special Tour로 정리했습니다.

❹ 원어 표기

최대한 외래어 표기법을 기준으로 했으나, 몇몇 지명과 관광명소, 상호의 경우 여행자들에게 익숙한 이름을 택했습니다. 각 명소마다 영문명 혹은 원어명을 함께 표기하여 참고하도록 하였습니다.

❺ 정보 업데이트

이 책에 실린 모든 정보는 2024년 2월까지 취재한 내용을 기준으로 합니다. 현지 사정에 따라 요금과 운영 시간 등이 변동될 수 있으니 여행 전 한 번 더 확인하시길 바랍니다. 잘못되거나 바뀐 정보는 계속 업데이트하겠습니다.

❻ 지도 활용법

이 책의 지도에는 아래와 같은 부호를 사용하고 있습니다.

주요 아이콘
- 관광지, 스폿
- ® 레스토랑, 카페 등 식사할 수 있는 곳
- ® 바, 클럽 등 나이트라이프를 즐기기 좋은 곳
- ® 마사지, 스파
- ⑤ 쇼핑몰, 백화점 등의 쇼핑 장소
- ⑪ 호텔, 게스트하우스 등의 숙소

기타 아이콘
- ⑧ BTS ⑩ MRT ➕ 병원
- ✈ 공항 🚌 버스정류장 ⑧ 은행 ⛽ 주유소

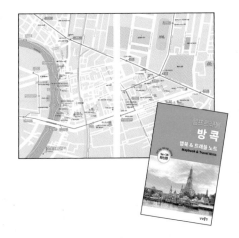

방콕 개념 잡기

방콕은 서울의 약 2.5배 정도의 크기에 인구도 천만이 훌쩍 넘는 거대 도시다.
방콕 각 지역의 개념을 먼저 파악해두면 여행 계획도 쉬워진다.

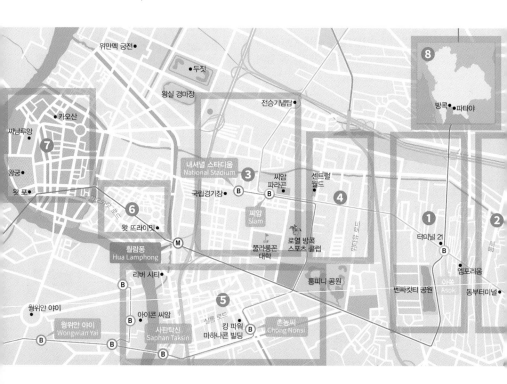

❶ 스쿰빗 I Sukhumvit I (p90)

방콕의 중심에서 동쪽으로 길게 뻗어 있는 스쿰빗 로드를 중심으로 한 지역. 나나역, 아쏙역, 프롬퐁역 주변까지 스쿰빗 I Sukhumvit I 으로 소개한다.

❷ 스쿰빗 II Sukhumvit II (p120)

방콕의 가장 동쪽이라 할 수 있는 통로와 에까마이부터 온눗과 방나, 스쿰빗 로드에서 북쪽으로 뻗은 라차다 지역을 포함한다.

❸ 씨암 Siam (p144)

방콕 쇼핑의 메카이자 젊은이들의 거리. 씨암의 북쪽 지역인 아눗싸와리 인근과 재개발을 통해 최근 주목받는 쌈얀 지역도 이곳에 속해 있다.

❹ 칫롬과 펀칫
Chitlom & Phloenchit (p168)

씨암과 함께 방콕 쇼핑의 중심지로, 고급 숙소들이 몰려 있는 곳이다. 랏차프라송을 중심으로 랑수안, 쏘이 루암루디 등도 중요한 스폿.

❺ 실롬 & 사톤 & 리버사이드
Silom & Sathon & Riverside (p194)

방콕의 대표적인 오피스 지역이자 환락가인 실롬, 대사관과 특급 호텔들이 들어서 있는 사톤, 방콕의 낭만을 대표하는 짜오프라야 강변 지역이다.

❻ 차이나타운 China Town (p222)

수많은 금방과 한약방, 식당과 시장이 밀집해 있어 특유의 열기를 만들어 내는 곳. 방콕에서도 가장 이국적이고, 복잡한 지역이기도 하다.

❼ 올드시티 Old City (p240)

태국의 관광 1번지인 왕궁과 그 주변, 시청 일대와 구시가지, 배낭여행자 거리가 있는 카오산 지역을 아우른다. 옛 도시의 정취가 많이 남아 있는 곳이다.

❽ 파타야 Pattaya (p276)

방콕과 가장 가까운 해변 휴양지이자 관광지. 방콕에서 차로 1시간 반 정도 거리에 있어 방콕과 함께 연계한 여행으로 강추!

미리 만나는 태국

방콕을 수도로 품고 있는 태국은 어떤 나라일까?
태국의 국가 정보에 대해 미리 알아보도록 하자.

❖ 국가명

태국Kingdom of Thailand. ประเทศไทย
(쁘라텟 타이, '자유의 땅'이라는 의미가 있다)

❖ 국기

태국어로 삼색기라는 뜻의 '통뜨라이롱'이라 한다. 다섯 개의 가로줄 무늬
로 이루어져 있는데 가운데 청색은 국왕을 의미하고 흰색은 불교를, 가장
바깥쪽에 있는 붉은색은 국민의 피를 상징한다. 라마 6세 시대인 1917년
9월부터 정식으로 사용하였다.

❖ 국가형태

입헌군주제, 의원내각제

❖ 수도

방콕(끄룽텝)
태국의 수도이자 세상에서 가장 긴 이름을 가진 도시로 기네스북에 오
르기도 한 방콕의 태국 내 공식 이름은 '끄룽텝 마하나콘 아몬 랏따나꼬
신…위싸누깜 쁘라씻'으로 일흔 글자나 된다. 방콕은 톤부리시대 지역을
의미하는 '방꺽'이 서양에 알려져 지금까지 쓰이고 있다. 간단히 줄여 '끄
룽텝'이라 부르는데 도시를 뜻하는 '끄룽'과 천사를 뜻하는 '텝'이 합쳐진
말로 '천사들의 도시'라고 불린다.

❖ 면적

약 51만 4천㎢ (전 세계 50위/한반도 면적의 약 2.3배)

❖ 행정구역

태국은 위치에 따라 중부, 동부, 북부, 북동부, 남부 등 5개로 크게 구분한
다. 행정 구역상으로는 수도인 방콕과 75개의 짱왓(대한민국의 도(道)와

같은 개념)으로 나뉜다. 짱왓은 다시 암퍼(군)–땀본(면)–무리)의 순서로
세분된다.

❖ 인구

약 7천 160만 명(2021년 세계은행 기준)
전 세계에서 20번째로 인구수가 많은 국가이다. 25~64세까지가 전체
인구의 약 57%를 차지한다. 점점 출산율은 낮아지고, 고령화 사회로 빠르
게 접어들고 있다. 전체 인구의 약 1/6이 방콕과 방콕 광역권에 집중되어
있다. 태국 내 인구 밀도 2위의 도시는 치앙마이나 푸껫이 아닌, 코랏이라
불리는 동북부(이싼)에 자리한 나콘랏차시마 Nakhon Ratchasima이다.

❖ 민족

타이족이 75%로 다수를 차지한다. 중국계가 14% 이상, 기타 말레이족,
크메르족, 몽족, 고산족 등이 나머지를 차지한다. 중국계(화교)는 탄탄한
경제력을 기반으로 태국 사회에서 많은 영향력을 행사하고 있다.

❖ 언어와 문자

공용어는 태국어, 태국 문자를 사용한다. 태국 문자는 크메르 문자를 바
탕으로 1283년에 창제한 표음문자로 44자의 자음자를 갖고 있다. 어려워
보이는 문자지만 인구의 91% 이상이 문자를 해독할 수 있다. 호텔과 식당
같은 관광 업소에서는 대부분 영어를 쓴다.

❖ 통화(화폐)

태국의 화폐는 바트Baht로 B라고 표기한다. 1B, 2B, 5B, 10B는 동전이며,
20B, 50B, 100B, 500B, 1,000B는 지폐이다. 신권 지폐에는 현재 국왕(라
마 10세)의 초상화가 그려져 있다. 이전 국왕인 라마 9세가 그려진 구권
도 사용할 수 있다.

❖ 종교

태국은 종교의 자유가 있지만, 국민의 95% 이상이 불교를 믿
는다. 태국의 불교는 개인의 해탈을 교리로 하는 소승불교다.
람캄행 대왕 시대를 거치면서 불교 사상을 기초로 국가 통치
의 기반을 세우고 사회 질서를 확립하였다. 태국 사회에서 승
려는 절대적인 지위를 갖고 있으며 대외적으로도 가장 중
요하고 존경받는 신분이다. 태국 남성들은 일생에 한 번
은 승려 생활을 하는데 이것을 '부엇낙'이라고 한다. 이
는 공덕을 쌓는 일 중의 하나로 여겨지며, 수행을 마친
후에 진정한 성인으로 인정받는다.

태국 여행 정보

태국 여행, 이것만은 알고 가자!
태국 여행에 필요한 기본 정보들을 한자리에서 살펴보자.

❖비행시간

한국에서 태국(방콕)까지 직항으로 약 6시간 소요된다.

❖시차

표준 시간대 UTC+7, 한국보다 2시간 느리다. 예를 들어 한국이 오전 10시일 때 태국은 오전 8시다.

한국 10:00 → 태국 08:00

❖기후

열대 몬순 기후로 지역별로 차이는 있지만 1년 내내 덥다고 할 수 있다. 3월~5월은 비는 많이 내리지는 않지만 가장 무더운 시기로 한낮 기온이 40도 가까이 올라간다. 6월~10월은 더위는 한풀 꺾이지만 1년 치 강수량이 몰려 있는 우기 시즌이다. 11월부터 이듬해 2월까지는 비교적 선선한 날씨가 이어지고 화창한 날이 많아 여행하기에 적합한 시기이다. 참고로 코사무이, 코팡안, 코따오 등이 있는 남부 동해안 지역은 태국의 다른 지역과 우기/건기가 반대이다. 다른 지역이 건기로 접어드는 10월 말~12월이 우기이고, 연중 강수량이 집중된 시기이기도 하다.

❖비자

한국 여권 소지자는 90일간 무비자로 태국에 체류할 수 있다.

❖환율

현재 1B는 약 38원 정도이다. (2024년 2월 기준)

❖환전

태국에서는 달러보다는 태국 화폐인 바트를 주로 사용한다. 1주일 미만의 기간이 짧은 여행이라면 바트와 비상금 용도의 달러를 섞어서 환전하는 것이 좋다 (부피가 커지기 때문에). 달러는 현지의 환전소나 은행에서 태국 돈으로 환전해서 사용하면 된다. 혹시라도 여행 중 비용이 부족하면 ATM(현금인출기)을 통한 현금 인출도 가능하다. 방콕 시내 곳곳에 어디라도 ATM은 아주 많다.

❖신용카드

고급 호텔과 레스토랑, 쇼핑몰 등에서 신용카드를 사용할 수 있다. 숙소에서 체크인 시 보증금Deposit을 위해 신용카드를 요청하는 경우가 많으니 꼭 챙겨 가도록 하자. 공항과 호텔, 시내 곳곳에 24시간 ATM이 있어 국제 현금카드를 이용할 수도 있다.

❖전압

220V, 50Hz. 국내 전자기기 그대로 사용할 수 있다.

❖와이파이

호텔 대부분과 레스토랑, 스파 숍, 카페 등에서 무료로 와이파이를 사용할 수 있다. 속도가 빠른 편이 아니라서 약간의 인내심이 필요하다.

❖로밍과 유심

본인의 휴대 전화를 로밍해도 되고 현지에서 SIM 카드를 구매해 태국 전화번호를 개통할 수도 있다. 공항이나 시내의 매장 등에서 구매하면 된다.

❖물(식수)

태국(방콕)의 수돗물은 석회질이 다량 함유되어 있어 그냥 마시면 안 된다. 반드시 생수(미네랄워터)를 사서 마시도록 하자. 500㎖ 정도의 작은 병은 10~13B 정도이다.

❖치안

방콕의 치안은 안전한 편이다. 하지만 스스로 조심해야 하는 부분도 있으니 과음은 삼가고 어두운 밤에 으슥한 골목길 등은 돌아다니지 않도록 하자.

❖공휴일

태국의 공휴일은 왕실과 불교 관련 기념일이 많다. 불교 기념일은 음력으로 지내는 경우가 대부분이라 매해 날짜가 바뀐다. 태국의 새해에 해당하는 송끄란 기간은 매해 날짜가 같다. 공휴일이 토, 일요일이 될 경우, 돌아오는 월요일에 대체 공휴일을 실시한다. 아래 날짜 외에 선거일도 공휴일이다. 5대 불교 기념일에는 24시간 동안 술집, 식당, 마트(편의점 포함), 백화점 등에서 주류를 일절 판매하지 않는다.

날짜	내용	특이사항
1월 1일	NEW YEAR'S DAY (신정)	
음력 1월 15일	마카부차 데이. 부처의 설법을 듣기 위해 1,250명의 제자가 자발적으로 모인 것을 기념하기 위한 날로 불교에서는 매우 경건한 날로 여긴다.	주류 판매 금지
4월 6일	현재 왕조인 짜끄리 왕조의 창건일	
4월 13~15일	송끄란. 태국 전통의 설날	
음력 4월 15일	위싸카부차 데이. 부처의 일생을 기념하는 날로 한국의 부처님 오신 날과 비슷한 의미를 지니고 있다.	주류 판매 금지
5월 1일	노동절	
7월 중순~8월 초	아싼하부차 데이. 석가모니의 최초 설법기념일 (태국 불력으로 8월 15일에 지내기 때문에 매해 날짜가 바뀐다)	주류 판매 금지
7월 중순~8월 초	카오판싸 데이. 입안거일 태국 불력으로 매해 8월 16일부터 11월 15일까지 우기 석 달 동안 불교 신자들이 집중적으로 수행하는 기간. 태국의 남성들이 대개 이 기간에 일시 출가하여 승려 생활을 체험한다. 해마다 아싼하부차 기념일 다음 날이 카오판싸일이다. ※안거 수행이 끝나는 날은 옥판싸Ok Phansa라 하고 휴일은 아니지만, 주류 판매는 금지된다.	주류 판매 금지
7월 28일	라마 10세 국왕의 생일	
8월 12일	시리낏 왕비의 생일 & 어머니의 날	
10월 13일	라마 9세 애도의 날	
10월 23일	라마 5세(쭐라롱껀 대왕) 기념일 (서거일)	
12월 5일	라마 9세의 생일 & 아버지의 날	
12월 10일	제헌일	
12월 31일	NEW YEAR'S EVE (연말)	

*러이끄라통Loy Krathon : 휴일은 아니지만, 태국인들이 소중히 여기는 전통 축제다. 태국력 12월 보름에 행해지는 축제로, 연꽃 모양의 작은 배(끄라통)에 불을 밝힌 초와 꽃 등을 실어 강물이나 운하에 띄워 보내면서(러이) 소원을 빈다. 수코타이를 비롯해 북부 지방에서 유명하다.

알아두면 쓸모 있는 방콕 상식

알아두면 쓸모 있는 방콕의 이모저모 상식들!
한국과 닮은 듯 다른 방콕의 상황들을 미리 알아두고 살펴보도록 하자.

❖ 태국은 입헌군주제랍니다

태국은 과거 절대군주제였으나 1932년 입헌 혁명이 일어나면서 입헌군주제를 채택하였다. 입헌군주제를 택한 국가들의 국왕은 명목상의 군주로서 허울만 있는 경우가 대부분이지만, 태국은 조금 다르다. 방콕 시내 곳곳에 국왕의 사진이 걸려 있으며 지나가는 시민은 손을 모아 인사를 한다. 국민의 절대적인 존경심을 바탕으로, 국가 통합의 중심이 되고 있기에 태국 국왕은 직간접적으로 정치와 경제에 영향을 미치고 있다. 여행자들도 그들의 문화를 존중하는 의미로 국왕에 대한 불경스러운 말과 행동은 삼가야 한다.

❖ 교통 체증이 어마어마해요

방콕의 교통 체증은 상상을 초월한다. 안 막히면 5~10분 거리임에도 1시간을 가는 경우가 빈번해서 차라리 걷는 것이 더 나을 때도 있다. 특히 출퇴근 시간대인 오전 7시~9시와 오후 17시~20시까지, 혹은 비라도 내리게 된다면 지옥의 러시아워를 경험하게 될 수도 있다. 길에서 시간을 허비하고 싶지 않다면 택시에만 의존해서는 절대 안 되며, 스카이트레인 BTS와 지하철 MRT, 오토바이 택시를 적극적으로 이용할 필요가 있다. 여행의 목적과 일정에 따라 숙소를 잘 선정하는 것도 중요하며 이런 교통 상황을 충분히 인지하고 동선을 짜야 한다.

❖ 일방통행이 많아요

방콕은 일방통행 도로가 많다. 계획도시가 아닌 방콕은 자연발생적으로 마을이 생기면 그것에 맞춰 도로를 만든 경우가 빈번했다. 이 때문에 미로 같은 좁은 골목들이 방콕 곳곳에 있고 이런 길들의 원활한 차량 소통을 위해 일방통행을 실시하는 곳이 많은 것이다. 택시를 잡을 때는 차량 진행 방향에 유의해야 하고 조금 돌아가는 것 같더라도, 일방통행 때문일 때도 있으니 마음의 여유를 가져야 한다. 또한 차량 진행 방향이 한국과는 반대이니 길을 건널 때도 주의!

❖ 도심 재생 사업에 진심이에요

오래된 구도심의 재생을 위해 왕실부터 정부, 대기업까지 한마음 한뜻을 모으고 있는 곳이 바로 방콕이다. 100년도 넘은 건물을 카페나 레스토랑으로 활용하거나 공공미술을 통해 슬럼화된 지역을 다시 살리는가 하면, 태국의 대기업들은 엄청난 부동산 개발에 앞장서고 있다. 최근 몇 년 사이, 거미줄처럼 촘촘해지고 있는 방콕의 지하철 노선을 따라 도심의 재생 사업은 더욱 속도를 낼 전망이다. 딸랏 노이, 차이나타운, 쌈얀, 라마 4세 로드 등이 이런 사업을 통해 새롭게 부상된 명소로, 여행자들에게도 점점 주목받고 있다.

❖술을 판매하는 시간이 따로 있어요

편의점이나 마트 등에서는 주류 판매 시간이 따로 있다. 11:00~14:00까지, 17:00~24:00까지 판매하고 그 외의 시간은 주류 판매가 금지된다. 즉, 술을 사다가 숙소 등에서 마시려면 자정 전까지 구매해야 한다. 5대 불교 기념일(공휴일)에는 24시간 동안 술집, 식당, 마트(편의점 포함), 백화점 등에서 주류를 일절 판매하지 않는다. 또한 선거가 있으면 선거일 전날 18시부터 선거 당일 18시까지, 24시간 술을 판매하지 않는다. 적발되면 판매한 사람과 구매한 사람 모두 처벌받는다.

❖팁 문화가 있어요

태국은 팁 문화가 있다. 전 세계 공통적인 호텔뿐 아니라 식당, 마사지 숍 등에서도 팁은 일반적이다. 방콕은 부가세와 봉사료가 따로 붙는 식당이 많아 이럴 때 팁을 따로 내지 않아도 좋고, 봉사료가 따로 붙지 않는 중급 식당에서는 잔돈을 조금 테이블에 올려두면 적당하다. 저렴한 마사지 숍에서는 1시간에 50B, 2시간에 100B를 지급하는 것이 일반적이다.

---

more & more **Do & Don't**

❶ 전통적인 인사법으로는 '와이'라는 것이 있는데 두 손을 가지런히 모아 얼굴에 대는 인사법이다. 보통 상대방의 나이가 많을수록, 존경심이 많을수록 손을 높이 올리고 얼굴을 많이 숙이고 인사를 한다.

❷ 태국인들의 국왕에 대한 사랑은 절대적이다. 왕실이나 왕의 동상 등을 지나칠 때도 경의를 표한다. 국왕에 대한 불경스러운 행동은 태국인들로부터 강력한 항의를 받을 소지가 있다.

❸ 태국인들은 머리를 신체 중 가장 중요한 곳으로 생각한다. 태국인의 머리를 손으로 만지거나 쓰다듬는 행위는 금기다. 귀엽다고 어린이의 머리를 쓰다듬는 것도 포함이다.

❹ 여성들은 승려와 신체적 접촉을 피해야 한다. 배나 기차, 비행기, 심지어 버스에서도 이 원칙은 지켜지며 물건을 건넬 때도 직접 전달하면 안 되고, 승려 앞에 깔아 둔 천에 물건을 올려 전달해야 한다. 대중교통에는 승려 전용 좌석도 있다.

❺ 사원에 갈 때는 노출이 심한 옷은 삼가야 한다. 민소매 상의나 무릎위로 올라간 반바지나 치마, 찢어진 청바지로는 사원 입장이 불가능하다. 또한 태국인의 집이나 사원의 불당은 신발을 벗고 들어가게 되어 있다.

휴양 반 관광 반 가장 멋진 4박 6일

방콕 완전 정복을 위한 완벽한 4박 6일. 숙소는 시내 2박,
올드시티 2박으로 나누어 잡는다. 시내 2박 동안은 쇼핑센터와 스파에 집중하고,
나머지 2박은 관광과 로컬푸드 탐험을 즐기는 일정이다.

★ Day 1

14:00 방콕 도착

16:00 시내 호텔 체크인

17:00 숙소와 가까운 스파를 골라 스파 받기

19:00 칫롬 지역으로 이동,
땀미얌미나 웰라 신돈 빌리지에서
저녁 식사

21:00 센타라 그랜드 호텔 55층의 바인
레드 스카이에서 야경과 재즈 감상

★ Day 2

08:00 호텔 조식 후
담넌 싸두억 수상 시장 투어 출발

09:00 담넌 싸두억 수상 시장 투어 즐기기

14:00 숙소 귀환

15:00 호텔 부대시설 즐기며
잠시 휴양모드

17:00 씨암 지역으로 이동

18:00 씨암 파라곤 푸드 홀에서
저녁 식사

20:00 씨암 파라곤 고메 마켓에서
구경 & 쇼핑

21:00 숙소 귀환

★ Day 3

09:00 천천히 일어나 느긋하게 조식 즐기기

10:00 호텔 부대시설 즐기며 잠시 휴양모드

12:00 체크아웃, 올드시티 지역(카오산)으로 이동,
호텔에 짐 맡기기

13:00 쿤 댕 꾸어이짭 유언이나
카놈찐 반푸깐에서 점심 식사

14:00 호텔 체크인

16:00 카오산의 저렴한 길거리 마사지 받으며 잠시 휴식

18:00 카오산 길거리 노점에서 자유로운 저녁 식사

20:00 카오산 로드에서 양동이 칵테일 마시기

★ Day 4

10:00 관광 1번지인 왕궁 관람하기

12:00 걸어서 왓 포로 이동, 왓 포 관람

13:00 푸아끼 혹은 찌라 옌타포에서 점심 식사

15:00 숙소로 돌아와 샤워하고 잠시 휴식

16:00 차이나타운으로 이동, 차이나타운 워킹 투어

18:00 나이엑 롤 누들에서 저녁 먹고 야오와랏 토스트 번으로 마무리

20:00 숙소로 돌아와 카오산 노천 바에서 맥주 마시며 음악 즐기기

★ Day 5

09:00 프라쑤멘 요새 공원 산책

11:00 체크아웃하고 짐 맡기기

12:00 카오산의 마담 무써에서 저녁 식사

14:00 시청 주변 구시가지 워킹 투어 & 왓 수탓 방문

17:00 팁 사마이에서 이른 저녁 식사

18:00 빠이 스파에서 스파 받고 샤워하기

20:00 짐 찾고 공항으로 출발

21:00 공항 도착 & 항공 수속 밟기
(출출하면 24시간 이용 가능한 푸드코트 이용하기)

Try Bangkok 02

저렴하게 즐겨보자!
방콕 배낭여행 콘셉트 3박 5일

지갑이 얇은 여행자라도 방콕에서라면 걱정할 필요가 없다. 저비용 항공사를 이용하면서 카오산의 가성비 숙소에 묵는다면, 큰 비용을 들이지 않고도 방콕 여행을 즐길 수 있다.

★ Day 1

23:00 방콕 도착
24:00 방콕 카오산 숙소 체크인

★ Day 2

10:00 관광 1번지인 왕궁 관람하기
12:00 걸어서 왓 포로 이동,
왓 포 관람
13:00 시청 인근의 안야 어센틱 타이퀴진
혹은 크루아 압손에서 점심 식사
14:00 진저브레드 하우스나
몬놈솟에서 디저트 즐기기
15:00 시청 주변 구시가지 워킹 투어
& 왓 수탓 방문
17:00 카오산의 저렴한 길거리 마사지
받으며 잠시 휴식
18:00 카오산 마담 무써나
쿤 댕 꾸어이짭 유언에서
저녁 식사
20:00 카오산 로드에서 양동이
칵테일 마시기

★ Day 3

09:00 푸아끼에서 아침 식사

10:00 프라쑤멘 요새 공원 산책

11:00 씨암 지역으로 이동,
　　　　방콕 예술문화센터 방문

12:00 짐톰슨 하우스 둘러보기

13:00 씨암 파라곤 푸드 홀의 푸드코트에서
　　　　점심 식사

14:00 씨암 스퀘어 구경하기

16:00 BTS나 MRT 타고
　　　　강변이나 차이나타운으로 이동

17:00 딸랏 노이Talat Noi 워킹투어

19:00 차이나타운의 나이엑 롤 누들에서
　　　　저녁 식사

20:00 차이나타운 구경하기

22:00 숙소 귀환

★ Day 4

07:00 방람푸 시장 둘러보기

09:00 찌라 옌타포나 곤니찌빵 베이커리에서
　　　　아침 식사

10:00 체크아웃하고 짐 맡기기
　　　　& BTS 타고 므앙보란 방문

14:00 아쏙 지역으로 이동, 터미널 21 내의
　　　　푸드코트(피어 21)에서 점심 식사

15:00 터미널 21 둘러보기

17:00 라차다 지역으로 이동, 쩟페어(조드 페어)
　　　　야시장 탐방 & 저녁 식사

20:00 숙소로 돌아와 짐 찾고 공항으로 출발

21:00 공항 도착 & 항공 수속 밟기

Try Bangkok 03

여자들끼리 쌈박한 럭셔리 휴가 3박 5일

여자들이 바라는 모든 것이 있는 곳! 여자들의 원더랜드, 방콕!
여유 있는 호캉스를 즐길 수 있는 일정이다. 럭셔리 고급 숙소에
머물며 우아하게 조식과 애프터눈티를 즐기고 스파와 쇼핑에 집중해보자.

★ Day 1

14:00 방콕 도착

16:00 호텔 체크인

17:00 랑수안으로 이동,
디오라 랑수안에서 스파 받기

19:00 웰라 신돈 빌리지 내
롱씨 포차나에서 저녁 식사

21:00 레드 스카이나 더 로프트에서
방콕의 야경 즐기며 칵테일 마시기

★ Day 2

09:00 천천히 일어나
느긋하게 조식을 즐기기

10:00 호텔 부대시설 즐기며
잠시 휴양모드

12:00 호텔 풀 바에서
간단한 점심 식사 & 수영

16:00 만다린 오리엔탈 호텔 내
오터스 라운지에서 애프터눈 티 즐기기

18:00 아이콘 씨암 쇼핑센터
방문 & 쇼핑

21:00 밀레니엄 힐튼 32층의 바에서
강변의 야경 감상하며 하루 마무리

★ Day 3

09:00 조식 즐기기

10:00 호텔 부대시설 즐기며
잠시 휴양모드

13:00 통로로 이동,
그레이하운드 카페나
로스트에서 점심 식사

14:00 통로 구경
& 빠톰 오가닉 리빙에서 차 마시기

16:00 디바나 디바인 스파에서 스파 받기

18:00 험두언이나 사바이 짜이에서
로컬 음식 즐기기

20:00 티추까나 옥타브 방문
& 방콕의 밤 즐기기

22:00 숙소 귀환

★ Day 4

10:00 조식 즐기기

12:00 체크아웃하고 짐 맡기기

13:00 씨암으로 이동,
씨암 파라곤 푸드 홀에서 점심 식사

14:00 씨암 파라곤, 씨암 디스커버리
등에서 못다 한 쇼핑 즐기기

17:00 씨암 스퀘어의 망고 탱고에서
달달한 디저트 즐기기

19:00 스라부아나 반쿤매에서
저녁 식사

20:00 숙소로 돌아와
샤워하고 짐 찾고 공항으로 출발

21:00 공항 도착
& 항공 수속 밟기

Try Bangkok 04

1석 2조 방콕과 파타야도 문제없는 5박 6일

방콕과 파타야를 연계한 5박의 일정이다. 금액은 조금 비싸지만,
택시나 여행사의 맞춤 차량으로 이동하면 쾌적하고 편리하다. 파타야에서는
자연과 휴양을 좀 더 즐기는 것에 무게 중심을 두고, 쇼핑은 방콕에서 하는 것이 좋다.
어디를 먼저 묵을지는 항공 스케줄에 따라 결정하면 된다.

★ Day 1

14:00 방콕 도착

15:00 방콕 공항에서 바로 파타야로 이동

18:00 파타야 호텔 도착 & 체크인

19:00 자스민스 카페에서
　　　 저녁 식사

20:00 렛츠 릴랙스나
　　　 헬스 랜드에서 마사지

★ Day 2

08:00 호텔 조식 후 산호섬 투어 출발

09:00 산호섬 투어 즐기기

14:00 숙소 귀환

15:00 호텔 부대시설 즐기며 잠시 휴양모드

18:00 프리차 시푸드에서 해산물 즐기기

20:00 프라 땀낙 뷰포인트에 올라 야경 감상

21:00 호프 브루 하우스에서 맥주 한잔

22:00 워킹 스트리트에서
　　　 나이트 라이프 즐기기

★ Day 3

08:00 아침 식사 후 체크아웃 & 짐 맡기기

09:00 파타야 반나절 시티 투어 출발
　　　 (농눅 빌리지, 진리의 성전 등 둘러보기)

13:00 숙소 귀환 & 댕담
　　　 혹은 쏨땀 나므엉에서 점심 식사

15:00 방콕으로 출발

19:00 방콕 도착, 방콕 호텔 체크인

20:00 숙소 근처에서 저녁 식사

22:00 레드 스카이에서 야경과 재즈 감상

★ Day 4

10:00 관광 1번지인 왕궁 관람하기

12:00 걸어서 왓 포로 이동, 왓 포 관람

13:00 시청 인근의 안야 어센틱 타이퀴진
혹은 크루아 압손에서 점심 식사

14:00 진저브레드 하우스나 몬놈솟에서
디저트 즐기기

15:00 시청 주변 구시가지 워킹 투어
& 왓 수탓 방문

17:00 카오산의 저렴한 길거리 마사지 받으며
잠시 휴식

18:00 카오산 마담 무쎄나
쿤 댕 꾸어이짭 유언에서 저녁 식사

20:00 카오산 로드에서
양동이 칵테일 마시기

★ Day 5

09:00 조식 즐기기

10:00 호텔 부대시설 즐기며 잠시 휴양 모드

13:00 씨암으로 이동,
씨암 파라곤 푸드 홀에서 점심 식사

14:00 씨암 파라곤, 씨암 디스커버리
등에서 쇼핑 즐기기

16:00 씨암 스퀘어 쏘이 6의
마사지 숍에서 마사지 받기

18:00 아이콘 씨암 쇼핑센터 방문
& 저녁 식사

20:00 아이콘 씨암의
쑥 씨암에서 기념품 쇼핑

21:00 만다린 오리엔탈 내
더 뱀부 바에서 재즈 감상

★ Day 6

08:00 조식 후 공항으로 출발

09:00 공항 도착 & 항공 수속 밟기

아이와 함께 떠나는 가족여행 4박 5일

방콕은 더 이상 배낭여행객만을 위한 여행지가 아니다.
다양한 볼거리와 즐길 거리로 나이에 상관없이 사랑받고 있는 방콕은
가족여행으로 선호도가 높은 곳이다.

★ Day 1

14:00 방콕 도착

16:00 시내(스쿰빗) 호텔 체크인

18:00 엠포리움과 엠쿼티어로 이동,
깝카우 깝쁠라에서 저녁 식사

20:00 엠포리움과 엠쿼티어 구경하기

21:00 고메 마켓에 들러
주전부리 구매 후 숙소 귀환

★ Day 2

09:00 조식 즐기기

10:00 호텔 부대시설 즐기며
잠시 휴양모드

13:00 호텔 풀 바에서 간단하게
점심 식사

15:00 씨암 지역으로 이동,
씨라이프 오션월드 방콕 즐기기

17:00 마담투소 방콕 관람하기

19:00 씨암 파라곤 푸드 홀에서
저녁 식사

20:30 망고 탱고에서 디저트 즐기기

22:00 숙소 귀환

★ Day 3

08:00 호텔 조식 후
담넌 싸두억 수상 시장 투어 출발

09:00 담넌 싸두억 수상 시장 투어 즐기기

14:00 숙소 귀환

15:00 호텔 부대시설 즐기며 잠시 휴양모드

18:00 라차다 지역으로 이동, 쩻페어(조드 페어)
혹은 디원 라차다 야시장 방문
(이곳에서 구경하면서 저녁 식사
& 맥주 한 잔)

21:00 숙소 귀환

★ Day 4

09:00 천천히 일어나 느긋하게 조식 즐기기

10:00 호텔 수영장에서 휴식하기

12:00 아이콘 씨암으로 이동,
점심 식사 및 쇼핑 즐기기

15:00 킹 파워 마하나콘으로 이동,
방콕의 아름다운 스카이라인 감상하기

17:00 올드시티로 이동,
왓 아룬 선셋 & 전망 감상

19:00 팁 사마이 혹은 크루아 압손에서
저녁 식사

21:00 몬놈솟에서 디저트로 하루 마무리

★ Day 5

08:00 조식 후 공항으로 출발

09:00 공항 도착
& 항공 수속 밟기

방콕에서
꼭 해봐야 할 모든 것
Mission in Bangkok

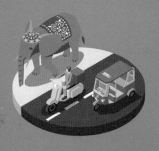

방콕 여행자의
버킷리스트 베스트 10

방콕 여행을 준비하고 있다면, 가장 먼저 떠올려야 할 10가지.
방콕 여행자들의 로망, 방콕에서 꼭 해야 할 버킷리스트를 담아 보았다.

<u>1</u> 미식 투어

방콕은 최고의 미식 도시이다. 이국적이면서
다양한 태국 음식을 즐기는 것은 방콕 여
행의 큰 즐거움이다. 태국 북부와 남부의
음식을 모두 즐길 수 있고, 신선한 해산
물 전문점도 상당히 많다. 여기에 전 세
계 음식을 맛볼 수 있는 레스토랑들까
지 더해져 오늘은 뭘 먹어야 할까? 하루
하루가 고민스러울 정도이다.

2 도심에서 즐기는 호캉스

휴양지에서만 휴양을 즐기라는 법이 있을까? 도시 한복판에서 만끽하는 휴식은 또 다른 매력을 선사한다. 이보다 더 좋을 순 없을 만큼 멋진 호텔들이 즐비한 방콕은 호캉스를 즐기기에 최적화되어 있다. 초절정 럭셔리 호텔부터 가성비 숙소까지 선택도 다양하다. 금액에 비해 숙소들의 수준이 높은 점도 매력적이다.

3 1일 1 마사지 순례

방콕에 도착한 첫날, 마사지 베드에 누워 눈을 감고 있으면 드디어 방콕에 왔구나! 하고 실감이 날 것이다. 그 저릿한 행복감이 밀려올 때의 느낌도 버킷리스트에 추가해보자. 저렴하면서 실력 있는 스파와 마사지 숍이 즐비하니 방콕에서만큼은 매일 마사지를 즐기는 것이 미덕이다. 가끔 고급 스파에서 호사를 부려보는 것도 괜찮다. 여기는 스파와 마사지의 천국, 방콕이니까!

4 파타야로 여행 가기

방콕에서 차로 2시간 거리에 있는 파타야는 휴양지인 동시에 태국의 대표적인 관광 도시이다. 오랜 시간 퇴폐적인 나이트라이프의 그늘에 가려 있었지만, 휴양 시설이 충분한 고급 리조트들이 점점 늘어나고 가족 여행자 중심의 놀이 시설이 생겨나면서 방콕과 연계한 여행지로 손색이 없다. 방콕에 비해 저렴한 물가도 여행자들을 기쁘게 한다.

5 다양한 관광지 즐기기

금박 장식이 화려한 왕궁과 왓 프라깨우를 비롯해 왓 포, 왓 아룬, 왓 수탓 등의 아름다운 사원들은 방콕이 간직한 보물들이다. 방콕의 올드시티 구역, '랏따나꼬신Rattanakosin'이라 불리는 지역에 모여 있어 하루 정도 시간을 할애해 둘러볼 것을 추천한다. 방콕의 옛 모습이 남아 있는 이곳만의 정취도 함께 느낄 수 있다.

6 방콕 곡곡 도보 여행

밖에서 휙~ 하고 둘러보면 그 진가를 알 수 없는 곳들이 있다. 방콕에는 특이하고 예쁜 거리가 많아서 천천히 걸으면서 눈과 마음에 방콕을 담아 두어야 한다. 카오산의 람부뜨리 로드와 방콕 시청 주변, 차이나타운의 딸랏 노이, 강변의 짜런끄룽 로드 등은 이색적인 도보 여행을 할 수 있는 곳들이다. 우연히 발견한 카페에서 목을 축일 수도 있고, 생각지 못한 맛집을 발견하게 될 수도 있으니 충분한 시간을 두고 이곳들을 걸어보자.

7 카페 호핑 투어

방콕은 카페 천국이다. 특히 '미친 공간 감'에 관심이 많은 여행자라면 방콕의 카페 투어를 꼭 해보길 바란다. 태국 로열 프로젝트의 하나로, 태국 북부 지역인 치앙라이에서 품질 좋은 원두를 생산하는 데다 방콕의 도심 재생 사업과 SNS 열풍이 맞물려 개성 넘치는 카페들이 넘쳐나고 있다. 창의력 넘치는 시그니처 메뉴들을 접하면 여행의 즐거움은 배가 된다. 커피뿐 아니라 차(茶) 전문점도 점점 늘어나는 추세다.

8 짜오프라야 강변 감상

방콕은 강변인가? 아닌가? 나눠질 정도로 짜오프라야 강이 갖는 의미는 특별하다. 평범했던 낮과는 다르게 밤이 되면 화려한 모습으로 탈바꿈한다. 강변에 자리한 특급 호텔들은 휴양지의 리조트처럼 꾸며 놓은 곳이 많아 숙소를 이곳으로 정해도 좋다. 머무는 것이 여의찮다면, 아이콘 씨암을 방문해도 좋고, 디너크루즈 등을 활용해도 현명한 방법이다.

9 루프톱 바 즐기기

방콕은 루프톱 바 춘추전국 시대다. 별처럼 많은 호텔이 경쟁적으로 루프톱 바에 열을 올릴 뿐 아니라, 호텔과 상관없는 루프톱 바도 속속 생기고 있다. 엄격한 복장 규정에 비싼 술을 시켜야만 하는 곳들도 있지만, 그렇지 않은 곳들도 많으니 마음 편하게 방문해보도록 하자. 단, 비가 오면 영업하지 않는 곳이 많으니 방문 전에 체크를 해보도록 하자.

10 신나는 쇼핑

방콕은 동남아시아에서 쇼핑의 메카로 통한다. 최고급 명품부터 저렴한 시장까지, 여행자의 니즈에 맞는 다양한 상품들을 구매할 수 있다. 타이 실크와 수공예품, 우수한 품질을 자랑하는 스파 제품, 오가닉 커피나 차, 말린 과일과 음식 재료 등은 선물용으로도 인기가 높다. 부가세 환급을 받으려면 'VAT Refund' 사인이 있는, 한 점포에서 2,000B 이상 구매해야 한다.

방콕에서 꼭 가봐야 할 관광명소 Top 10

처음 방콕에 발을 내딛으며 어디를 가야 할까?
고민이 많은 여행자를 위해 방콕의 핫 스폿 10군데를 추천한다.
혹시라도 일정 동안 모두 둘러보지 못해 아쉬움이 남더라도 다음을 기약해보자.
방콕은 안 가본 사람은 있어도 한 번만 방문하는 사람은 없다는, 아주 매력적인 여행지니까!

1 왕궁
The Grand Palace & Temple of the Emerald Buddha (p246)

방콕 관광의 1번지. 진부한 이름 같지만 클래식한 것이 가장 기본이 될 수 있다. 담 둘레만 1,900m에 이르고 금박, 자기, 유리 등으로 장식한 더없이 화려하고 이국적인 궁전으로 더위를 이겨가며 가볼 만한 가치가 있는 곳이다. '왓 프라깨우'라는 이름으로 더 알려진 에메랄드 사원은 왕궁의 하이라이트!

2 카오산
Khaosan Road (p267)

배낭여행자들의 집합소인 카오산에 처음 방문한다면, 문화적인 충격에 휩싸일지도 모른다. 자유로운 모습을 하고 있는 다양한 국적의 여행자들과 어디가 도로이고, 어디가 가게인지도 불분명한 거리 모습들이 때론 혼란스럽게, 때론 흥미롭게 보일 수도 있다. 그저 거리를 따라 걸어보는 것만으로도 큰 재미를 느낄 수 있는 곳이다.

3 왓 포
Wat Pho (p249)

방콕이 수도가 되기 전인 16세기에 지어진 사원. 방콕에서 가장 오래되고 큰 사원이다. 거대한 와불상과 전통으로 인해 특별한 의미를 지니고 있다. 왕궁과 연계해서 둘러보기 좋다.

왓 아룬 4
Wat Arun (p250)

'새벽 사원Temple of Dawn'이라는 이름으로도 잘 알려져 있다. 10B 동전과 태국 관광청 로고에 사용된 사원으로 짜오프라야 강의 전경과 함께 태국을 알리는 엽서나 광고 사진에도 많이 등장한다. 시내 쪽이 아닌 톤부리 쪽에 위치하고 있다.

5 차이나타운
China Town (p223)

방콕에서도 가장 이국적이고, 복잡한 지역 중 하나이다. 수많은 금방과 한약방, 제기용품, 식당들, 시장들이 좁은 골목에 밀집해 있어 차이나타운 특유의 열기를 만들어낸다. 현지인들과 섞여 '진짜 여행'을 하고 싶다면 차이나타운을 방문해보자.

딸랏 노이 6
Talat Noi (p238)

예부터 방콕의 무역과 상업의 중심지였던 곳으로 방콕에서 이민자들이 가장 먼저 정착했던 곳이기도 하다. 방콕의 재생 사업에 힘입어 최근 방콕의 핫 스폿으로 거듭나고 있는 지역이다. 역사적인 건축물들이 곳곳에 남아 있어 그 흔적을 짚어볼 수 있어 걸으면서 둘러볼 것을 추천한다.

7 씨암
Siam (p145)

방콕에서 가장 시내라 부를 수 있는 지역이다. 씨암은 라마 1세 로드와 파야타이 로드가 만나는 교차로 부근을 가리킨다. 이곳에는 씨암 센터, 씨암 파라곤, 마분콩 등 대형 쇼핑몰과 젊은이들의 거리인 씨암 스퀘어와 쌈얀이 있다.

8 쩟페어(조드 페어)Jodd Fair와
디원 라차다 The One Ratchada 야시장 (p126)

방콕으로 여행하러 온 기분을 만끽할 수 있는 야시장들이다. 모두 라차다 지역에 있다. 쇼핑을 위한 구역이 따로 있지만 간식 같은 먹을거리에 더 중점을 두고 이용하는 것이 좋다. 늦은 저녁 시간에 맥주 한잔 즐기기에도 좋다.

9 짜뚜짝 주말 시장
Chatuchak Weekend Market (p142)

말 그대로 주말에만 여는 시장
이다. 그 규모가 너무 방대해서
많은 에너지를 소모해야 하지
만, 가격은 태국을 통틀어서도
가장 저렴한 수준이라고 할 수
있다. 시장 길 건너편, 먹을거리
시장인 '딸랏 어떠꺼'와 연계해
서 구경하면 금상첨화!

10 통로
Thong Lo (p121)

스쿰빗 쏘이 55의 또 다른 이름인 통로는 방콕의 잘 나가는 선남선녀들이 모이는 핫 스폿으로도
유명하다. 관광객보다는 현지에 주거하는 상류층을 대상으로 하는 업소들이 많아 다른 지역과는
다른 '그들만의 문화'를 느낄 수 있는 곳이기도 하다.

놓치기 아쉬운
방콕 근교의 관광지

방콕 인근에도 멋진 여행지가 많다. 대부분 방콕에서 차로 1~2시간 거리에 있어
방콕에 머물면서 다양한 일정을 구상해볼 수 있다. 다만 대중교통수단을 이용해
직접 찾아가기에는 어려움이 많으므로, 여행사 투어 프로그램을 이용하는 것이 더 효율적이다.
일행이 많다면 여행사의 맞춤 차량을 대여하는 것도 좋은 방법이다.

❶ 담넌 싸두억 수상 시장 Damneun Saduak Floating Market

태국식 원형 모자를 쓴 사람들이 조그만 나무배에 과일과 채소를 싣고 다니는 수상 시장은 이국
적인 풍취 때문에 태국을 소개하는 엽서나 사진에 단골로 등장해왔다. 그 대부분의 이미지는 바
로 담넌 싸두억 수상 시장에서 나온 것이다.

담넌 싸두억은 원래 라마 6세 때 만들어진 운하의 이름으로 농업 지역의 물류 해결을 고심하던
라마 6세가 타친 강Tachin River과 메콩 강Mehkong River을 운하로 연결하는 계획을 세우고 실행에 옮
긴 것이다. 그 이후 담넌 싸두억 지역은 물류의 중심지로 다시 태어났고 자연스럽게 농민들이 직
접 재배한 과일과 채소를 교환하는 시장이 만들어졌다. 땅이 아닌 운하에서! 아직도 많은 지역 주
민들이 이른 아침에 직접 재배한 야채와 과일을 배에 싣고 시장으로 나선다. 과일과 야채 대신 관
광객 대상으로 모자나 기념품을 팔거나 팟타이 등 음식을 만드는 배가 많다는 게 과거와 다를 뿐
이다. 담넌 싸두억 수상 시장은 새벽 6시에 열려 오전 11시경이면 정리가 끝난다. 이렇게 아침 일
찍 서두르는 이유는 한낮의 뜨거운 태양을 피하기 위해서다. 그렇기 때문에 제대로 수상 시장을
감상하고 그럴듯한 사진을 남겨오려면 여행자들도 서둘러야 한다. 많은 여행자는 여행사의 단체
투어 프로그램을 이용한다.

요금 반일, 일일 투어 코스에 따라 600~1,600B

❷ 칸차나부리 & 에라완 국립공원 Kanchanaburi & Erawan National Park

칸차나부리는 태국에서 세 번째로 큰 행정구역으로, 방콕에서 약 128km 거리에 떨어져 있으며 차량으로 약 2시간 30분에서 3시간 소요된다. 칸차나부리에서 가장 유명한 명소는 콰이 강의 다리다. 콰이 강의 다리는 제2차 세계 대전 때 일본이 군수물자를 실어 나르기 위해 만든 다리로 전쟁의 흔적이 고스란히 남아 있는 곳이다. 전쟁의 상흔을 딛고 재건하여 과거의 모습을 간직하고 있다. 에라완 폭포는 칸차나부리에서 차로 약 1시간 거리에 떨어져 있는 에라완 국립공원의 명소로 태국의 블루라군이라고 불릴 정도로 맑고 깨끗한 물을 자랑한다. 7개의 아름다운 폭포 중 가장 아름다운 에라완 폭포는 단독 투어를 통해서도 갈 수 있지만 칸차나부리 투어와 연계한 프로그램을 운영하기도 한다.

요금 투어 1,900B~

❸ 므앙보란 Ancient City

야외 공원에 태국의 고대 건축물을 축소해 전시하는 식의 테마파크다. 그 규모나 진지함에서는 파타야에 있는 비슷한 콘셉트의 관광지 미니 씨암보다 훨씬 우위에 있다. 파크의 실제 모양조차도 태국의 실제 모습과 닮았으며 대부분의 전시물은 50%에서 10%의 크기다. 방콕에서 동남쪽으로 1시간 거리에 있고 BTS 케하Kheha역에서 가깝다.

요금 일일 투어 1,400B~

❹ 아유타야 & 방파인 여름궁전
Ayuttaya Bang Pa In Summer Palace

아유타야 시대에 세워진 왕궁이었으나 미얀
마와의 전쟁에 패하면서 아유타야와 함께 폐
허가 되었다. 후에 짜끄리 왕조의 몽쿳 왕과
쭐라롱꼰 왕이 개축하면서 현재의 모습을 갖
추게 되었다. 서양과의 교류가 활발했던 태국
답게 유럽 양식과 중국 양식 등 다양한 건축
방법이 혼합된 양식을 보여준다. 방콕 북쪽으
로 아유타야 못 미쳐 위치하며 1시간 정도 소
요된다. 보통 아유타야 투어 시에 함께 들르게
된다.

요금 반일, 일일 투어 1,000~1,700B

❺ 암파와 주말 시장 Amphawa Flowting Market

암파와 주말 시장은 어릴 적 시골 기억을 되새기게 하는 아름다
운 마을이다. 담넌 싸두억 수상 시장에서 멀지 않은 싸뭇송클람
Samutsongklam 암파와에 있는 시장으로 주말에만 장이 선다.
담넌 싸두억 수상 시장보다 로컬의 정서가 강하고 운치가 있어
서 산책하거나 구경하기에 좋다. 외국인보다는 방콕에서 오는
현지인 여행자들이 더 많다. 암파와는 낮보다 밤이 특별하다. 배
를 타고 주변 수로를 따라 반딧불 투어를 할 수 있기 때문이다.
약 1시간 정도 걸린다. 시기에 따라 다르지만, 운이 좋으면 크리
스마스트리처럼 빛나는 나무들을 만날 수도 있다. 매끌렁 위험
한 기찻길 시장 관광과 연계한 상품도 있다.

요금 반일, 일일 투어 1,000~1,700B

⑥ 카오야이 국립공원 Khao Yai National Park

태국어로 '카오'는 산이고 '야이'는 크다는 뜻이다. 카오야이 국립공원은 방콕에서 북동쪽으로 200km 떨어져 있는 태국 최초의 국립공원이다. 산과 원시림, 폭포, 초원 등의 다양하고도 아름다운 자연과 새와 각종 동물이 살아가는 생태계의 보고로서 시간이 지날수록 그 가치를 더해가고 있다. 카오야이 국립공원을 즐기는 방법은 다양하다. 트레킹을 하면서 폭포 등 아름다운 자연을 만끽할 수 있고 버드와칭이나 나이트 사파리 등을 통해 국립공원의 야생동물을 관찰할 수 있다. 국립공원 내의 캠핑장이나 방갈로에서 묵으면서 카오야이 국립공원의 상쾌한 밤공기와 아침 햇살을 즐길 수도 있다. 국립공원 주변 지역 리조트에서 국립공원을 연계한 휴양을 즐겨도 좋다. 시간은 부족하고 방콕에서 열대우림의 울창한 숲과 자연환경을 경험하고 싶다면 일일 투어를 신청하는 것도 좋은 방법이다.

요금 일일 투어 3,400B~

태국을 맛보다!
태국의 소울 푸드

태국은 예로부터 세계적인 곡창지대이며 향신료와 열대 과일이 풍부한 나라이다.
내륙의 강과 운하에는 민물고기들이 풍부하고 국토의 삼면이 바다와 접해 있어 각종 해산물이
풍부한 것이 특징이다. 또한 태국 음식은 중국과 인도, 인근의 나라에서 모두 영향을 받아
복합적인 성격을 갖고 있다. 진한 카레의 일종인 '깽'은 인도의 영향을 받은 것이고
국수와 각종 탕, 죽의 일종인 '쪽(粥)', 맵지 않은 볶음 음식은 중국에서, '통 입과 통 욥' 등
달걀을 이용한 각종 디저트 종류는 포르투갈에서 전래되었다. 일 년 내내 풍부한 먹을거리 자원과
다양한 문화가 합쳐져 태국 특유의 음식 문화가 만들어졌고, 전 세계인의 호평을 받는 음식으로 자리 잡았다.

남프릭 Shrimp Paste Dipping Sauce

태국 가정식의 기본이 되는 음식으로 태국식 장류에
야채와 생선 등을 찍어 먹는다.

카오팟 Fried Rice

태국식 볶음밥이다. 들어가는 재료에 따라 카오팟 꿍
(새우), 카오팟 탈레(해산물), 카오팟 뿌(게살), 카오팟
무(돼지고기), 카오팟 까이(닭고기) 등으로 나누어진다.

꿰띠오 Rice Noodle

보통 쌀국수 하면 국물이 있는 쌀국수를 떠올린다. 이
렇듯 국물이 있는 국수는 '꿰띠오 남(물)'이라고 하고
비빔 면은 '꿰띠오 행(마른)'이라고 한다.

팟타이 Fried Noodle

태국식 볶음 국수로 역사는 수십 년밖에 안 된 음식이
지만 빠르게 대표 태국 음식으로 자리 잡았다. 태국식
볶음 국수인 팟타이에는 타마린드Tamarind가 들어가
새콤달콤한 맛이 난다.

카놈찐 Noodle in Curry Sauce

태국의 국민 국수요리. 예로부터 멥쌀로 만든 가늘고 흰 국수(우리나라 소면과 비슷하다)를 젓갈이나 커리, 코코넛 밀크와 각종 야채를 함께 올려 먹는 요리이다.

얌운센 Salad with Glass Noodle

당면을 넣은 태국식 샐러드. 애피타이저로, 밥반찬으로, 술안주로도 딱이다.

쏨땀 Papaya Salad

어린 파파야를 길고 얇게 잘라 고추, 마늘, 생선젓, 땅콩, 조그만 새우나 게 등을 넣고 절구에 찧은 것이다.

깽키오완 Green Curry

'깽'은 주로 국물이 적은 카레와 같은 음식을 칭한다. 그중에서도 가장 인기가 있는 것은 순하고 부드러운 맛을 가진 깽키오완이다.

똠얌꿍 Spicy & Sour Prawn Soup

'똠'은 '끓이다'라는 뜻으로 탕과 같은 국물이 많은 요리를 지칭하는 이름이기도 하다. 똠얌꿍은 태국의 가장 대표적인 음식이다.

쁠라능 마나오 Steamed Fish with Lime Soup

상큼한 맛이 일품인 라임 국물에 생선과 마늘, 고추를 넣고 끓인 탕. 맑고 매콤하면서도 개운한 맛이다. 생선 대신 오징어를 넣으면 '바믁능 마나오'이다.

찜쭘 Thai Style Suki

이싼 지방의 수키. 황토 뚝배기에 육수를 넣고 고기와 채소 등을 익혀 먹는다. 진하고 깊은 맛이 있고, 주로 노점에서 판매한다.

팟끄라파오 Fried Holy Basil

바질 잎을 넣고 볶은 요리. 주로 돼지고기나 닭고기와 함께 요리하고 팟끄라파오만 단독으로 주문할 수도 있고, 덮밥으로 주문할 수도 있다.

까이양과 무양 Barbecued Chicken & Pork

태국 이싼 지방의 음식이지만 전 국토에서 사랑받고 있다. 숯불구이 닭고기는 '까이양', 숯불구이 돼지고기는 '무양'이다. 쏨땀과 먹어야 제 맛이다.

꿍채남쁠라 Shrimp in Chili

라임 소스와 마늘을 올려 먹는 생새우 요리. 애피타이저로도 그만이다.

뿌동 Raw Crab with Chili

마늘과 고추가 잔뜩 올라간 태국식 게장. 생 게를 살짝 얼려 시원하게 먹는 것이 좋다. 매콤하고 라임의 맛이 상당히 자극적이다.

뿌팟퐁커리 Fried Crab with Curry Sauce

게와 달걀, 커리의 조화로 한국인에게 가장 인기 있는 시푸드 요리로 등극했다.

어쑤언 Omelet with Oyster

싱싱한 굴을 달걀과 함께 뜨거운 철판에 지글지글 부
쳐 먹는 요리다. 우리나라 굴전과 비슷한 맛이 난다.
제대로 맛을 내는 식당을 만나기는 쉽지 않지만!

쁠라 능시유 Steamed Fish with Soy Sauce

약간은 중국 요리를 닮은 태국 요리. 생선에 간장 소
스와 생강, 파 등의 야채를 올려 쪄 내는 요리.

호이라이 팟프릭파오
Clams with Sweet Basil with Chili Sauce

조개에 태국식 고추장을 넣고 바질 잎과 함께 볶은 요
리. 매콤한 양념에 밥을 비벼 먹어도 그만이다.

미앙캄 Miang Kham

식용 찻잎에 잘게 썬 생강, 양파, 고추, 라임 등과 멸치
와 소스를 쌈처럼 싸먹는 애피타이저. 익히지 않은 생
채소를 먹는 것이라 소화 촉진에도 좋다.

시콩무양 Pork Rib BBQ

숯불에 구운 태국식 돼지갈비 바비큐. 우리나라 갈
비 소스와 비슷한 양념을 입혀 한국인 입맛에도 딱 맞
는다.

호이크램 루억
Steamed Cockles with Dipping Sauce

삶은 꼬막을 소스에 찍어먹는 요리. 쫄깃한 식감 덕분
에 안주로, 애피타이저로 인기다.

태국인들의 디저트 사랑, 타이 디저트 열전

태국인들의 디저트 사랑은 각별하다. '컹완'이라 불리는 태국 전통 디저트는
그 전통이 오래되었을 뿐 아니라 식사 후에 먹는 후식 그 이상의 의미도 갖고 있다.
불교 의식이나 기념식에 쓰이기도 하고 특별한 행사에는 선물로 자주 등장하기도 한다.
가장 대표적인 디저트로는 떡 종류인 '카놈'인데 그 종류가 50여 가지나 된다.
태국 디저트는 길거리 상점 또는 태국의 레스토랑, 슈퍼마켓의 음식 코너와 같은
다양한 장소에서 쉽게 찾아볼 수 있다.

카오니아우 마무앙
달콤한 찰밥과 망고의 조화로 이루어진 매력적인 디
저트.

카놈크록
우리나라 풀빵과 비슷한데 코코넛이 들어가 부드럽고
달콤하다.

끌루어이 삥
작은 몽키 바나나를 숯불에 구운 것. 골목길 노점에서
흔하게 볼 수 있다. 시럽에 넣고 끓인 바나나는 '끌루
어이 추엄'이라고 한다.

이티카팀
코코넛 밀크로 만든 태국 전통 아이스크림. 단맛이 적
고 시원해서 디저트로 제격이다. 다양한 토핑을 올려
서 먹기도 한다.

통 입 & 통 욥

매우 중요한 타이 디저트 중의 하나로 우리나라 달걀 빵과 비슷한 맛이 난다. 전통 예식이나 제사 등에 중요하게 쓰인다.

룩 춥

과일 미니어처처럼 생긴 디저트. 원래는 궁중의 전통 디저트로 특별한 기술을 가진 사람들만 만들 수 있다고 한다. 달콤한 앙금이 들어가 있다.

탐팁크롭

탐팁은 태국어로 석류와 루비라는 뜻으로, 바삭한 식감을 가지고 있는 붉은색 콩을 코코넛 크림에 넣어서 먹는다. 기분전환이 되는 별미.

타오릉

각종 과일이나 팥 등 원하는 재료를 골라 달콤한 시럽에 넣어 먹는 것. 기호에 따라 따뜻하게(런) 혹은 차갑게(옌) 먹을 수 있다.

부아 로이

코코넛 크림에 우리나라 찹쌀 경단 같은 것을 넣고 끓인 것으로 태국의 대중적인 디저트 중의 하나이다. 팥을 넣고 끓인 것은 '투아담'이다.

카놈 투어이

코코넛 푸딩 같은 디저트로 달콤하면서 부드러운 식감이 일품이다.

살림

코코넛 밀크 속에 각종 색색의 국수를 넣어 차갑게 먹는 디저트.

카놈 춘

녹색의 정육면체 모양의 레이어드 떡. 역시 중요한 행사에 꼭 등장한다.

포이 통

'통 입 & 통 욥'과 비슷한 디저트로 반죽을 전용 깔때기에 넣어 국수처럼 만들어 낸다. 면을 휘감은 모양은 장수 등을 기원하는 것이다.

카놈브앙

태국식 팬케이크라 할 수 있는 카놈브앙은 멕시코의 타코처럼 보이기도 한다. 코코넛과 황련(Golden Thread)이 들어간다.

빠텅꼬

빠텅꼬는 X모양의 도넛으로 중국식 도넛이 변형되어 만들어진 것이다. 바짝 튀긴 도넛을 달콤한 두유와 함께 먹는 것이 일반적이다.

남캥사이

태국식 빙수. 과일 주스를 얼려서 갈아 만든 얼음에 은행, 물밤 등을 넣어서 먹는다.

향긋한 태국의
열대 과일

향긋하고 열대 느낌 물씬 나는 이국적인 과일들. 태국은 열대 과일의 천국이다.
태국은 어디나 과일 가게가 흔하고 길거리 리어카에서 과일을 먹기 좋게 잘라 팔기도 한다.
출하 시기별로 조금씩 다르지만 일 년 내내 흔하게 볼 수 있는 것이 보통이다.

01 끌루어이
: 바나나 Banana

태국에선 보통 우리가 '몽키 바나나'라
고 부르는 조그만 바나나를 먹는데 달
고 맛있다.

02 땡모
: 수박 Watermelon

태국인들도 한국인만큼이나 수박 애호
가다. 슈퍼마켓 등에서 수박을 등분하
여 판매한다. 가격이 저렴하고 맛도 있
다. 수박 주스는 태국어로 '땡모빤'인데
이 단어는 외워두는 것이 좋다.

03 사파롯
: 파인애플 Pineapple

태국은 파인애플이 흔하고 특히 맛있
기로 유명하다. 파인애플을 잘라 플라
스틱 박스에 넣어 10~20B에 판매하
기도 한다. 고급 식당에서는 파인애플
볶음밥에 쓰이는 용기로 만나게 된다.

04 마무앙
: 망고 Mango

태국의 망고는 달고 과즙이 많은 편이
다. 4월부터 8월이 망고가 많이 나고
단 시즌이다. 이 시기에는 망고를 찰밥
과 함께 먹는 망고밥(태국어로 '카오니
아우 마무앙')도 유명하다.

05 쏨오
: 포멜로 Pomelo

주로 녹색 껍질에 싸여 있는 오렌지류
의 과일이다. 보통의 오렌지보다 알갱
이가 크다. 샐러드를 만드는 데 재료로
쓰기도 한다.

06 말라꺼
: 파파야 Papaya

태국인들의 간식거리나 디저트로 많이
이용된다. 아직 숙성되지 않은 녹색 파
파야는 태국의 김치 격인 쏨땀을 만드
는 데 쓴다. 11월부터 1월이 제철이다.

07 망쿳
: 망고스틴 Mangosteen

망고스틴은 한국인에게 최고 인기인
대표 열대 과일이다. 자주색의 껍질은
꽤 두꺼운데 껍질을 까면 마늘쪽 같이
생긴 과육이 나온다. 섬유질로 구성된
흰 과육은 단맛이 강하며 맛있다. 우기
철이 제철인 과일이라 11월부터 이듬해
2~3월까지는 찾기가 쉽지 않다.

08 두리안
: 두리안 Durian

'과일의 왕'이라는 별명을 가지고 있다.
독특한 냄새 때문에 호불호가 명확히
갈리는 과일이기도 하다. 호텔이나 대
중교통수단 등에서는 이 과일의 반입
을 금지할 정도이다. 모든 사람의 입맛
에 맞는 과일은 아니기 때문에 슈퍼마
켓 등에서 조금씩 나누어 팔기도 하니
일단 조금만 사서 맛을 보는 것도 좋은
방법이다. 열량이 엄청나 술과 함께 먹
는 것은 위험하다.

09 람아이
: 용안 Longan

색깔만 아니라면 포도라고 생각할 수도 있을 것이다. 동글동글한 열매가 포도송이처럼 가지에 붙어 있다. 껍질 안 과육도 포도와 비슷하게 반투명이다. 씨가 있으니 조심.

10 촘푸
: 로즈 애플 Rose Apple

생긴 모습 때문에 피망으로 착각하기도 하는 과일이다. 주로 연두색인데 잘 익으면 분홍색을 띤다. 사과 맛과 비슷하기도 하지만 훨씬 수분이 많아서 수박과 비슷한 느낌도 있다. 특별한 맛이 있다기보다는 주로 차게 해서 수분을 즐기는 과일이다. 11월부터 1월이 제철이다.

11 파랑
: 구아바 Guava

사과 같은 모습을 하고 있는데 사과보다는 겉이 울퉁불퉁하다.

12 응어
: 람부탄 Rambutan

빨간색이며 계란형으로 생겼다. 털도 있다. 특이한 겉모습에 비하면 하얀 내용물은 단순하기 그지없다. 가운데 씨가 있으며 겉의 껍질이 내용물에 달라붙어 약간 쓴맛을 내기도 한다. 시원하게 해서 먹는 것이 맛있다. 5월부터 8월 정도가 먹기 알맞은 시즌이다.

13 카눈
: 잭프룻 Jack Fruit

생긴 것이 어찌 보면 두리안 같기도 하나 크기가 더 크고 두리안 같은 가시가 아니라 비슷한 색깔의 오돌토돌한 거죽으로 둘러싸여 있다. 그 껍질을 까면 두리안과 비슷한 색깔의 내용물이 나오는데 결 방향으로 잡아당겨 먹으면 쫄깃쫄깃하다. 맛 또한 두리안과 비슷한 점이 있으나 냄새는 훨씬 덜하다.

소문난 국숫집
방콕의 유명 국숫집 모두 모여라!

한국으로 돌아가면 제일 먼저 그리워지는, '국물이 끝내주는' 태국의 국수와 팟타이!
방콕에는 유난히 맛난 국숫집이 많이 있다. 이들 국숫집은 겉보기엔 허름해 보여도
집안 대대로 내려오는 비법을 갖고 운영하는 곳들이 많다. 누들 사랑이 각별한 마니아들은
이곳에 주목하시라. 면 덕후들을 위한 방콕의 유명 국숫집 총집합!

룽르앙 Rung Rueang Pork Noodle (p99)

허름해 보이지만 프롬퐁 일대에서 가장 인기 있는 국
숫집이다. 다진 돼지고기와 내장 등의 푸짐한 고명이
특징. 한국 방송과 미슐랭 가이드에도 여러 번 선정되
어 더더욱 유명세를 떨치는 중이다.

아이야 아러이 Aiya Aroi (p99)

50년 이상 된 전통의 쌀국숫집. 기본 국물은 맑은 국
물과 진한 국물의 중간 정도로 소고기 육수를 베이스
로 한 것이 유명하다. 국물이 있는 것과 비빔 중에 원
하는 것으로 선택할 수 있다.

쎄우 Zaew Noodle (p128)

1984년부터 3대째 이어져 오고 있는 곳으로 통로에서
'옌타포 국숫집' 하면 모르는 사람이 없는 곳이다. 여
행자에게 친근한 메뉴인 쎄우국수Zaew's Noodle는 다양
한 어묵과 돼지고기 완자 등이 들어간 메뉴.

와타나 파닛 Wattana Panich (p129)

50년 전통의 소고기 쌀국수(느어뚠)집. 에까마이 거의
끝에 자리해 찾아가기는 어렵지만 방송과 미슐랭 가
이드에 소개되면서 여행자들의 발길이 끊이지 않는다.
묵직하면서 보약 같은 국수를 선보인다.

룩친쁠라 반탓텅 Buntudthong Fishball (p155)

쌈얀 지역, 맛집들이 즐비한 반탓텅 거리에서 가장 오래된 국숫집. 어묵국수 '룩친쁠라'를 전문으로 하고 있다. 담백한 육수와 어묵이 일품이다.

나이엑 롤 누들 Nai Ek Roll Noodle (p231)

꾸어이짭 국수를 전문으로 하는 곳이다. 후추 맛이 진한 낯선 국수지만 중독성이 있는 맛이다. 둥근 롤 형태의 면을 사용한다.

팁 사마이 Thip Samai (p263)

팟타이 하나로 방콕을 평정한 곳. 각종 매거진과 방송 등에 방콕 최고의 팟타이로 소개되면서 늘 문전성시를 이루는 곳이다.

쿤 댕 꾸어이짭 유언
Khun Dang Guay Jub Yuan (p259)

카오산의 대표 맛집 중 하나. 즉석에서 끓여주는 베트남식 국수로 면발이 쫄깃하고 강한 후추 맛이 특징.

카놈찐 반푸깐
Khanom Chin Ban PhuKan (p260)

카오산 No.1 카놈찐 전문점. 카놈찐은 우리나라 소면과 비슷한 흰 국수에 (매운)커리 소스와 채소를 넣고 비벼 먹는 것으로, 태국의 국민 국수라 할 수 있다.

찌라 엔타포 Jira Yentafo (p261)

카오산의 유명 국숫집 중의 하나. 어묵 국수 전문집으로 태국의 매거진에도 자주 소개되고 있다. 국수 고명으로 나오는 어묵의 식감이 차지면서 쫄깃하고 풍미가 있다. 엔타포 국물도 선택할 수 있다.

다양하고 저렴하게, 방콕의 푸드코트를 공략하자

방콕은 푸드코트의 격전장이다. 유명 백화점이나 쇼핑몰은 물론,
관공서와 병원 등에도 푸드코트들이 자리 잡고 있다. 경쟁이 심한 만큼
방콕의 맛집들을 유치하는데 상당한 공을 들이고 있고 서비스도 좋아
여행자들을 즐겁게 한다. 오늘은 뭘 먹어야 할지 고민이 될 때,
식성이 다른 여행 파트너가 있을 때도 푸드코트는 현명한 선택이 될 것이다.

터미널 21 Terminal 21

터미널 21 쇼핑몰 하면 푸드코트
가 떠오를 만큼 유명하다. 터미널
21 모든 지점에는 '피어 21'이라는
푸드코트를 운영 중이며 가성비가
매우 좋다. 다만 금액이 저렴한 만
큼 다른 푸드코트와는 다르게
셀프로 해야 하는 것
들이 많다.

씨암 파라곤 Siam Paragon

씨암 파라곤 G층에 자리한 푸드코트의 라인업은 상
당히 막강하다. 팟타이로 방콕을 평정한 '팁 사마이'를
필두로 방콕의 유명 식당들이 대거 입점되어 있다. 언
제나 이용하는 사람들이 많아 약간의 번잡함은 감수
해야 한다.

엠쿼티어 Emquartier

엠포리움과 마주 보고 있는 엠쿼티어 지하에도 푸드
코트인 '쿼티어 푸드홀'이 있다. 규모가 크진 않지만,
방콕의 인기 치킨라이스집인 꼬앙 카오만 까이Go-Ang
Kaomunkai Pratunam가 입점해 있어 찾는 이가 많다.

센트럴 월드
Central World (칫롬)

큰 규모만큼이나 푸드코트가 세 군데나 있다. 여행자들이 많이 찾는 7층의 '푸드 월드' 외로 1층의 허그 타이와 센트럴 백화점 7층의 리빙하우스 구역에 있는 푸드코트도 아기자기하게 꾸며져 있다.

마분콩 센터 MBK Center (씨암)

마분콩 6층에 '푸드 레전드'라는 푸드코트를 운영한다. 역시 선불카드를 구매한 후 이용하면 되고, 금액이 상당히 저렴해서 인근의 직장인들이 많이 찾는다. 유난히 태국 음식들이 많고, 디저트 코너도 활성화되어 있다.

퀸 시리낏 국립 컨벤션 센터
Queen Sirikit National Convention Centre (QSNCC)

사람 많고 복잡한 백화점 내 푸드코트가 싫다면, 이곳을 방문해보자. 이용객이 적어 여유롭게 식사할 수 있다. 주문은 키오스크에서 하면 되고, MRT 퀸 시리낏 컨벤션 센터역에서 푸드코트가 있는 지하 1층으로 바로 연결되어 더욱 편리하다.

Tip | 방콕의 푸드코트 이용 Tip

1 대부분 푸드코트 입구에서 필요한 금액만큼 카드를 충전한 후, 해당 코너에서 차감하는 방식으로 사용한다. 남은 금액은 환불받을 수 있으므로 조금 넉넉하게 충전하는 것이 좋다.

2 먹고 싶은 음식을 선택하기 위해 한 바퀴 둘러본 후 마음에 드는 곳에서 주문을 하면 된다. 이때 주는 번호표는 음식이 나오면 확인하는 용도이니 버리면 안 된다.

3 주문한 음식이 나오면 가져다 먹는 것은 셀프로 하되, 다

먹고 난 다음에는 직원이 치워주는 경우가 많으니 그대로 두어도 무방하다.

4 BTS 교통 카드로도 사용하는 래빗 카드 결제가 가능한 곳도 있다.

5 남은 금액은 반드시 당일에 환불받아야 한다. 날짜가 지나면 사용하지 못한다.

방콕에서 누리는 작은 사치, 애프터눈티

고급 호텔이나 어여쁜 카페에서 즐기는 애프터눈티 타임은 도심의 오후를
여유롭게 만들어주는 시간이 되기도 한다. 가끔은 한 끼의 식사와 맞먹을 정도의
가격이지만, 방콕에서 누리는 작은 사치는 일상의 고단함을 달래주기도 한다.
향긋한 오후를 위한 애프터눈티 콜렉션을 감상해보자.

만다린 오리엔탈 방콕
Mandarin Oriental Bangkok

만다린 오리엔탈 호텔에 자리한 오터스 라운지는 우
아한 티타임의 대명사이다. 방콕에서 딱 한 번의 애프
터눈티를 즐길 수 있다면, 1순위로 추천한다.

위치 Authors' Lounge
운영 12:00~18:00
요금 1,800B++(1인)

하얏트 에라완 호텔
Grand Hyatt Erawan Hotel

방콕에서 가장 유니크하고 알찬 애프터눈티를 즐길
수 있는 곳이다. 타이 디저트 메뉴가 주를 이룬다. 호
텔이 아닌 에라완 백화점 2층으로 가야 한다.

위치 Erawan Tea Room (에라완 백화점 2층)
운영 14:30~17:30
요금 680B++(1인)

페닌슐라
Peninsula Bangkok

짜오프라야 강변을 바라보며 조용히 애프터눈티를 즐
길 수 있다. 잔잔한 피아노 연주 감상도 함께 할 수
있다.

위치 The Lobby
운영 14:00~18:00
요금 1,288B++(1인)

포시즌스 호텔 방콕 앳 짜오프라야 리버
Four Seasons Hotel Bangkok At Chao Phraya River

이름만 들어도 설레는 포시즌스 호텔의 애프터눈티.
귀여운 핑거푸드와 달콤한 디저트가 주를 이루며 셔
벗과 망고아이스크림 등이 코스로 나온다.

위치 The Lounge　　　운영 14:00~17:00
요금 1,700B++(1인)

수코타이 호텔 Sukhothai Hotel

격조 있는 수코타이 호텔의 로비 살롱에서 월~금
요일까지 하이 티 세트(타이 or 웨스턴 중 택일 가
능)를, 토요일에는 초콜릿 뷔페를 제공한다.

위치 Lobby Salons
운영 월~금 13:30~16:30 (토 초콜릿 뷔페)
요금 1,300~1,450B++(1인)

아난타라 씨암
Anantara Siam Bangkok Hotel

화려한 로비의 아름다움을 감상하며 애프터눈티의
진수를 느낄 수 있다. 2인부터 주문 가능하지만 다른
호텔들에 비해 요금은 저렴한 편.

위치 The Lobby Lounge & AQUA
운영 14:00~18:00　　　요금 1,950B++(2인)

더 웨스틴 그랑데 스쿰빗
The Westin Grande Sukhumvit

웨스틴 그랑데 호텔의 제스트 바 & 테라스에서 제공
한다. 가성비가 좋고 제철 과일 등을 이용한 신선한
디저트가 주를 이룬다.

위치 Zest Bar & Terrace
운영 12:00~18:00　　　요금 650B++(1인)

Tip | 애프터눈티의 역사

애프터눈티는 영국에서 오후에 마시는 티타임 문화에서 시작되었다. 과거 식민지 시대에
동양에서 영국으로 전파된 '차'가 영국에서 애프터눈티라는 새로운 문화를 만들어 낸 셈이다.
영국 상류층 사람들에게는 단순히 차와 스낵을 먹는 차원을 넘어 사교 모임의 장으로 발전됐
으며 현재는 고급 호텔이나 레스토랑에서 애프터눈티를 제공하며 현대인들에게 인기를 끌고
있다.

Must Have Item,
스파 제품 무엇을 살까?

방콕에 방문해 꼭 사야 하는 품목을 굳이 하나만 꼽자면 스파 제품을 추천하고 싶다.
한국에서 구하기 힘든 향을 가진 스파 제품을 구입할 수 있는 천국이 바로 방콕이다.
태국을 대표하는 고급 스파 제품 브랜드들을 소개한다.

★ 판퓨리 Panpuri

가격은 고가에 속하지만 상쾌하고 청결한 향취와 산뜻한 질감, 고급스러운 용기 디자인으로 전 세계에서 가장 많은 브랜치를 보유하고 있다. 뛰어난 제품은 6가지 종류의 'Milk Bath & Body Massage Oil'로 수용성 오일이기 때문에 물에 넣었을 때 우윳빛으로 변하면서 피부 흡수력이 뛰어나다. 입욕 후 수건으로 닦지 않고 손으로 가볍게 두드려 말리면 보디로션을 바르지 않아도 촉촉함이 오래 유지된다. Organic Wash Bar는 비누임에도 풍성한 크림 같은 거품을 갖고 있고 씻어낸 후에도 보습력이 뛰어나다. 오가닉 워시 바와 오일 등이 함께 들어 있는 화려하고 고급스러운 패키지가 선물용으로도 좋다.

위치 센트럴 엠버시 2F, 게이손 타워 2F, 센트럴 월드 2F(A구역),
　　　엠쿼티어 1F(C-Zone), 센트럴 칫롬 5F 등
홈피 www.panpuri.com

Writer's
실제 쇼핑 & 사용기

판퓨리는 생소했던 브랜드였으나 구매 부탁으로 처음 접해보고 빠져들게 되었다. 스트레스가 심한 편이어서 즉각적인 효과를 보여주는 시트러스 계열의 아로마를 선호하는데 판퓨리의 향을 맡을 때마다 머리와 마음이 시원하게 환기되면서 빠르게 기분이 좋아졌다. 재스민 향기를 싫어함에도 은은하고 고급스럽게 다가오는 판퓨리의 재스민 오일은 매우 흡족하다. 바를 때마다 풍부하게 퍼지는 향 덕분에 손에서 뗄 수가 없다. 욕실에 그윽하게 남아 있는 판퓨리의 향기 때문에 입가에 미소가 지어진다. 방콕 방문 시 과다 지출을 고려하더라도 판퓨리는 여행 가방에 가득 채워오고 싶다.

★ 어브 Erb

태국의 패션 디자이너 Pattree Bhakdibutr가 만든 브랜드로 화려한 패키지와 고혹적인 향으로 마음을 사로잡는다. 제품력보다 부담스럽지 않은 가격과 오래가는 잔향으로 강력 추천하는 브랜드! 한때 타이항공 퍼스트 비즈니스 클래스 탑승 시 Erb 키트를 제공하였으며 켐핀스키, 콘래드 등 고급 스파 숍에서 사용했다.

위치 씨암 파라곤 4F, 게이손 타워 2F, 엠포리움 백화점 4F, 센트럴 칫롬 5F,
     센트럴 월드 7F 등
홈피 www.erbasia.com

★ 카르마카멧 Karma Kamet

2001년 방콕의 주말 시장에서 작은 가게로 시작해 태국 최고의 아로마 브랜드로 성장했다. 특히 다양한 소이 왁스 향초는 비교불가의 독특하고 아름다운 향으로 가득 채워져 있다. 아로마 오일과 사쉐Sachet, 포푸리 등 다양한 유기농 향기의 천국. 스파 제품과 함께 유기농 차도 판매한다.

위치 센트럴 월드 1F, 프롬퐁점, 실롬점(야다 빌딩 1F), 짜뚜짝 주말 시장, 메가 방나 1F 등
홈피 www.karmakamet.co.th

★ 탄 Thann

태국 스킨케어 제품의 우수성을 세계적으로 알린 태국적인 향기의 브랜
드. 홈페이지에 건강과 뷰티 팁을 지속해서 소개하며 스파, 카페의 운영까
지 다양한 활동을 전개하고 있다. 국내에도 론칭했으니 관심이 있다면 구
입해보자.

위치 씨암 파라곤 GF, 센트럴 월드 2F, 엠포리움 5F, 게이손 3F, 아이콘 씨암 4F 등
홈피 www.thann.co.th

★ 바스 & 블룸 Bath & Bloom

싱그럽고 예쁜 패키지로 눈길을 사로잡는 바스 & 블룸. 타이 재스민 컬렉션 라인이 가장 유명하지만 망고 탠저
린, 레몬 글라스 등 어느 하나 빼놓을 수 없는 향기를 지니고 있다. 특히 Virgin Coconut Oil은 유기농 원료를
95% 이상 사용한 제품에만 부여되는 미국농무부 USDA 인증마크가 있으니 필수 구매 아이템!

위치 씨암 파라곤 GF & 4F, 아이콘 씨암 1F, 킹 파워 랑남 2F, 센트럴 파타야 비치 5F 등
홈피 www.bathandbloom.com

★ 글라 Gla

최상의 천연 성분과 100% 에센셜 오일로 만든 뛰어난 제품을 저렴한 가격에 만나볼 수 있는 예쁜 브랜드이다. 모발과 두피를 최적의 상태로 만들어주는 헤어 제품으로 태국의 소비자들에게 사랑을 받고 있다. 지구의 환경과 자원 보호, 불필요한 포장재 낭비를 막기 위해 대용량의 제품(400㎖)을 생산한다.

위치 엠쿼티어 3F, 아이콘 시암 (다카시마야) 1F, 씨암 디스커버리 4F, 씨암 센터 1F 등

★ 한 Harnn

현대적이면서도 고급스러운 이미지와 제품력으로 유럽과 북미와 남미, 아시아 곳곳에서 사랑을 받고 있는 대표적인 브랜드이다. 쌀을 베이스로 여러 향료를 사용해 순하고 자극이 없어 스킨케어 제품도 큰 사랑을 받고 있다. 7가지 종류의 비누는 선물용으로도 매우 좋다.

위치 센트럴 월드 3F, 씨암 파라곤 GF&4F (Exotique Thai), 엠포리움 백화점 4F, 아이콘 씨암 4F 등

홈피 www.harnn.com

★ 도나 창 Donna Chang

과일 추출물을 이용해 만든 브랜드로 화사하고 여성스러운 패키지와 향으로 여심을 사로잡는 브랜드. 시즌마다 프로모션을 진행해서 합리적인 가격으로 다양한 제품을 사용해볼 수 있는 장점이 있다.

위치 씨암 파라곤 4F, 센트럴 칫롬 5F, 엠포리움 백화점 4F, 센트럴 월드 2F, 센트럴 방나 1F&4F, 젠 백화점 1F 등

홈피 www.donna-chang.com

Writer's 실제 쇼핑 & 사용기

건조한 계절엔 샴푸 후 4시간이 지나면 모발 끝이 푸석해지면서 엉키는데 글라의 샴푸는 7시간을 버텨주는 기염을 토했다. 덕분에 헤어에센스의 사용량이 현격히 줄었다. 용량 대비 가격도 합리적이어서 최고의 샴푸를 찾는 이들에게 강력 추천한다.

Writer's 실제 쇼핑 & 사용기

한Harnn의 비누는 한동안 여행 가방을 가득 채워오던 아이템이었다. 점점 매장을 찾기가 힘들다는 단점은 있지만 선물용으로도 그만이라 한 매장이 있는 백화점은 꼭 들르게 된다. 방콕 공항 면세점에도 매장이 없으니 한의 팬이라면 시내에서 쇼핑을 마쳐야 한다.

Writer's 실제 쇼핑 & 사용기

사랑스러운 핑크색의 용기만 보아도 호감이 절로 생기는 브랜드이다. Design Excellence Award 2011에서 수상을 한 호리병 모양의 간결하고 멋진 디퓨저와 오일리하지 않으면서도 촉촉한 손을 유지해주는 French Vanilla Hand Treatment는 머스트 해브 아이템.

스파와 마사지 즐기기!
스파와 마사지의 종류

스파Spa는 원래 로마시대 광천온천으로 유명했던 벨기에의 마을 이름인 스파우Spau에서 유래했다고도 하고 프랑스어로 건강에 좋은 물Sante Per Aqua의 약자라는 이야기도 있다. 이렇게 물을 이용한 건강 증진이나 질병 치료는 고대부터 행하여져 왔다. 현재는 '물을 이용한 치료'라는 포괄적인 의미로 물(자쿠지)과 사우나, 아로마 오일, 기타 자연요법 등을 사용한다.

마사지Massage는 주로 마사지사의 손놀림을 이용해 신체에 압력과 자극을 주는 지압指壓이라고 이해하면 쉽다. 뭉친 근육을 풀어주고 전신의 주 에너지 채널을 누르고 스트레칭 동작 등을 응용해 신체에 기를 불어넣는 과정이라고 할 수 있다. 이해를 위해 스파와 마사지를 따로 설명했지만 스파 프로그램 안에 마사지도 포함된다고 생각하면 된다. 스파는 오일이나 스크럽 등 피부 윤활제를 사용하기 때문에 옷을 벗고 받게 되고 마사지는 피부 윤활제를 사용하지 않기 때문에 주로 옷을 입고 받게 된다(부분적으로 받게 되는 발 마사지는 윤활제를 사용한다). 스파는 샤워실이나 자쿠지 등의 시설이 기본적으로 갖추어져야 하기 때문에 단순히 마사지만 하는 숍보다는 고급스러운 시설을 갖춘 곳이 대부분이다.

★ 다양한 스파와 마사지

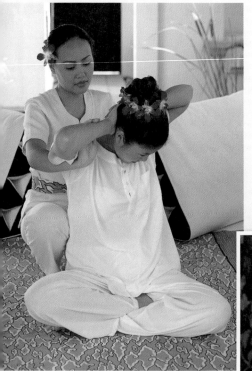

타이 마사지 Thai Massage

태국 전통 마사지는 약초 치료, 정신 치료와 함께 고대 태국 3대 치료법 중 하나이다. 신체의 에너지 채널을 중요시한다는 점에서 인도와 중국의 영향을 깊게 받았다. 손가락을 이용한 에너지 경로 누르기와 손바닥을 이용한 근육 이완, 유연성 강화를 위한 스트레칭 등의 동작을 사용한다. 요가와 비슷한 자세가 많이 나오는 것도 특징이다. 태국 전통 마사지는 피로 회복과 원활한 신진대사에 탁월한 효과가 있고 몸이 아프지 않은 일반인들도 주기적으로 받으면 건강에 도움이 된다. 오일 등의 피부 윤활제는 사용하지 않는다(간혹 소량의 밤을 이용할 수 있다). 마사지용 옷이 준비되어 있어 갈아입고 받을 수 있다.

복부 마사지 Stomach Massage

복부만 집중적으로 받는 마사지이다. 배꼽으로부터 3~4cm 정도 떨어진 지점을 시작으로 시계 방향으로 8개의 경혈점을 두 번 반복해서 누르고 손바닥을 이용해 문지르고 누르기를 반복한다. 복부에 가스가 차거나 변비로 고통받을 때 특효가 있다.

전신 마사지 Body Massage

말 그대로 온몸을 마사지하는 것으로 취향에 따라 타이 마사지나 오일 마사지 중에서 선택해서 받을 수 있다. 최소한 시간은 1시간~1시간 30분 정도는 받아야 제대로 된 마사지를 받을 수 있다. 여행 중에는 매일 받는 것보다는 하루 걸러 하루씩 받는 것이 몸의 회복력을 높일 수 있다.

오일 마사지 Oil Massage

전신에 오일을 바르고 근육의 방향대로 부드럽게 마사지하는 것이다. 주무르고 누르는 압박보다는 마찰을 이용한 기법을 더 많이 사용한다. 신체의 활력 증진과 피부 트리트먼트의 효과가 크다. 다양한 아로마 오일을 사용한 아로마테라피Aromatherapy 요법으로 발전, 크게 인기를 누리고 있다.

발 마사지 Foot Massage

발만 집중적으로 마사지하는 발 마사지는 중국 마사지로 분류되나 태국에서는 타이 마사지의 한 부분으로 비중 있게 다루어지고 있다. 주로 손과 나무 봉을 이용해 누르고 문지르는 동작이 반복된다.

스웨디시 마사지 Swedish Massage

스웨덴에서 개발된 마사지 방법으로 운동치료요법을 바탕으로 하고 있다. 스포츠 마사지도 이 스웨디시 마사지에서 파생된 것이다. 뭉쳐진 근육을 풀어주기 위해 가벼운 쓰다듬기, 주무르기, 마찰과 두드리기 등의 동작을 사용한다. 따뜻하게 데운 오일 등을 소량 이용해 효과를 증진시키기도 한다.

등과 어깨 마사지 Back & Shoulder Massage

어깨와 등만 집중적으로 마사지 받을 수 있는 마사지이다. 어깨가 뭉치면 그 경로를 따라 편두통이나 소화불량, 손 저림 등의 증상이 나타난다. 타이 마사지나 스웨디시 마사지 중 별도로 분리해 받을 수도 있고 오일 마사지 중에 선택해 받을 수도 있다. 유난히 스트레스가 많은 한국인들에게 인기가 좋다.

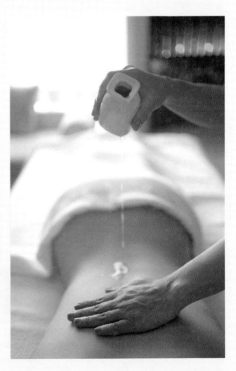

보디 스크럽 Body Scrub

허브, 과일, 소금, 커피 등으로 만든 작은 알갱이가 들어 있는 제품을 피부에 문지른 후 씻어내어 피부의 각질을 제거하는 방법. 피부가 매끈해지는 효과가 있다. 알갱이가 피부에 자극을 줄 수 있으므로 햇볕에 그을린 선번 상태라면 주의해야 한다.

보디 랩 Body Wrap

몸 전체에 알로에, 진흙, 허브, 초콜릿 등의 제품을 바르고 비닐로 온몸을 감싸 피부에 바른 제품이 잘 스며들도록 하는 것이다. 일정 시간이 지나서 가볍게 씻어내면 피부가 촉촉하고 부드러워지는 효과가 있다.

페이셜 마사지 Facial Massage

말 그대로 얼굴 마사지를 말하며 핸들링을 이용한 마사지가 아니라 여러 가지 재료들을 이용한 트리트먼트 개념이라 생각하면 된다. 스파마다 조금씩 다르지만 주재료로는 진흙, 알로에, 과일 등이 이용된다.

핫 컴프레스 Hot Compress

보통 타이 허브 마사지라고 한다. 태국의 약초들을 주머니에 넣어 뜨겁게 증기를 가하여 찜질하듯 마사지를 한다. 특별히 아픈 부위가 있거나 할 때, 치료 효과가 탁월하다고 알려져 있다.

핫 스톤 마사지 Hot Stones Massage

스파나 마사지 사이에 뜨거울 정도의 따뜻한 돌을 인체의 경락점 부위에 올려 몸의 기 순환을 원활하게 하고 피로 회복과 근육 이완 효과를 돕는 요법이다. 보통 핫 스톤 마사지에 사용하는 돌은 원적외선이 방출되는 돌을 골라서 사용하고, 먼저 100도 정도로 뜨겁게 달군다. 그 후 돌에서 에너지가 가장 많이 방출되는 50~55도 정도가 되었을 때 사람의 몸 위에 올려놓게 된다.

기타 Extra

○ 스팀 Steam

주로 태국에 많은 프로그램으로 습식 사우나와 비슷하다. 타이 허브를 끓인 증기를 사용해 향이 좋고 피부가 매끄러워지는 효과가 있다. 스파 시작 전에 이 스팀 프로그램을 이용하면 모공이 열리고 노폐물이 배출되어 스파의 효과가 더욱 증진된다.

○ 배스 Bath

꽃잎이나 우유, 와인 등을 욕조에 넣고 그 안에 몸을 담가 피로를 풀거나 피부를 부드럽게 하는 프로그램이다. 보통은 스크럽과 연계하여 받지만 이 프로그램만 단독으로 이용할 수도 있다.

○ 자쿠지 Jacuzzi

배스 프로그램과 헷갈리기 쉽다. 자쿠지란 기포를 분출하여 마사지 기능이 있는 욕조로 수압을 이용해 근육을 부드럽게 이완시키는 것을 주목적으로 한다. 주로 스팀 프로그램과 함께 이용한다. 스파에 따라서는 자쿠지에 꽃잎이나 우유 등을 사용하기도 한다.

Tip 1 | 스파와 마사지 100% 활용법

저렴한 가격대의 길거리 마사지 숍을 제외하고는 세금과 서비스료가 붙는 게 일반적이다. 호텔은 17% 정도이고 일반 숍은 그보다 약간 낮은 수준.

마사지는 시설보다는 마사지사의 실력에 의해 만족도가 달라지는 편이다. 여행자의 입장에서 잘하는 마사지사를 고른다는 것은 어려운 일이다. 마음에 드는 마사지사를 만나면 단골로 하는 방법이 좋다. 마사지 받기 전에 마사지의 강약 등 어떤 형태의 마사지를 원하는지 마사지사와 먼저 대화를 하는 것도 좋은 방법이다. 가격이 비싼 스파 숍이라도 비수기에는 할인을 많이 해주는 편이다. 길거리에 걸린 할인 프로모션 입간판을 잘 살펴볼 필요가 있다. 여행사를 통한 손님이 많은 스파는 자체적인 요금보다 여행사에 훨씬 더 저렴한 요금을 제공하기도 한다. 여러 가지가 포함된 패키지 프로그램이 특히 그렇다.

Tip 2 | NO! 라고 말하는 것도 필요하다

처음 스파를 받게 되면, 가장 당황할 때가 속옷만 간신히 입은(혹은 모두 벗은) 몸을 낯선 이성인 테라피스트에게 노출시켜야 하는 때이다. 프로그램 진행상 불가피한 일이니(옷을 입고 오일을 바를 수는 없지 않은가!) 너무 불쾌해하지 말자. 그래도 마음이 불편하면 성별이 다른 테라피스트가 있는지 물어보고 바꿔 줄 것을 요청하자.

제대로 교육을 받은 테라피스트라면 스파를 시작하고 나서 5~10분 후에 마사지의 강도가 어떤지 물어보는 것이 정석이다. 마사지를 좀 더 세게 하기를 원할 때는 "Strong"이라고 하고 반대로 약하게 하기를 원할 때는 "Soft"라고 하면 된다. 테라피스트의 강도 조절이나 서비스가 미흡할 때 계속 참기보다는 테라피스트를 바꿔 줄 것을 요청하는 것이 좋다. 물론 화를 내기보다는 부드럽게, 조용히 이야기하는 것이 센스.

★ 방콕의 추천 스파 & 마사지 숍

헬스 랜드 Health Land
태국 전역에 퍼져 있는 마사지 체인. 시설, 마사지 실력, 접근성, 가격 등을 고려해봤을 때 가장 부담 없이 찾을 수 있는 곳이다. 방콕에는 아쏙, 사톤, 에까마이, 삔끌라오 등에 지점이 있다.

홈피 www.healthlandspa.com

오아시스 스파 Oasis Spa
이름처럼 도심 속의 오아시스 같은 데이 스파이다. 방콕에는 쏘이 31과 통로 등에 지점이 있으며 파타야 남쪽에도 같은 브랜치가 있다. 한국어로 된 스파 메뉴가 있어 선택에 도움이 된다.

홈피 www.oasisspa.net

아시아 허브 어소시에이션 Asia Herb Association
약학을 전공했던 일본인 주인장이 본인의 허리 병을 고치기 위해 직접 연구하고 효과를 본 허브볼이 트레이드마크인 곳. 본점이라 할 수 있는 쏘이 24 지점과 스쿰빗 쏘이 4(나나역), 프롬퐁역 등에 지점이 있다.

홈피 asiaherb.asia

렛츠 릴랙스 Let's Relax
이름만으로 일정 수준 이상의 실력과 시설을 기대하게 하는 스파 숍이다. 호텔 같은 정갈한 시설에 합리적인 가격대가 특징. 다른 스파 브랜드들보다는 부드럽게 마사지하는 것이 특징이다.

홈피 www.letsrelaxspa.com

디바나 Divana
방콕의 고급 스파 체인 중의 하나로, 만족도가 상당히 높은 곳으로 손꼽힌다. 직접 만든 오가닉 스파 제품도 판매하는데 품질이 상당히 좋다. 방콕에는 5개의 지점이 있고, 지점마다 뒤에 붙는 이름이 다르다.

홈피 www.divanaspa.com

디오라 DIORA
직접 만든 유기농 오일과 허브볼로 유명한 스파. 2013년 랑수안에서 시작해 현재는 방콕 시내 곳곳에 지점을 확장 중이다. 가장 인기 있는 메뉴는 마사지에 허브볼이나 핫스톤을 결합한 콤비네이션 프로그램이다.

홈피 www.dioraworld.com

쇼핑 마니아들을 위한
방콕 쇼핑 리스트

화려한 백화점들이 넘쳐나지만, 방콕 최고의 쇼핑 포인트로 빠뜨릴 수 없는 것이
바로 대형 슈퍼마켓이다. 어디에서나 쉽게 찾아볼 수 있고 저렴하게 물건을 살 수 있다.
다음은 태국(방콕)의 대표적인 슈퍼마켓 체인들이다.

빅 시 Big C

비어 창, 스타벅스, 오이시 그룹 등을 소유한 태국의 거대 기업인 TCC 그룹에서 운영하는 대형 슈퍼마켓 체인. 태국 전역과 베트남, 라오스 등에도 매장이 있다. 대체로 금액이 저렴하고, 먹을거리 등을 쇼핑하기에 가장 무난하다.

로터스 Lotus's

빅 시와 어깨를 나란히 하는 태국의 슈퍼마켓 체인. 하이퍼마켓과 규모가 작은 익스프레스 등을 합쳐 태국에만 2,000여 개의 매장이 있다. 널찍한 매장과 눈높이 진열로 방콕 시민들의 사랑을 받고 있다.

빌라 마켓 Villa Market

1973년 스쿰빗 쏘이 33에서 시작한 슈퍼마켓 체인. 규모보다는 매장 상품의 고급화에 더 중점을 두고 있고 주로 고급 주거 단지에 자리하고 있다. 빌라 마켓에서만 판매하는 리미티드 제품들이 있는 것도 특징.

고메 마켓 Gourmet Market

씨암 파라곤, 엠포리움, 엠쿼티어 등의 방콕의 유명 백화점을 보유한 The Mall 그룹의 소속으로 해당 백화점들에 모두 입점하여 있다. 같은 품목이라도 고급스러운 패키지들로 구성된 상품들이 많다.

탑스 슈퍼마켓 Tops Supermarket

센트럴 그룹에서 운영하는 슈퍼마켓 체인. 태국의 센트럴 백화점에 모두 입점하여 있다. 프리미엄 버전인 탑스 푸드 홀Tops Food Hall은 고급 과일이나 수입 음식 재료 등의 구성이 알차다.

79

★ 슈퍼마켓 쇼핑 리스트

트렁크 가득 채워 오고 싶은, 인기 있는 태국(방콕)의 슈퍼마켓 아이템들을 소개한다.

태국 과자 & 주전부리
슈퍼마켓에서 살 수 있는 대표적인 먹거리. 타오케노이 김 과자와 꼬깨 스낵, 벤또 어포 등이 인기 아이템이다.

인스턴트 라면
태국의 국민 라면, 마마 똠얌 라면! 봉지 라면과 컵라면 모두 있고, 좀 더 크리미한 버전, 매운 버전도 있다.

말린 과일 & 과일 젤리
망고, 코코넛, 두리안 등 열대 과일을 이용해 만든 건과일과 젤리 등은 머스트 해브 아이템. 쿠나 Kunna 제품이 가장 유명하다.

요리 재료
한국으로 돌아가 태국 음식이 생각날 때, 간단하게 만들어 먹을 수 있어 좋은 품목. 태국 음식 페이스트와 남쁠라, 라임즙 등을 구매하면 좋다.

꿀

태국 왕실 산하 사업인 로열 프로젝트 상품 중의 천연 꿀이 단연 인기. 유리병과 튜브 타입이 있고, 금액도 상당히 저렴하다.

커피와 차

태국 북부에서 생산하는 도이뚱Doi Tung의 원두나 드립커피, 네스카페 인스턴트 커피가 대표적이고 트와이닝 차는 선물용으로도 좋다.

태국 술

애주가라면, 태국의 위스키인 쌩쏨이나 메콩, 태국 맥주인 싱하와 창 등을 구매하면 된다.

비누 & 치약

여드름 피부에 효과가 좋다는 마담 행 비누, 입속이 개운해지는 달리 치약 (더블액션), 덴티스테 치약 등이 주요 품목.

헤어 & 보디 제품

선실크 헤어 트리트먼트가 유난히 저렴하고, 바르는 즉시 쿨링감이 느껴지는 스네이크 쿨링 파우더, 폰즈 BB 파우더 등도 인기 아이템이다.

모기 기피제

태국(방콕)은 모기와 관련된 제품들이 상당히 다양하다. 음식점의 야외 좌석에 앉으면 가져다 주는 소펠Soffell은 슈퍼마켓에서 구매 가능.

★ 그 외 선물용 & 기념품으로 좋은 쇼핑 리스트

지인들에게 선물을 하거나 기념품으로 좋은 태국(방콕)의 대표 쇼핑 아이템들이다. 야시장이나 짜뚜짝 주말 시장, 백화점 등에서 구매할 수 있다.

스파 제품

태국의 아로마 제품들은 전 세계적으로도 정평이 나 있다. 태국의 스파 제품을 선물로 받는다면, 누구라도 기뻐할 것이다. 자세한 정보는 p70~73 참고.

의류

국내에서 구매하기 힘든 디자인의 맥시 드레스나 코끼리 바지, 기념 티셔츠 등을 구매해도 좋다. 의외로 유아용 의류가 예쁘고 귀여운 것이 많다.

속옷

한국에서는 비싸지만, 태국(방콕)에서 저렴하게 구매할 수 있는 것이 바로 속옷이다. 특히 와코루는 국내 대비 1/3 가격. 무게도 얼마 나가지 않으므로 부담 없이 구매할 수 있다.

타이 실크

태국(방콕)에서 실크 제품을 구매한다면, 선택의 폭이 크다. 노점의 저렴한 스카프부터 짐톰슨, OTOP 매장 등의 고가 제품까지 두루 접할 수 있다. 금액이 다소 부담스럽다면 손수건, 넥타이, 작은 손지갑 등을 공략해보자.

그릇 & 주방용품

그릇 마니아들이라면, 그 냥 지나칠 수 없는 제품 들이 많이 있다. 특히 차 바트리Chabatree 제품은 품질이 상당히 좋아 자꾸 만 손길이 가는 품목.

차(Tea)

태국(방콕)에 왔다 면, 커피도 좋지만, 차(茶)에 관심을 가져보 자. 가격에 비해 우수한 품질 을 가진 차를 접할 수 있기 때 문이다. 차이나타운의 차이딤 티하우스(p232), 칫롬의 에라 완 티룸(p178)도 선물용 차를 구매하기에 좋은 장소. 혹시라 도 타이 밀크티의 매력에 빠 졌다면, 쇼핑몰 어디에나 있는 차트라뮤ChaTraMue를 방문하면 된다.

디자인
소품 & 문구

라탄과 나무로 만든 소품, 오가닉 원단을 이용한 패브릭 제품들, 귀 여운 캐릭터가 돋보이는 디자인 문구들도 빠지면 섭섭하다. 하나 의 오브제로도 손색이 없고, 환경 을 생각한 '착한 제품'들이 많은 것 도 특징. 씨암 디스커버리와 아이 콘 씨암 쇼핑몰 두 곳이 이런 제품 들에 특화되어 있다.

의약품

태국의 대중적인 모기 기피제 소펠Soffell 외로 유명한 제품들이 있다. 호랑이 연고와 비슷한 향을 가졌지만, 발림성이 좋은 잠벅 제품과 안휘 제약사의 그린밤은 벌레 물린 데 효과가 좋다고 알 려져 있다. 한국에서 구매 대행 유행이 있을 정도로 인기다. 또 한 타이레놀 등의 상비약도 한국보다 훨씬 저렴하게 살 수 있다. 한국의 올리브영과 비슷한 드러그 스토어인 부츠Boots나 왓슨스 Watsons, 혹은 약국에서 구매 가능.

기타 기념품

귀여운 마그넷, 엽서, 머그컵, 동전 지갑이나 코 끼리 조각 등은 작지만 추억이 될 만한 기념품 들이다. 부피도 작고 금액도 저렴해서 선물용 으로도 그만이다.

여행자의 로망,
인피니티 수영장이 있는 숙소

하늘과 맞닿을 것 같은 인피니티 풀Infinity Pool은 많은 여행자의 로망이다.
대부분 야간 수영이 가능해서 시간만 잘 선택한다면, 인생샷을 건질 수 있기도 하다.
화려한 도심의 풍경을 내려다보며 휴가를 즐길 수 있는 방콕의 숙소들을 모아보았다.

소 방콕 So/Bangkok

룸피니 공원이 한눈에 들어오는 수영장은 이 숙소의
하이라이트! 수영장 앞으로 높은 건물이 없어 답답하
지 않고, 절제된 조경으로 사진도 잘 나오는 편이다.

파크 하얏트 방콕 Park Hyatt Bangkok

숙소 자체에서 '풀 테라스'라고 부를 만큼 수영장 주
변으로 충분한 공간이 있다. 그늘이 되어 주는 나무가
많고, 카바나 등을 갖추고 있어 게으름을 피우기에도
그만이다.

오쿠라 프레스티지 방콕
The Okura Prestige Bangkok

방콕에 인피니티 수영장의 유행을 몰고 온 호텔. 25층
에 자리한 수영장은 인티니티 풀의 전형을 보여준다.
다만 풀 주변에 선베드 등의 휴식 시설이 부족한 편이
고 사진이 조금 삭막하게 나오는 단점이 있다.

월도프 아스토리아 방콕
Waldorf Astoria Bangkok

연꽃잎 모티브 조형물이 돋보이는 수영장을 갖고 있다. 로열 방콕 스포츠 클럽이 한눈에 내려다보이고, 수온을 조절해 쌀쌀한 날씨에도 수영할 수 있다.

137 필라스 스위트 앤 레지던스 방콕
137 Pillars Suites & Residences Bangkok

레지던스 고객과 호텔(스위트) 고객이 쓰는 수영장, 2개가 있으며 모두 인피티니 스타일로 되어 있다. 어떤 수영장이라도 멋진 전망을 자랑한다.

이스틴 그랜드 사톤 Eastin Grand Sathon

사진보다 실물이 더 예쁜 곳. 역시 방콕의 도심을 바라볼 수 있게 설계한 인피니티 수영장을 갖고 있다. 가성비가 좋은 곳이라 이용객이 다소 많으니 이 점은 참고로 할 것.

신돈 미드타운 호텔 방콕
Sindhorn Midtown Hotel Bangkok

IHG 호텔 그룹 소속의 숙소. 완벽한 인피니티 풀이라고는 할 수 없지만, 개방감이 상당히 좋다. 아담하지만 스타일리시하게 꾸며져 있고 수영장이 깊은 편.

오크우드 스윗 방콕
Oakwood Suites Bangkok

서비스드 아파트먼트에서 찾아보기 힘든 스타일의 수영장을 갖고 있다. 야간 수영도 가능한데다 작지만 어린이 수영장도 있어 가족 여행자들에게도 제격이다.

기동력과 가격, 두 마리 토끼를 잡아라!
갓성비+역세권 호텔

갈수록 심해지는 방콕의 교통체증은 여행자들의 큰 걸림돌이 되기도 한다.
지상철과 지하철을 적극적으로 활용하기에 딱 좋은 위치이면서 합리적인 가격까지 갖춘 숙소들이다.

그랜드 센터 포인트 터미널 21
Grande Centre Point Terminal 21

BTS 아쏙역에서 전용 통로를 따라 바로 연결되어 있다. MRT 스쿰빗역까지 이용할 수 있는 점을 든다면, 더블 역세권 숙소라 할 수 있다. 방콕에서 위치만큼은 타의 추종을 불허하는 숙소다.

이스틴 그랜드 사톤
Eastin Grand Sathon

BTS 수라싹역 4번 출구에서 호텔 전용 통로를 이용하면 된다. 무난한 객실이지만 수영장 전망이 좋고 직원들의 서비스도 훌륭한 곳이다.

이비스 스타일 방콕 라차다
Ibis Styles Bangkok Ratchada

MRT 훼이쾅역에서 도보 2분 거리에 있다. 다른 이비스 지점에 비하면 객실이 큰 편이다. 방콕의 두 개 공항과도 모두 가까워 0.5박 등의 일정에 활용하기에도 유용하다.

노보텔 방콕 펀칫 스쿰빗
Novotel Bangkok Ploenchit Sukumvit

BTS 펀칫역까지 도보로 2~3분이면 접근할 수 있다. 방콕 시내에서 위치가 좋으면서 예쁘고 만만한 숙소를 찾는다면 이만한 곳이 없다.

아사이 방콕 차이나타운
ASAI Bangkok Chinatown

MRT 왓 망꼰역 1번 출구에서 길 건너 도보 5분 거리에 있다. 두짓에서 신규 런칭한 체인 호텔로 차이나타운 여행의 베이스캠프로도 최적의 위치라 할 수 있다.

윈덤 가든 방콕 스쿰빗 42
Wyndham Garden Bangkok Sukhumvit 42

BTS 에까마이역에서 도보로 5분. 스쿰빗 쏘이 42 입구에서 약 300m에 있는 레지던스형 숙소. 고급스럽지는 않지만 침실과 분리된 거실, 주방을 갖추고 있어 실용적이다.

오크우드 스윗 방콕
Oakwood Suites Bangkok

BTS 프롬퐁역 2번 출구에서 약 3분 정도면 역까지 이동할 수 있다. 비교적 최근에 지어져 객실 컨디션이 좋고 주방과 큰 냉장고, 세탁기 등의 시설을 갖추고 있다.

풀만 방콕 킹 파워 호텔
Pullman Bangkok King Power Hotel

앞서 소개한 호텔들에 비하면 역(BTS 빅토리 모뉴먼트역)에서는 가장 먼 도보 10분 거리에 있다. 하지만 가성비가 상당히 좋은 편이고, 아름답고 한적한 정원이 있는 것이 큰 장점이다.

방콕을 즐기는
가장 완벽한 방법

Enjoy Bangkok

Sukhumvit I

스쿰빗 I
(나나, 아쏙, 프롬퐁)

방콕의 중심에서 동쪽으로 길게 뻗어 있는 큰 도로인 스쿰빗 로드를 중심으로 한 지역이다. 방콕에서 가장 많은 호텔이 모여 있는 곳으로 양쪽으로 파생되는 쏘이(골목)에도 다양한 호텔과 식당, 스파 등의 업소들이 자리 잡고 있어 방콕에서도 가장 복잡한 지역으로 꼽힌다. 방대한 스쿰빗 지역에서 요즘 대세를 이루는 곳은 지상철인 BTS와 지하철인 MRT가 교차하는 아쏙Asok 지역으로 『방콕 셀프트래블』에서는 편의상 나나역, 아쏙역, 프롬퐁역을 스쿰빗 I Sukhumvit I 으로 소개한다.

스쿰빗 I 돌아다니기

스쿰빗 로드에서 중심이 되는 교통수단은 단연 스카이트레인 BTS와 지하철인 MRT다. 스쿰빗 로드를 따라 나나역, 아쏙역, 프롬퐁역 등이 연결되어 있고 이 역들을 중심으로 호텔, 식당, 쇼핑센터 등도 발달되어 있다. 아쏙역은 지하철 MRT 스쿰빗역과 교차하는 역이기도 하다. 비교적 긴 거리가 많아 걷기 힘들 수 있으니 미리 지도를 보고 쏘이(골목) 입구에서 택시나 오토바이 택시(모토) 등을 이용해 이동하는 것도 적극 고려해 봐야 한다. 스쿰빗 대로를 중심으로 북쪽은 홀수, 남쪽은 짝수로 쏘이가 나누어져 있다.

✚ BTS 나나 Nana
쏘이 11 / 쏘이 8, 10 / 크루아 쿤뿍 / 바와 스파

✚ BTS 아쏙 Asok (MRT 스쿰빗 Sukhumvit)
쏘이 19, 21, 23 / 쏘이 12, 14, 16 / 터미널 21 아쏙 / 그랜드 센터 포인트 / 쉐라톤 그랜드 스쿰빗 / 소피텔 방콕 스쿰빗 / 벤짜낏티 공원 / 스쿰빗 플라자(한인상가) / 더 로컬 / 뉴스 레스토랑 & 바 / 헬스 랜드 / 어반 리트리트

✚ BTS 프롬퐁 Phrom Phong
쏘이 22, 24, 33, 36, 39 / 엠포리움 & 엠쿼티어 쇼핑몰 / 룽르앙 / 오아시스 스파 / 아시아 허브 어소시에이션

주요 거리

❶ 쏘이 12~14
한인타운이라 할 수 있는 스쿰빗 플라자 Sukhumvit Plaza를 중심으로 쉐라톤 그랜드 스쿰빗 등이 자리하고 있다.

❷ 쏘이 16
약 1km 정도 되는 긴 거리로, 중저가 숙소들이 몰려 있고 숨어 있는 맛집들이 은근히 많은 골목이기도 하다. 아쏙역에서 익스체인지 타워 방면으로 접근하는 것이 가장 빠른 길이다.

❸ 쏘이 21~23
한마디로 다국적 맛집 골목이다. 스쿰빗 I 에서 가장 복잡하고 번화한 지역이기도 하다. 스카이워크를 따라 건너다닐 수 있다.

❹ 쏘이 24
엠포리움 & 엠쿼티어 백화점을 필두로 아파트 형식의 숙소들과 마사지 숍이 밀집해 있다. 그만큼 교통 체증이 상당히 심하다.

펫차부리 로드 Phetchaburi Road

M 펫차부리 Phetchaburi

Asoke Tower ●

● Grammy

범룽랏 국제 병원 H
애드립 방콕 H

Soi 1
Soi 3 (Nana)

B 펀칫 Phloenchit

어로프트 방콕 H
슈거 클럽 N
크루아 쿤뻭 R

Soi 5
Soi 7
Soi 9
Soi 11
Soi 13
Soi 15
Soi 19

H 하얏트 리젠시 방콕

N 벨가 루프트톱 바

H 소피텔 방콕 스쿰빗
H 포 포인트

M 헬스 랜드 (아쏙)

R 더 로컬

H 서머셋 메종 아쏙 방콕

M 오아시스 스파

B 나나 Nana

Soi 2

스쿰빗 플라자 (한인상가)
찬 & 유파 웰니스 스파 M

Time Square

쉐라톤 그랜드 스쿰빗 H
리빙룸 N

바와 스파 M

Soi 8
Soi 10
Soi 12
Soi 14

어반 리트리트

수다

시노타이 타워

웨스틴 그랜데 호텔
반 캄티앙

M 스쿰빗
B Sukhumvit

S 로빈슨
R 제스트 바 & 테라스

R 그랜드 센터 포인트
R 아이야 아라이

137 필라스 스위트 & 레지던스 방콕

R 페피나

Soi 25
Soi 27

INTERCHANGE 21

N 브루스키

Soi 29

H 래디슨 블루 플라자 방콕

Exchange Tower

아쏙 Asok

Soi 18

싸이 남풍 쌀국수

스쿰빗 로드 Sukhumvit Road

Soi 31
Soi 33

M 앳 이즈 타이 마사지

Soi 33/1

Soi 37

터미널 21 아쏙 S
렛츠 릴랙스 M
피어 21 R

H 마두지 호텔 방콕

M 에이 스파

R 체사

엠스피어 S

갑카우 깝뺄라 (엠쿼티어타워)

S 엠쿼티어

Soi 39(Phrom Phong)

Soi 41
Soi 43
Soi 45

컬럼 방콕 H

B 프롬퐁 Phrom Phong

벤짜킷티 공원 & 포레스트 공원

Soi 16

R 쌥 칵칵

미 사우나

R 뉴스 레스토랑 & 바
R 반타이 쑥 16

Soi 22

Soi 20

벤짜씨리 공원

카르마카멧 (프롬퐁)

S 엠포리움

TWG 티
R 몰 더 엠포리움

R 룽르앙

M 네이처 타이마사지

Soi 26
Soi 28
Soi 30

H 이비스 방콕 스쿰빗 24

M 롬피니 Lumphini

Soi Meththeenivet
Soi 24

퀸 시리낏 국제 컨벤션 센터 ●
(QSNCC)

M 퀸 시리낏 컨벤션 센터 Queen Sirikit National Convention Center

아시아 허브 R

오크우드 스윗 방콕

매리어트 이그제큐티브 H
아파트먼트 스쿰빗 파크 24

N 비어 콜렉션
● K-빌리지

M 끌롱터이 Khlong Toei

H 데이비스 방콕

라마 4세(팔람 씨) 로드 Rama 4 Road

N

끌롱터이 시장

스쿰빗 I

★★★★
벤짜씨리 공원 Benjasiri Park

공원 규모는 아담하지만, 방콕 시민들의 사랑을 듬뿍 받는 곳이다. 현 국왕의 어머니인 시리낏 왕비의 60세 생일을 기념하기 위해 지어진 공원으로 퀸스 파크Queen's Park라고도 부른다. 프롬퐁역과 엠포리움 백화점 바로 옆에 있고 시민들의 거주 시설과 가까이 있어 방콕의 그 어느 공원보다도 활용도가 높다. 공원 중앙에는 호수와 분수가 자리하고 있고 한쪽에는 어린이들을 위한 놀이터도 마련되어 있다. 공원 뒤편에는 농구 코트와 테니스 코트 등 야외 스포츠 시설을 갖추고 있다. 팀 단위로 운동 나온 사람들로 가득하고 에어로빅과 체조, 조깅을 즐기는 시민들도 상당히 많다. 나무 그늘이 잘 조성되어 있어 가족끼리, 연인끼리 소풍 나온 시민들도 자주 눈에 띈다. 공원 서쪽은 매리어트 마르퀴스 퀸스 파크 호텔과 연결되어 있어 이곳을 통해 스쿰빗 쏘이 22로 접근할 수도 있다.

주소 Soi 22-24 Sukhumvit Road
위치 BTS 프롬퐁역 6번 출구에서
　　　쏘이 22 방면, 도보 1분
운영 04:30~22:00
요금 무료

★★★
벤짜킷티 공원 & 포레스트 공원 Benjakitti Park & Forest Park

퀸 시리낏 공원Queen Sirikit Park이라는 이름으로 더 알려진 곳. 최근 포레스트 공원이라 불리는 생태 공원까지 확장하여 그 가치가 더욱 높아진 공원이다. 공원의 많은 부분을 차지하는 호수가 시원한 풍경을 선사한다. 이 호수를 따라 자전거와 조깅용 트랙이 있어 아침저녁으로 운동을 즐기는 시민들을 볼 수 있다. 바로 옆에 자리한 포레스트 공원은 스카이워크가 있어 자연 풍경을 감상하며 산책하기에도 그만이다. 한낮에는 꽤 더울 수 있으니 오후 5시를 전후해서 방문하는 것이 가장 좋다.

주소 Ratchadaphisek Road, Khlong Toei
위치 MRT 퀸 시리낏 컨벤션 센터역에서 3번 출구로 나와 도보 5분. 퀸 시리낏 컨벤션 센터 바로 옆
운영 05:00~21:00
요금 무료

★★★
퀸 시리낏 국립 컨벤션 센터
Queen Sirikit National Convention Centre(QSNCC)

태국의 국제적 행사와 회의, 전시, 이벤트 등을 위한 시설물로 한국의 코엑스와 비교할 수 있다. 내부에는 행사에 사용되는 대형 비즈니스 센터와 홀 등이 자리하고 있다. 내부에는 미술 작품들이 상시로 전시되어 있고 각종 박람회, 전시회도 자주 있는 편이다. 다양한 레스토랑들과 푸드코트 등도 입점해 있어 벤짜킷티 공원과 포레스트 공원 구경 전후로 쉬어가기에도 안성맞춤이다. 특히 지하의 푸드코트는 금액도 저렴하고 한산해서 적극적으로 추천할 만하다.

주소 60 Ratchadaphisek Road, Khlong Toei
위치 MRT 퀸 시리낏 컨벤션 센터역에서 바로 연결
운영 07:00~21:00
요금 무료
전화 02-229-3000
홈피 www.qsncc.com

더 로컬 The Local

스쿰빗 쏘이 23 안쪽에 자리한 고급 태국 레스토랑. 2019년부터 여러 차례 미슐랭에 이름을 올리기도 했다. 이 레스토랑의 정체성은 이름 자체로, L(Local), O(Old recipe), C(Culture), A(Authentic), L(Learning)의 의미를 담고 있다. 이름과 어울리는 로컬스러운 태국 음식들을 맛볼 수 있다. 마사만 커리나 생선(해산물)을 이용한 요리가 추천 메뉴이고, 라마 5세 때부터 이어져 온 레시피로 만든 남프릭(새우나 생선을 베이스로 만든 소스나 장류) 관련 음식들도 맛볼 수 있다. 레스토랑 건물은 100년 이상 된 목조 건물로, 내부도 작은 박물관처럼 아름답게 꾸며져 있다.

주소　32 32/1 Soi Sukhumvit 23
위치　BTS 아쏙역에서 인터체인지 21 빌딩 방면으로 나와 스쿰빗 쏘이 23 안쪽으로 500m 정도 직진
운영　11:30~14:30/17:30~23:00
요금　애피타이저 세트 290B, 마사만 커리 350/550B~, 똠얌꿍 180/350B(Tax & SC 17%)
전화　02-664-0664
홈피　www.thelocalthaicuisine.com

뉴스 레스토랑 & 바 New's Restaurant & Bar

감각적인 이탈리안 레스토랑이다. 스쿰빗 한가운데 있다고는 믿기지 않을 정도로 싱그러운 정원을 갖고 있다. 내부는 평범하지만 정갈하다. 식전에 서브되는 빵만 보아도 음식 내공이 보통이 아님을 알 수 있다. 가장 기본적인 파스타지만 여간해서 맛을 내기 쉽지 않은 알리오 올리오, 신선한 재료가 듬뿍 올라간 피자는 방콕 최고라 해도 과언이 아니다. 기름기 없는 차진 도우에 피자와 토마토로 속을 채운 칼조네도 머스트 해브 아이템. 간판에는 이 레스토랑의 예전 이름인 피자조Pizzazo가 같이 표기되어 있다.

주소　188 Soi Sukhumvit 16
위치　BTS 아쏙역에서 익스체인지 타워 방면으로 나와 스쿰빗 쏘이 16을 따라 약 700m 직진
운영　화~금 11:30~14:00/17:30~22:00, 토~일 11:00~22:00 (휴무 월요일)
요금　스타터 200B~, 파스타 250B~, 피자 320B~(Tax & SC 17%)
전화　02-259-1234

쌥 칵칵 ZAAB KAK KAK

이싼 음식 전문점. 이싼 스타일 소시지 등이 포함된 애피타이저, 10여 종의 쏨땀과 닭고기와 돼지고기, 생선 등의 다양한 구이 종류가 메인이다. 단품으로 즐기는 쏨땀은 80~90B 수준이고, 채소와 국수, 튀김 등과 같이 나오는 세트 메뉴 개념의 쏨땀은 180~280B 수준. 음식들이 모두 평균 이상은 하는 편이고, 구이 종류에 함께 나오는 소스(남찜째오)도 상당히 맛있다. 바를 겸하고 있어 다양한 주류 리스트를 갖고 있다. 전반적인 분위기는 고급스러운 편으로 에어컨이 있는 내부와 정원이 있는 야외 좌석으로 나누어진다.

주소 37 Soi Sukhumvit 16
위치 BTS 아쏙역에서 익스체인지 타워 방면으로 나와 스쿰빗 쏘이 16을 따라 약 500m 직진
운영 11:00~22:00 (휴무 일요일)
요금 쏨땀 80~240B, 커무양 170B, 똠얌꿍 180B(Tax 7%)
전화 02-126-5354
홈피 www.zaabkakkak.com

반타이 쑥 16 Baan Thai Suk 16

스쿰빗의 빼곡한 빌딩 숲 사이에 이런 곳이 아직 남아 있었다니! 정말 맛있는 태국 음식을 맛볼 수 있는 곳으로 오래된 태국 양식의 목조 가옥을 식당으로 사용하고 있다. 좌석도 협소하고 세련된 멋은 찾아보기 어렵지만, 음식 하나만큼은 남부럽지 않다. 음식 하나하나에 재료를 아끼지 않고 정성을 듬뿍 담아 제공한다. 1층은 주방 공간이고, 신발을 벗고 들어가야 하는 2층이 식당 공간이다. 주문 즉시 요리하는 시스템으로 간혹 음식이 천천히 나오는 때도 있으니 참고할 것. 직원들의 응대는 매우 친절하다. 점심에는 영업하지 않고 늦은 오후에 문을 열기 때문에 참고로 할 것.

주소 186 Soi Sukhumvit 16
위치 BTS 아쏙역에서 익스체인지 타워 방면으로 나와 스쿰빗 쏘이 16을 따라 약 500m 직진 후 오른쪽, 미 온센 & 스파(Mi Onsen & Spa)가 있는 골목 30m 안
운영 월~금 15:00~21:30, 토요일 16:30~21:30 (휴무 일요일)
요금 뿌팟퐁커리 500B, 마사만 커리 270B, 팟타이꿍 220~240B(SC 10%)
전화 02-663-2329
홈피 www.baanthaisuk16.com

피어 21 Pier 21(아쏙)

터미널 21 아쏙의 푸드코트로, 방콕의 백화점 내 푸드코트들 중에서 가성비가 가장 좋은 곳이다. 저렴하기도 하지만 항구를 콘셉트로 한 독특한 인테리어도 인상적이다. 태국식, 일식, 양식 등 다양한 섹션이 갖추어져 있으며 내부는 피어 1, 피어 2, 보드워크 등의 구역으로 나뉘어 있다. 입구에서 선불 카드를 구매한 후, 원하는 곳에 가서 음식을 주문하고 카드를 제시한 뒤 정산은 출구에서 하면 된다. 주변의 직장인들에게도 인기 만점이라 점심시간대를 피해서 가는 것이 요령이다.

주소 88 Sukhumvit Road
위치 BTS 아쏙역과 연결된
　　　터미널 21 아쏙 5층
운영 10:00~22:00
요금 1인 50B~

크루아 쿤뿍 Krua Khun Puk

스쿰빗 쏘이 11의 바로 옆의 작은 골목인 11-1 초입에 자리한 태국 식당. 저렴한 여행자 식당의 전형으로 긴 메뉴 리스트를 갖고 있으며 가격은 대부분 저렴하다. 바 형태의 좌석도 많아 1인 여행자들도 눈치를 보지 않고 방문할 수 있으며 도로 일부에도 나무로 만든 좌석이 있다. 손님들로 늘 북적이는 곳이지만 음식은 금방금방 나오는 편이다. 안쪽의 주방 외로 입구에 오리 국수를 만드는 곳이 별도로 있고, 디저트로 망고밥도 판매한다. 아침 일찍 열어 다음 날 늦은 새벽 시간까지 영업한다.

주소 155 Sukhumvit 11/1
위치 BTS 나나역 3번 출구에서
　　　도보 3분. 스쿰빗 쏘이 11
　　　지나자마자 왼쪽
운영 08:00~04:00
요금 오리 국수 50B, 덮밥류 80B~,
　　　똠얌꿍 150B
전화 097-115-6656

룽르앙 Rung Rueang Pork Noodle 泰榮

허름해 보이지만 이 일대에서 가장 인기 있는 국숫집이다. 한국 방송과 미슐랭 가이드에도 여러 번 선정되어 더더욱 유명세를 떨치는 중이다. 국물이 있는 '남'과 비빔인 '행' 중에 고르면 되고, 매콤한 '똠얌' 국수도 있다. 다진 돼지고기와 내장 등의 푸짐한 고명이 이집의 인기 비결이지만, 개인의 취향에 따라 호불호가 있을 수 있다. 에어컨이 없고 국수를 끓이는 조리대가 가까이에 있어 조금 더울 수 있다. 바로 옆에 같은 이름의 가게가 있어 헷갈릴 수 있는데, 점포 두 개를 바라보고 왼쪽 집(골목에 접한 집)이 원조집이다. 한자로 '泰榮'이라고 쓰여 있다.

주소 10/3 Soi Sukhumvit 26
위치 BTS 프롬퐁역 4번 출구에서 도보로 5분. 스쿰빗 쏘이 26 안쪽으로 100m 정도 직진 후 오른쪽
운영 08:00~17:00
요금 국수 60~70B
전화 084-527-1640/02-258-6746

아이야 아러이 Aiya Aroi ไอ้หย่าอร่อย

50년 이상 된 전통의 쌀국숫집. 기본 국물은 맑은 국물과 진한 국물의 중간 정도로 소고기 육수를 베이스로 한 것이 유명하다. 밀가루 면인 바미, 쌀국수인 꿰띠오 모두 취급하고 국물이 있는 것과 비빔 중에 원하는 것으로 선택할 수 있다. 아침 일찍 열어 오후 4시경 문을 닫는다. 지상철인 BTS를 이용할 때는 BTS 아쏙역에서 인터체인지 21Interchage 21 빌딩 쪽으로 나오면 바로 건너편에 있다. 영어 간판은 없고 태국어 간판만 있다.

주소 4-9 Soi Sukhumvit 23
위치 BTS 아쏙역에서 인터체인지 21 방면으로 나와 쏘이 23 50m 안쪽. 세븐일레븐 바로 옆
운영 07:30~16:00 (휴무 매월 마지막 토~일)
요금 (소고기)쌀국수 60~100B, 코코넛 푸딩 25B
전화 02-258-3750

TWG 티 | TWG Tea

싱가포르에서 시작되어 전 세계 차 애호가들의 호평을 받는 차 브랜드인 TWG의 엠포리움 지점. 내부는 차를 판매하는 공간과 식사를 하거나 차를 즐기는 다이닝 공간으로 분리되어 있다. 책장에 빼곡하게 꽂혀 있는 400여 종류나 되는 차들 가운데 어느 것을 선택해야 할지 고민이 된다면 티 마스터에게 조언을 구해보자. 기본적으로 녹차나 홍차 중에 선택하고 옵션으로 향을 주문하는 것이 수월하다. 취향에 따라 추천받거나 직접 향도 맡아볼 수 있다. 차와 함께 마카롱을 비롯한 달콤한 디저트를 즐길 수 있고, 간단한 식사 및 애프터눈티 세트(14:00~18:00 제공)도 판매한다.

주소 622 Sukhumvit Road (The Emporium)
위치 BTS 프롬퐁역과 연결된 엠포리움 G층
운영 10:00~21:30
요금 크림뷔렐레 260B, 에그베네딕트 340B, 파스타 420B~, 1837 티 타임 세트 520B(Tax & SC 17%)
전화 02-259-9510   홈피 twgtea.com

깝카우 깝쁠라 | KubKao' KubPla

태국의 프랜차이즈 기업, 아이베리iBerry에서 운영하는 태국 식당. 정통 태국 음식 레시피를 기반으로 젊은 감성을 더해 현지인들에게 상당히 좋은 평을 받고 있다. 어떤 음식을 주문해도 실패할 확률이 낮으므로 이 레스토랑의 이름만 기억해 놔도 좋을 것이다. 똠얌꿍에는 코코넛 과육을 통째로 넣어 풍미를 더했고, 볶음 요리들도 불 맛을 제대로 느낄 수 있다. 식사 후에는 아이베리의 아이스크림과 디저트 등도 한자리에서 즐길 수 있다. 웬만한 쇼핑몰에는 거의 입점하여 있지만 여기 엠쿼티어 지점은 좌석도 여유롭고 직원들도 친절한 편.

주소 693, 695 Sukhumvit Road (The Emquartier)
위치 BTS 프롬퐁역과 연결된 엠쿼티어 쇼핑몰 6층
운영 10:00~21:00
요금 똠얌꿍 335B, 생선요리 650B~, 볶음류 220B~
전화 02-003-6236

싸이 남풍 국수 Sai Nam Phueng Noodle

쏘이 18과 20 사이의 작은 골목 안에 자리한 닭 육수 쌀국수 전문점. 태국 내 각종 언론에 많이 노출되어 현지인 사이에서도 유명한 곳이다. 50년 이상 대를 이어 운영하고 있으며 점포 내부도 그 세월을 그대로 담고 있다. 기본적으로 고수가 들어가지 않아 향신료에 취약한 사람도 거부감 없이 먹을 수 있다. 짭짤하게 간장에 졸인 닭 날개, 돼지고기 삶은 것, 내장 등이 고명으로 올라가고 원하는 것만 선택할 수도 있다. 주문 시에는 벽에 붙어 있는 메뉴판을 보면 된다. 메뉴판은 사진과 함께 영어로도 되어 있다. 아침 9시경에 열어 오후 2시경에 문을 닫는다.

주소 392/20 Sukhumvit Road
위치 BTS 아쏙역에서 익스체인지 타워로 나와 스쿰빗 쏘이 20 방면으로 도보 5분
운영 09:00~14:30
요금 쌀국수 55~65B
전화 02-258-1958/082-799-3849

폴 더 엠포리움 PAUL The Emporium

1889년 프랑스에서 시작하여 현재는 47개국에 700여 개의 매장을 보유하고 있는 베이커리 & 카페 전문점. 기본적으로 베이커리들의 수준이 높은 편이며 특히 크루아상과 팔미에는 최고의 인기 아이템. 다양한 브렉퍼스트 메뉴를 즐길 수 있으며 타르트와 마카롱 등의 디저트도 충실하다. 채식주의자들을 위한 메뉴는 별도로 표기되어 있고 커피와 차를 비롯해 다양한 음료도 제공한다. 입구에서는 잘 보이지 않지만, 안쪽으로 들어가면 고풍스러운 느낌의 좌석이 별도로 마련되어 있다. 엠포리움 지점 외로 센트럴 엠버시, 센트럴 월드, 아이콘 씨암, 메가 방나 등에도 입점해 있다.

주소 622 Sukhumvit Road (The Emporium)
위치 BTS 프롬퐁역과 연결된 엠포리움 1층
운영 10:00~22:00
요금 크루아상 95B~, 팔미에 135B, 브렉퍼스트 메뉴 295B~ (Tax & SC 17%)
전화 064-702-8387
홈피 www.paulthailand.com

페피나 Peppina

방콕에서 가장 맛있는 나폴리식 피자를 먹고 싶다면 페피나로 가보자. 페피나는 나폴리 피자 협회 Associazione Verace Pizza Napoletana 기준의 화덕 온도, 도우, 토핑 등에 대한 원칙을 고수하며 제대로 된 나폴리 피자를 재현하고 있다. 맛의 비결은 물, 소금, 밀가루, 이스트만을 사용하여 만든 도우에 있는데, 겉은 바삭하지만 속은 쫄깃한 맛을 자랑한다. 가장 기본인 마르게리타 피자에는 간단한 재료만 올라가는데도 맛은 꽤 만족스럽다. 다만 역에서 한참 걸어가야 하니 택시 등을 이용하는 것이 편리하다. 센트럴 엠버시, 센트럴 월드 등에도 매장이 있다.

주소 27/1 Sukhumvit 33
위치 BTS 프롬퐁역 5번 출구에서 도보로 약 15분.
　　 스쿰빗 쏘이 31 500m 안쪽 사거리에서
　　 오른쪽으로 1분 거리
운영 월~금 11:30~23:00, 토~일 11:00~23:00
요금 마르게리타 피자 300B(M)/390B(R),
　　 트러플 피자 650B(M)/890B(R)
전화 02-119-7677　　홈피 www.peppinabkk.com

체사 Chesa

스쿰빗 쏘이 20에 있는 스위스 음식 전문점. 스위스에서 온 2명의 셰프가 이 식당을 이끌고 있다. 안으로 들어서면 스위스의 어느 가정집에 방문한 것 같은 단정한 느낌이 드는 곳이다. 이 레스토랑의 추천 메뉴는 두말할 것도 없이 스위스의 대표 음식인 퐁뒤. 가장 기본적인 치즈퐁뒤 외에 오일퐁뒤 등도 즐길 수 있다. 숙성이 많이 된 진한 치즈 맛의 퐁뒤가 부담된다면, 세미 하드 치즈인 라클렛Raclette 요리를 추천한다. 그릴에 라클렛 치즈를 녹여 구운 채소 등에 얹어 먹는 요리로, 고소한 향과 풍미가 그만이다. 일요일에는 11시부터 오후 3시까지 선데이 브런치를 제공한다.

주소 5 Soi Sukhumvit 20
위치 BTS 아쏙역에서 익스체인지 타워로 나와 도보로 10분.
　　 스쿰빗 쏘이 20, 윈저 스윗 호텔 맞은편의 작은 골목 안쪽
운영 월~토 11:00~23:00, 일 11:00~22:00
요금 치즈퐁뒤 580B~, 라클렛 710B~,
　　 포크 필레 710B(Tax 10%)
전화 02-261-6650
홈피 www.chesa-swiss.com

제스트 바 & 테라스 Zest Bar & Terrace

웨스틴 그랜드 호텔 7층에 자리한 커피숍 겸 바. 아쏙역 주변에서 무난한 카페나 커피숍을 찾는다면 이곳을 떠올려 보자. 호텔에서 운영하는 커피숍 겸 바임에도 음료 등의 가격이 크게 부담되지 않는 수준이고 무엇보다 아쏙역과 거의 붙어 있다시피 한 위치가 가장 큰 장점이다. 좌석 간격도 넓고, 친절한 직원들의 응대도 받을 수 있으니 금상첨화. 실내 좌석 외에 야외 전망을 감상할 수 있는 테라스 좌석(흡연 가능)도 별도로 있다. 12시부터 오후 6시 사이에는 제철 과일 등을 활용한 애프터눈티를 제공한다.

주소　259 Sukhumvit Road
위치　BTS 아쏙역 5번 출구에서 도보 2분
운영　07:00~24:00
요금　카푸치노 150B, 맥주 230B,
　　　애프터눈티 1인 650B(Tax & SC 17%)
전화　02-207-8000

 ## 스쿰빗 플라자 Sukhumvit Plaza (한인 상가)

스쿰빗 플라자는 스쿰빗 쏘이 12 입구에 있는 한인 상가로 여행 중에 한국 음식이 그리울 때는 이곳을 찾는 것이 가장 편리하다. 한식당들과 한국식 중식당, 미용실, 당구장, 한의원, 한국 음식 재료를 살 수 있는 마트까지 입점이 되어 있다. BTS 아쏙역에서 도보로 5분이면 갈 수 있다. 이곳의 대표 식당은 방콕 한식당의 터줏대감이라 할 수 있는 장원과 두래, 명가 등이고 생선회와 낙지비빔밥 등을 맛볼 수 있는 조방낙지도 빼놓을 수 없다. K-드라마 등의 열풍으로 태국인들에게 한식의 인기가 높아져 이곳을 찾는 현지인들도 상당히 많다.

주소　214 Sukhumvit Road
위치　BTS 아쏙역에서 2번 출구로 나와 쉐라톤 그랜드 호텔 지나서 도보 5분. 쏘이 12 지나자마자 왼쪽

🌙 브루스키 Brewski

래디슨 블루 플라자 방콕 30층에 자리한 루프톱 바. 5성급 호텔에서 운영하지만, 가성비가 좋고 엄격한 드레스 코드도 없어 마음 편하게 방문할 수 있다. 일반적인 맥주와 칵테일 등도 취급하지만 이곳에서 꼭 경험해 봐야 할 것은 바로 수제 맥주다. 10여 종이 넘는 맛있는 수제 맥주들이 준비되어 있고 적은 용량(250㎖)도 판매한다. 수제 맥주의 경우 메뉴판에는 없고 탭이 있는 바로 가서 칠판에 적힌 메뉴를 보고 주문해야 한다. 원하면 시음도 해 볼 수 있다. 안주용 플래터나 간단한 식사도 판매하고 가격도 합리적인 수준이다. 직원들의 응대도 친절하다.

주소 489 Sukhumvit Road(Radisson Blu Plaza Hotel)
위치 BTS 아쏙역에서 인터체인지 21 빌딩 방면으로 나와 도보 5분. 쏘이 27 초입에 자리한 래디슨 블루 플라자 방콕 30층
운영 17:00~01:00
요금 수제 맥주 220~390B, 칵테일 325B~, 치즈 플래터 360B(Tax & SC 17%)
전화 02-302-3333

🌙 비어 콜렉션 Beer Collection

쏘이 26 끝자락에서 지역 주민들의 쇼핑과 다이닝을 담당하고 있는 케이 빌리지 내에 자리한 펍. 전 세계 맥주를 망라했다고 봐도 무방할 정도로 다양한 맥주를 보유하고 있다. 부담 없이 친구들이나 가족들과 한잔할 수 있는 분위기로, 시원한 실내 좌석과 야외 정원을 즐길 수 있는 실외 좌석으로 나누어져 있다. 햄버거나 소시지, 치킨 등의 안주도 꽤 먹을 만하다. 주말에는 가족 단위 손님도 많은 편이고 저녁 시간에는 소소한 라이브 공연도 들을 수 있다. 프롬퐁역에서 거리가 꽤 있는 편이므로 걸어서 접근하긴 힘드니 역이나 쏘이 26 초입에서 모토나 택시를 이용하는 것이 좋다.

주소 1F K-Village, 95 Soi Sukhumvit 26
위치 BTS 프롬퐁역에서 도보로 20분. 쏘이 24나 26 초입에서 모토나 택시 이용
운영 월~금 15:00~24:00, 토~일 11:00~24:00
요금 하이네켄 생맥주 149B(500㎖), 기네스 생맥주 149B(500㎖), 치킨윙 179B(Tax & SC 17%)
전화 092-551-2088

벨가 루프톱 바 Belga Rooftop Bar

소피텔 방콕 32층에 자리한 루프톱 바. 아담하지만 조용한 분위기에서 스쿰빗의 밤 풍경을 감상할 수 있는 곳이다. 벨기에 요리와 맥주를 메인으로 하고 다양한 탭 맥주와 칵테일 등도 준비되어 있다. 대부분 식사를 겸한 손님들이 많지만 음료만 마시고자 하는 손님들을 위한 좌석도 따로 준비되어 있다. 홈페이지를 통해 예약할 수 있다.

주소 189 Sukhumvit Road(Sofitel Bangkok Sukhumvit Hotel)
위치 BTS 나나역과 아쏙역 중간. 아쏙역에서 5번 출구로 나와 스카이워크를 따라 도보 10분, 소피텔 방콕 스쿰빗 호텔 32층
운영 일~목 17:00~24:00, 금~토 17:00~01:00
요금 벨기에 생맥주 340B(500㎖)~, 칵테일 320B~, 홍합요리 690B (Tax & SC 17%)
전화 02-126-9999
홈피 belgarestaurantbangkok.com

더 리빙 룸 The Living Room

쉐라톤 그랜드 호텔의 1층에 자리한 라운지로 수준 높은 피아노 연주나 재즈 공연을 감상할 수 있는 곳이다. 전체적으로 우아한 분위기고 테이블 간격도 여유가 있어 북적이는 느낌이 없다. 재즈 공연은 화~토요일까지 저녁 8시경부터 2시간 정도 진행하고 일~월요일은 18:45~21:30까지 피아노 연주가 있다. 드레스 코드가 있어 반바지와 슬리퍼 차림은 입장할 수 없다.

주소 250 Sukhumvit Road (Sheraton Grande Sukhumvit Hotel)
위치 BTS 아쏙역에서 연결된 스카이워크를 따라 도보 5분. 쉐라톤 그랜드 호텔 1층
운영 09:00~23:30
요금 와인(Glass) 270B~, 칵테일 380B, 싱하 250B~(Tax & SC 17%)
전화 02-649-8353 　　　　**홈피** marriottbonvoyasia.com

쏘이 11 Soi 11

어른들의 카오산! 스쿰빗 쏘이 11은 약 500m에 이르는 비교적 긴 거리로, 이곳에 크고 작은 술집과 클럽이 몰려 있다. 밤이면 방콕의 흥겨운 나이트 라이프를 즐기려는 여행자들로 넘쳐난다. 맨체스터 유나이티드 경기를 보며 맥주 한잔해도 좋을 펍과 칠 아웃 음악으로 무장한 라운지 스타일의 바, 핫한 분위기로 클러버들을 유혹하는 클럽들까지 가세해 밤이면 그 어느 곳보다 화려해지는 골목이다.

주소 Soi Sukhumvit 11
위치 BTS 나나역 3번 출구에서 도보 2분

헬스 랜드 Health Land Asoke(아쏙)

오픈 초기부터 방콕 시민들의 사랑을 한 몸에 받은 스파 전문 브랜치인 헬스 랜드 아쏙 지점이다. 시설, 마사지 실력, 접근성, 가격 등을 고려해봤을 때 가장 부담 없이 찾을 수 있는 곳이다. 외관과 시설은 어느 곳이나 비슷하지만 아쏙 지점은 으리으리해 보일 정도로 화려하고 규모가 큰 것이 특징. 입구에는 음료와 굿즈를 판매하는 카페가 별도로 있고 리셉션에서는 자체 생산한 스파숍 제품도 판매한다. 다만 규모가 큰 만큼 어떤 마사지사를 만나느냐에 따라 만족도가 달라질 수 있다는 점은 참고로 할 것.

주소 55/5 Sukhumvit 21 Road
위치 BTS 아쏙역 1번 출구에서
      쏘이 19 안쪽으로 약 300m
      직진 후 첫 번째 사거리에서
      쏘이 21쪽으로 우회전, 60m 정도
      직진하면 왼쪽에 위치
운영 09:00~23:00
      (마지막 예약 21:30)
요금 발 마사지 400B(60분),
      타이 마사지 650B(120분)
전화 02-261-1110
홈피 www.healthlandspa.com

오아시스 스파 Oasis Spa(스쿰빗 31)

이름처럼 도심 속의 오아시스 같은 데이 스파다. 스쿰빗 쏘이 31 안쪽 깊숙한 곳에 숨겨져 있는데, 입구로 들어오면 먼저 만나게 되는 넓은 정원은 복잡한 방콕의 한복판에 있다고는 믿기 힘들 정도로 여유롭고 조용하다. 스파 메뉴는 모두 한국어 메뉴가 별도로 있고, 남성들을 위한 파워 있는 마사지인 '킹 오브 오아시스', 여성들을 위한 부드러운 마사지인 '퀸 오브 오아시스'가 시그니처 메뉴. 그 외에도 오아시스 포 핸드, 아로마테라피 핫 오일도 인기 메뉴다. 치앙마이와 푸껫, 파타야에도 지점이 있다. 역에서 한참 들어가야 하니 모토나 택시로 이동하는 것을 추천한다.

주소 64 Sukhumvit 31 Yaek 4
위치 스쿰빗 쏘이 31 골목 안쪽으로 약 800m 직진 후
      오른쪽 골목(Sukhumvit 31 Yaek 4) 안쪽으로
      들어가면 왼쪽에 위치. 프롬퐁역에서 도보 20분
운영 10:00~24:00(마지막 예약 22:00)
요금 킹(퀸) 오브 오아시스 3,900B(120분),
      오아시스 포핸드 2,500B(60분)(Tax & SC 17%)
전화 02-262-2122   홈피 www.oasisspa.net

아시아 허브 어소시에이션 Asia Herb Association (스쿰빗 24)

약학을 전공했던 일본인 주인장이 본인의 허리 병을 고치기 위해 직접 연구하고 효과를 본 허브볼이 아시아 허브의 핵심이다. 가장 인기 있는 프로그램은 역시나 허브볼을 결합한 마사지. 그래서인지 아시아 허브에서는 커다란 찜통에 허브볼을 넣고 뜨겁게 데우고 있는 모습을 어렵지 않게 볼 수 있다. 허브볼을 이용한 타이 마사지는 1,450B(90분), 아로마 오일 마사지는 90분에 1,750B 수준으로 가격도 합리적인 편이다. 현재 방콕에는 본점이라 할 수 있는 쏘이 24 지점 외에 스쿰빗 쏘이 4(나나역), 벤짜씨리 공원(프롬퐁역) 등 모두 3개의 지점이 있다.

주소 50/6 Sukhumvit Soi 24
위치 BTS 프롬퐁역 2번이나 4번 출구에서 도보로 10분 (약 500m)
운영 09:00~24:00(마지막 예약 22:00)
요금 타이 마사지+허브볼 1,450B(90분), 오일 마사지+허브볼 1,750B(90분)
전화 02-261-7401
홈피 asiaherb.asia

바와 스파 Bhawa Spa

스쿰빗 쏘이 8 안쪽에 자리한 럭셔리한 데이 스파. 2013년 위타유 지점에서 시작해 이곳 스쿰빗에서 그 명성을 이어가고 있다. 넓은 가정집을 개조한 것 같은 단정한 스파 룸과 아름다운 정원은 바와 스파가 가진 큰 매력이다. 가장 기본적인 아로마테라피부터 천연 재료들을 이용한 스파 패키지까지 다른 스파에서 찾아보기 힘든 프로그램들도 보유하고 있다. 임산부와 어린이를 위한 프로그램도 있다. 금액대가 다소 있는 편이지만 테라피스트들의 실력도 평준화되어 있고, 직원들의 친절함은 황송할 정도다. 한인 여행사를 통해 예약하면 프로모션 혜택을 받을 수 있다.

주소 34/1 Soi Sukhumvit 8
위치 BTS 나나역 4번 출구에서 도보 10분. 스쿰빗 쏘이 8 400m 안쪽
운영 11:00~21:00(마지막 예약 19:00)
요금 아로마테라피 마사지 2,450B(100분), 헤븐리 핫스톤 마사지 2,990B(100분)
전화 02-254-9663
홈피 www.bhawaspa.com

어반 리트리트 Urban Retreat

스쿰빗 쏘이 39 골목 안쪽에서 아담한 스파로 시작하여 이곳 아쏙으로 확장 이전 후 10년 넘게 꾸준히 자리를 지키고 있다. 호텔처럼 깔끔한 시설에도 타이 마사지가 1시간에 600B, 아로마오일 마사지가 1,000B 수준으로 타 스파들에 비해 가격 경쟁력이 있는 편이다. 아쏙역에서 나오자마자 만날 수 있는 위치 또한 큰 장점이다. 자체 프로모션이 많아 홈페이지를 미리 확인 후 예약하고 방문하는 것이 좋다.

주소 348, 1 Sukhumvit Road
위치 BTS 아쏙역, 4번 출구로 나오면 바로 보인다
운영 10:00~22:00
요금 타이 마사지 900B(90분), 아로마오일 마사지 1,500B(90분)
전화 02-229-4701/4703 　　　**홈피** www.urbanretreatspa.net

찬 & 유파 웰니스 스파 Chan & Yupa Wellness Spa

비교적 최근에 오픈한 스파로 레스토랑과 티룸을 함께 운영한다. 이곳의 핵심은 미네랄 샌드 배스Mineral Sand Bath 프로그램이다. 뜨거운 소금 모래 속에서 노폐물을 충분히 배출한 뒤 마사지를 받는 것으로, 마사지 후에는 상당히 개운함을 느낄 수 있다. 금액대는 좀 높은 편이지만 직원들의 실력과 응대도 수준급이다.

주소 12 Sukhumvit 10
위치 BTS 니네역과 아쏙역 중간. 아쏙역에서 스카이워크를 따라 타임스퀘어 쪽으로 이동. 스쿰빗 쏘이 10 200m 안쪽
운영 10:00~20:00
요금 미네랄샌드 배스 4,000B(60분), Chan & Yupa's 시그니처 4,000B(60분)
전화 02-064-3344 　　　**홈피** chanandyupaspa.com

렛츠 릴랙스 Let's Relax(터미널 21 아쏙)

이름만으로 일정 수준 이상의 실력과 시설을 기대하게 하는 스파 숍이다. 방콕뿐 아니라 푸껫, 치앙마이, 파타야 등 많은 체인을 운영하고 있어 한국인에게도 익숙하다. 다른 스파들보다는 부드럽게 마사지하는 것이 특징이다. 가장 인기 있는 프로그램은 드림 패키지와 헤븐리 릴랙스. 여행자들이 많이 찾는 터미널 21 아쏙 안에 있어 방문 전 예약은 필수!

주소 88 Soi Sukhumvit 19
위치 BTS 아쏙역과 연결되는 터미널 21 아쏙 6층
운영 10:00~24:00
요금 드림 패키지 950B
(발 마사지 45분+핸드 마사지 15분+백 & 숄더 30분),
헤븐리 릴랙스 1,750B
(발 마사지 45분+타이 마사지 & 허브볼 120분)
전화 02-108-0555
홈피 www.letsrelaxspa.com

앳 이즈 타이 마사지 At Ease Thai Massage(스쿰빗 33/1)

일본인들을 위한 업소들이 몰려 있는 스쿰빗 쏘이 33/1 골목 안쪽에 자리한 아기자기한 마사지 숍이다. 일본인과 태국인 부부가 운영하는데 늘 청결하면서도 쾌적한 컨디션을 유지하고 있다. 일본인 손님이 주를 이루고, 유럽인, 한국인도 찾는다. 건물 1층은 리셉션, 2층은 발 마사지, 3층은 타이 마사지 공간으로 이용하고 있다. 일반적인 마사지 외에도 효소를 이용한 배스 프로그램도 있다. 쏘이 39에도 지점이 있다.

주소 593, 16 Soi Sukhumvit 33/1
위치 BTS 프롬퐁역 5번 출구에서 도보로 5분. 스쿰빗 쏘이 33/1 골목 안쪽의 좌측
운영 09:00~23:00
요금 발 마사지 450B(60분), 타이 마사지 620B(90분)
전화 061-682-2878　　　　**홈피** www.atease-massage.com

에이 스파 Aspa & massage

스쿰빗 쏘이 18, 램브란트 호텔 바로 옆에 자리한 한인 스파. 합리적인 가격과 쾌적한 환경, 편안한 의사소통이 큰 장점이다. 오일 마사지는 5가지 오일 중에 선택할 수 있으며 태국 내에서 고급 스파 제품으로 인정받은 '치와롬 Cheevalome'을 사용한다. 한국인들의 방문율이 높은 만큼 기본 압력이 센 편이며 직원들도 모두 친절하다. 카카오톡으로 편리하게 예약할 수 있으며 프로모션도 자주 있으니 미리 홈페이지를 확인해보자.

주소 21 Soi Sukhumvit 18
위치 BTS 아쏙역에서 익스체인지 타워 방면으로 나와 뒤돌아 직진, 스쿰빗 쏘이 18로 진입 후 약 350m 직진
운영 10:00~22:00
요금 타이 마사지 800B(90분), 아로마테라피 1,200B(90분)
전화 02-000-7025(카카오 ID : aspabkk)
홈피 aspamassage-spa.business.site

네이처 타이 마사지 Nature Thai Massage(스쿰빗 24)

스쿰빗 쏘이 24 초입의 마사지 숍 중에서 가장 무난한 선택이 될 수 있다. 가격과 시설은 호텔 스파와 길거리 마사지 숍의 중간 정도. 타이 마사지가 1시간에 790B, 발 마사지가 1시간에 590B로 가성비가 좋진 않다. 엠포리움 백화점 바로 앞에 있어 쇼핑 후에 마사지가 간절할 때, 숙소가 쏘이 24일 때 방문하면 적당하다. 씨암 스퀘어에도 지점이 있다.

주소 1,6 Soi Sukhumvit 24
위치 BTS 프롬퐁역에서 2번 출구나 엠포리움 백화점 쪽으로 나와 스쿰빗 쏘이 24로 진입 후 약 50m 직진
운영 10:00~24:00
요금 타이 마사지 790B(60분), 발마사지 590B(60분)
전화 080-616-2464

엠포리움 Emporium

씨암 파라곤, 센트럴 엠버시, 게이손 등과 어깨를 나란히 할 수 있는 방콕의 럭셔리한 백화점 중 하나이다. 이 책에서 따로 소개하는 폴 더 엠포리움PAUL The Emporium(p101), TWG 티TWG Tea(p100)도 모두 엠포리움에 자리하고 있다. 백화점 구역과 쇼핑몰 구역으로 나누어져 있다. 루이비통, 디올, 까르띠에, 구찌, 불가리 등의 명품 매장도 많지만 쉽게 손이 가는, 실생활과 밀접한 브랜드도 많은 편이다. 엠포리움에서 가장 주목해야 할 매장은 4층이다. 키친 웨어 & 리빙 제품들이 타 쇼핑몰에 비해 상당히 구성이 좋으며 한국 여행자들이 좋아하는 차바트리Chaba Tree, 리델Riedel 와인 잔 등도 만나볼 수 있다. 스파 제품들, 고메 마켓, 푸드코트, 만다린 오리엔탈 숍도 역시 4층에서 만나볼 수 있다.

주소 622 Sukhumvit Road
위치 BTS 프롬퐁역에서 바로 연결
운영 10:00~22:00
전화 02-269-1000
홈피 www.emporium.co.th

---

more & more ## 고메 마켓 Gourmet Market

엠포리움 4층에 자리한 슈퍼마켓이다. 씨암 파라곤, 엠쿼티어, 터미널 21 아쏙 등에도 입점하여 있지만 이곳 엠포리움의 고메 마켓은 조금 특별하다. 'You Hunt We Cook'이라는 콘셉트 아래, 고객이 골라온 식료품을 그 자리에서 조리를 해주거나 취향에 맞는 쌀을 골라주는 등의 서비스를 제공한다. 신선한 과일이나 채소로 착즙 주스를 해주는 코너도 있다. 여행자들이 주로 사는 물품이 따로 정리가 잘 되어 있어 기념품 쇼핑과 식사를 원스톱으로 끝낼 수 있다.

엠쿼티어 Emquartier

프롬퐁역을 사이에 두고 엠포리움과 마주 보고 있는 복합 쇼핑몰이다. 한국에서는 접하기 힘든 준명품 브랜드가 많아 돌아보는 재미가 있다. 쇼핑 브랜드만큼이나 레스토랑과 카페 등이 다양하게 입점하여 있다. 세 건물(헬릭스 쿼티어, 글래스 쿼티어, 워터폴 쿼티어)이 가운데 작은 중정을 둘러싸고 있는 구조로 동선은 조금 복잡하다. 이곳에 방문하면 먼저 인포메이션 센터에서 원하는 매장이나 목적지를 파악한 후 움직일 것을 추천한다. 고메 마켓Gourmet Market은 워터폴 G층에 자리하고, 그 지하에 푸드코트가 있다. 헬릭스 쿼티어 G층과 1층에 각각 자리한 다크D'ARK, 로스트Roast 등도 한국 여행자들에게 인기다.

주소 693, 695 Sukhumvit Road
위치 BTS 프롬퐁역에서 바로 연결
운영 10:00~22:00
전화 02-269-1000
홈피 www.emquartier.co.th

---

more & more **헬릭스 가든 & 헬릭스 다이닝** Helix Garden & Helix Dining

엠쿼티어에서 가장 주목해야 할 곳은 5층의 헬릭스 가든Helix Garden과 6~9층에 자리한 헬릭스 다이닝Helix Dining이다. 헬릭스 가든은 도심 속의 작은 정원으로, 식물원을 연상케 하는 스타벅스가 자리하고 있어 쇼핑 전후로 잠시 쉬어가기에도 좋다. 6층부터 본격적으로 시작되는 식당가는 9층까지 50여 개의 레스토랑이 모여 있다. 방콕의 웬만한 맛집들이 전부 포진해 있다고 해도 과언이 아니다. 숲속의 느낌을 가져온, 길이 100m에 달하는 열대 식물 샹들리에도 이곳의 자랑거리.

터미널 21 아쏙 Terminal 21 Asok

통통 튀는 즐거움. 획일화된 럭셔리 쇼핑몰에 별 흥미를 느끼지 못한다면 주저 없이 터미널 21 아쏙으로 향하자. 공항 터미널을 모티브로 해 꾸며졌는데 각 층은 캐리비안, 로마, 파리, 도쿄, 런던, 이스탄불을 콘셉트로 꾸며져 있고 심지어 화장실까지도 그 콘셉트에 따라 충실하게 꾸며진 모습이다. 덕분에 각 층을 돌며 재미있는 사진들을 찍을 수도 있다. 쇼핑몰 내부에는 500여 개가 넘는 상점들이 들어서 있는데 유명 글로벌 브랜드보다는 태국 로컬 디자이너들의 숍, 중저가 체인 브랜드들이 주를 이룬다. 지하(Level B)의 고메마켓 인근에는 먹을거리 야시장처럼 간식을 판매하는 작은 상점들이 들어서 있어 여행자들을 기쁘게 한다. 5층의 푸드코트인 피어 21(p98)도 아주 저렴하면서 실속 있다. 6층에는 태국의 체인 마사지 숍인 렛츠 릴랙스(p108)와 극장이 자리한다. 9층까지 터미널 21 아쏙이고 그 위층부터는 그랜드 센터 포인트 숙소이다.

주소 88 Soi Sukhumvit 19
위치 BTS 아쏙역에서 바로 연결. MRT 스쿰빗역에서도 도보로 1분
운영 10:00~22:00　　　　　**전화** 02-108-0888
홈피 www.terminal21.co.th

---

more & more **인기 포토존**

앞서 말한 바와 같이 터미널 21 아쏙은 공항 터미널을 콘셉트로 하고 있다. 출발 층은 Departure, 도착 층은 Arrival로 표기하고, 각 층은 유명 도시들을 상징하는 조형물들로 장식해 놓았다. 덕분에 각 층을 돌며 재미있는 사진들을 찍을 수도 있는데, 가장 인기 있는 장소는 2층의 런던이다. 런던을 상징하는 빨간색 이층 버스와 근위병 인근이 촬영 포인트! 4층 샌프란시스코의 금문교도 잊지 말아야 할 촬영 장소이다.

카르마카멧 Karmakamet(프롬퐁)

방콕 일부 백화점에서만 만나볼 수 있었던 카르마카멧의 스쿰빗 매장. 방콕의 주말 시장에서 작은 가게로 시작해 현재는 태국 최고의 아로마 브랜드로 성장한 카르마카멧은 향초와 아로마 오일, 사쉐Sachet, 포푸리 등 다양한 유기농 향기의 천국이라 할 수 있다. 특히 소이 왁스 향초는 비교 불가의 풍부하고 아름다운 향으로 가득 채워져 있어 카르마카멧의 최고 인기 아이템. 카리스마 넘치는 매장 분위기도 카르마카멧만의 매력이다. 프롬퐁역에서는 가깝지만, 작은 골목 안쪽에 있어 간판을 보고 잘 찾아야 한다. 안쪽으로 레스토랑이 함께 자리하고 있다.

주소 30, 1 Sukhumvit Road
위치 BTS 프롬퐁역 2번 출구로 나와 숙소인 엠포리움 스윗Emporium Suites 쪽으로 이동. 숙소 입구를 등지고 왼쪽으로 100m 정도 직진 후 나오는 왼쪽 첫 번째 골목 안
운영 10:00~20:00
전화 02-262-0701
홈피 www.karmakamet.co.th

엠스피어 EmSphere

2023년 12월 오픈한 쇼핑몰로, 엠포리움과 엠쿼티어를 소유한 더 몰 그룹The Mall Group에서 운영한다. 각 층은 뚜렷한 콘셉트를 갖고 나누어지는데, 최첨단 혁신 제품을 선보이는 EM Innovation과 6,000석 규모의 종합 엔터테인먼트 공간이 있는 EM Live 등은 주목할 만하다. 특히 아세안 지역 최초로 '시티 센터 스토어'라는 명제 아래 오픈한 이케아IKEA가 3층 전체를 차지하고 있다. 다양한 전시 공간과 이벤트 등이 열리는 공간으로도 향후 기대가 되는 곳이다.

주소 628 Sukhumvit Road
위치 BTS 프롬퐁역에서 도보 5분
운영 10:00~22:00
전화 02-269-1000
홈피 emsphere.co.th

5성급

소피텔 방콕 스쿰빗 Sofitel Bangkok Sukhumvit

소피텔의 체인답게 친절한 직원들의 미소가 인상적인 숙소이다. 위치 좋고 럭셔리한 인테리어에 직원들의 친절한 서비스 마인드까지 삼박자를 고루 갖췄다. 스쿰빗 13과 15 사이 대로변에 있어 주변에 이용할 수 있는 편의 시설이 다양하고 방콕에서는 드물게 여유로운 수영장을 갖고 있기도 하다. 객실은 아담하지만 상당히 고급스럽게 꾸며져 있고, 조식 뷔페도 풍성하게 나온다. 32층의 벨가 루프톱 바Belga Rooftop Bar(p105)를 꼭 방문해보길 추천한다. 아담하지만 조용한 분위기에서 방콕의 밤바람을 맞으며 전망을 감상하면 여행 온 보람을 고스란히 느낄 수 있을 것이다.

주소 189 Soi 13-15 Sukhumvit
위치 BTS 나나역에서 도보로 7분, 아쏙역에서 도보로 10분
요금 디럭스 4,100B~, 럭셔리 4,700B~
전화 02-126-9999
홈피 www.sofitel-bangkok-sukhumvit.com

5성급

쉐라톤 그랜드 스쿰빗 Sheraton Grande Sukhumvit

럭셔리 비즈니스호텔의 대명사. 아쏙 일대에서 가장 고급스러운 호텔로, 전체적으로 우아한 분위기를 풍긴다. 호텔에서 스카이워크를 따라 아쏙역, 터미널 21 아쏙이 바로 연결되고 한인 상가인 스쿰빗 플라자도 도보로 5분 거리에 있어 지리적인 장점이 뛰어나다. 다양한 부대시설과 레스토랑 또한 쉐라톤 그랜드 스쿰빗만의 자랑이다. 특히 4층의 수영장은 아담하지만 아름다운 조경으로 이국적인 분위기를 지니고 있다. 디럭스룸부터 시작하는 객실은 다른 호텔의 일반 객실에 비해 넓은 편이지만 약간은 올드한 느낌이 드는 것이 흠이다.

주소 250 Sukhumvit Road
위치 스쿰빗 쏘이 12와 14 사이. BTS 아쏙역에서 스카이워크를 따라 도보로 5분 이내, MRT 스쿰빗역에서 도보로 10분 이내
요금 그랜드 6,500B~
전화 02-649-8888
홈피 www.sheratongrandesukhumvit.com

5성급

그랜드 센터 포인트 터미널 21 Grande Centre Point Terminal 21

방콕의 대표 서비스 아파트먼트 체인 중 하나인 센터 포인트^{Centre Point}의 숙소이다. 숙소에서 BTS 아쏙역과 MRT 스쿰빗역이 바로 연결되기 때문에 방콕 숙소 중에 위치는 최상이라 할 수 있다. 9층까지는 터미널 21 아쏙^{Terminal 21 Asok}으로 사용되고 그 위의 층을 호텔 건물로 사용하고 있다. 가장 일반 객실은 슈피리어룸이지만, 가장 많은 객실은 디럭스 프리미어룸이다. 두 객실은 전망과 객실 크기 등의 차이가 큰 편이므로 가격 차이가 크게 나지 않는다면 디럭스 프리미어룸을 추천한다. 인피니티 스타일의 수영장을 갖고 있다.

주소 2 Soi Sukhumvit 19
위치 BTS 아쏙역에서 도보로 2분. 호텔 로비와 아쏙역이 바로 연결된다
요금 슈피리어 4,200B~, 디럭스 프리미엄 4,970B~
전화 02-056-9000
홈피 www.grandecentrepoint terminal21.com

4성급

포 포인트 바이 쉐라톤 방콕 스쿰빗 15
Four Points by Sheraton Bangkok Sukhumvit 15

쉐라톤 호텔에서 관리하는 4성급 호텔로, 무난한 객실과 위치를 갖고 있다. 호텔 그레이드에 비해 다소 금액이 높게 책정된 느낌이 있어 가성비가 좋게 느껴지지는 않는다. 바로 길 건너편에는 한인 상가인 스쿰빗 플라자, 도보로 5~10분 거리에는 아쏙역과 터미널 21 아쏙이 있다. 호텔 건물은 수영장이 있는 풀윙^{Pool Wing}과 피트니스가 있는 가든윙^{Garden Wing} 2개의 윙으로 나누어진다. 트윈베드 객실은 한 침대에 성인 1명과 어린이 1명이 이용할 수 있어 가족 여행자들에게는 안성맞춤이다. 아쏙역까지 무료로 툭툭을 운행한다.

주소 4 Sukhumvit Soi 15
위치 스쿰빗 쏘이 15 20m 안, BTS 아쏙역에서 로빈슨 백화점 방면으로 나와 도보로 10분 이내
요금 디럭스 3,800B~
전화 02-309-3000
홈피 www.marriott.com

4성급

서머셋 메종 아쏙 방콕 Somerset Maison Asoke Bangkok

애스콧^{Ascott}에서 관리하는 4성급 서비스 아파트먼트. 총 7층 건물에 120여 개의 객실을 보유하고 있다. 스튜디오 디럭스를 제외한 모든 객실에 조리할 수 있는 주방과 세탁기 등을 갖추고 있다. 고급스럽지는 않지만, 전체적으로 관리가 잘되고 있는 편. 특히 침구가 상당히 좋고 욕실 어메니티는 모두 어브^{Erb} 제품을 사용한다. 다만 숙소 건물 자체가 높지 않고, 바로 옆 빌딩과 간격이 가까워 전망이 전혀 없는 객실도 있다. 1층의 조식당과 7층 옥상에 자리한 수영장과 피트니스 센터도 충실하다. 아쏙역까지 무료로 다니는 셔틀 서비스가 있다(07:00~23:00).

주소 84 Sukhumvit 23 (Prasanmitr)
위치 BTS 아쏙역에서 인터체인지 21 빌딩 방면으로 나와 도보로 약 800m
요금 스튜디오 디럭스 3,200B~, 스튜디오 이그제큐티브 4,200B~
전화 02-302-1999
홈피 www.discoverasr.com

5성급

오크우드 스윗 방콕 Oakwood Suites Bangkok

오크우드 체인의 서비스 아파트먼트로 프롬퐁 일대에서 가장 추천하고 싶은 숙소다. 프롬퐁역과 엠포리움 백화점까지 도보 3분 거리에, 비교적 최근에 지어져 객실 컨디션이 좋고 직원들의 일 처리도 군더더기 없이 깔끔하다. 객실 크기도 여유롭지만, 샤워 부스와 욕조가 같이 있는 욕실의 크기가 상당히 큰 편이다. 주방과 큰 냉장고, 세탁기 등의 시설도 충분하므로 가족 여행자들에게도 안성맞춤. 조리 도구는 요청하면 따로 받을 수 있고, 방콕에서는 드물게 각 객실에 테라스도 딸려 있다. 인피니티 스타일의 수영장은 저녁 10시까지 야간 수영도 가능하다.

주소 20 Sukhumvit 24
위치 BTS 프롬퐁역 2번 출구에서 약 250m
요금 스튜디오 디럭스 4,000B~, 스튜디오 이그제큐티브 4,500B~
전화 02-059-2888
홈피 www.discoverasr.com

이비스 방콕 스쿰빗 24 Ibis Bangkok Sukhumvit 24

아코르 계열에서 운영하는 체인으로 전형적인 가성비 숙소다. 이비스 계열의 특징답게 초역세권에, 1층에는 편의점 등의 시설이 있다. 금액과 위치를 고려하면 큰 불만을 품기 어렵지만, 2인 여행자가 함께 짐을 풀고 사용할 수 없을 정도로 객실이 협소하고(17sqm) 방음에 취약하다. 하지만 호텔이 갖춰야 하는 기본 사양은 거의 비치되어 있고 침구도 쾌적한 편이다. 수영장 등의 부대시설은 없고 아침 식사도 굉장히 간단하게 나온다. 같은 건물에 머큐어 방콕 스쿰빗 24 Mercure Bangkok Sukhumvit 24 호텔이 함께 있다.

주소 5, 1 Sukhumvit 24
위치 BTS 프롬퐁역 2번 출구에서 약 200m
요금 스탠더드 1,800B~
전화 02-659-2888
홈피 all.accor.com

137 필라스 스위트 & 레지던스 방콕
137 Pillars Suites & Residences Bangkok

치앙마이에서 고급스럽고 아름다운 숙소로 정평이 나 있는 137 필라스 하우스가 방콕에도 둥지를 틀었다. 175개의 레지던스룸과 36개의 스위트룸을 갖추고 있다. 커플이나 친구와의 여행객들에게는 스위트룸이, 가족 여행자들에게는 주방 시설이 갖춰진 레지던스룸이 인기다. 스위트룸 투숙객에게는 루프톱 수영장 이용, 전용 라운지에서의 조식, 애프터눈티, 칵테일 제공 등 좀 더 다양한 부대시설 이용권과 혜택이 주어진다. 장점이 많은 숙소지만 위치가 애매하고 교통 체증도 심한 곳이니 BTS와 그랩, 모토 등을 잘 활용해서 움직여야 한다. 프롬퐁역까지 무료 셔틀은 1시간마다 있다.

주소 59/1 Sukhumvit 39
위치 BTS 프롬퐁역 3번 출구에서 쏘이 39 길을 따라 약 1km (도보 15~20분)
요금 이그제큐티브 스튜디오 레지던스 5,100B~, 수코타이 스위트 9,800B~
전화 02-079-7000
홈피 137pillarshotels.com

5성급

래디슨 블루 플라자 방콕 Radisson Blu Plaza Bangkok

교통의 요지인 아쏙 지역에 2014년 문을 연 5성급 숙소. 터미널 21 아쏙과 쏘이 16, 쏘이 21~23 등이 주요 목적지라면, 이 숙소를 염두에 두면 좋다. 객실 내부는 깔끔하게 꾸며져 있고 욕조와 샤워 부스도 분리되어 있다. 가장 기본적인 카테고리인 디럭스는 그랜드 디럭스와 객실 내부는 같고 7~15층까지는 디럭스, 16~24층까지는 그랜드 디럭스로 층에 따라 구분된다. 트윈 객실은 세미 퀸사이즈 베드 2개로 구성되어 있다. 아담하지만 야간 수영도 가능한 수영장을 갖추고 있고 30층의 루프톱 바인 브루스키Brewski(p104)도 유명하다.

주소 489 Sukhumvit Road
위치 BTS 아쏙역에서 인터체인지 21 빌딩 방면으로 나와 도보 5분. 쏘이 27 초입
요금 디럭스 3,900B~, 그랜드 디럭스 4,600B~
전화 02-302-3333
홈피 www.radissonhotels.com

4성급

애드 립 방콕 Ad Lib Bangkok

총 58개의 객실을 갖춘 부티크 호텔. 커플 여행객이나 여성 여행객에게 인기가 상당히 높다. 큰 나무 문을 열고 호텔로 들어서면 유리창으로 둘러싸인 로비가 나오고, 오픈 키친 스타일의 바와 녹지 속에 둘러싸인 라운지는 아늑한 느낌까지 더해져 이곳을 더욱 매력적으로 만든다. 3개의 윙에 있는 객실은 원목 인테리어에 군더더기 없고 깨끗한 침구류가 갖춰져 있어 편안한 분위기를 자아낸다. 3층 루프톱 수영장은 크지는 않지만, 빛이 잘 들고 방콕의 멋진 전망을 감상할 수 있어 수영을 즐기려는 사람들로 늘 붐빈다. 근처 BTS 역까지의 무료 툭툭 서비스를 제공한다.

주소 230/5 Sukhumvit 1
위치 BTS 나나역과 펀칫역 중간, Sukhumvit 1 밤룽랏 국제 병원 인근
요금 플러시 3,300B, 러시 플러시 3,500B
전화 02-205-7600
홈피 adlibbangkok.com

5성급
마두지 호텔 방콕 Maduzi Hotel Bangkok

은밀하고 비밀스러운 호텔이라고 할 수 있다. 투숙객의 프라이버시를 최우선으로 하는 부티크형 숙소이다. 이 숙소에 묵는 게스트가 아니라면 숙소 안으로 들어갈 수도 없다. 체크인 시에도 이름 대신 게스트 코드를 사용하고, 투숙 내내 이 코드를 사용한다. 이런 서비스 덕분에 세계의 유명 스타들을 고객으로 보유하고 있다. 객실 비품은 '스몰 + 럭셔리' 호텔답게 최고급 비품으로 되어 있고 욕실 어메니티도 최고급 스파 제품인 판퓨리 Panpuri를 사용한다. 객실은 미니멀하지만 세련된 모습이다.

주소 9/1 Corner Sukhumvit
Soi 16, Ratchadaphisek
위치 스쿰빗 쏘이 16 150m 정도 안쪽,
컬럼 방콕 호텔 직전
요금 클래식 5,400B~,
디럭스 7,000B~
전화 02-615-6400
홈피 www.maduzihotel.com

4성급
컬럼 방콕 호텔 Column Bangkok Hotel

쏘이 16 중간 정도에 있는 서비스 아파트먼트. 비슷한 가격대의 서비스 아파트먼트를 중 가장 넓은 객실을 보유하고 있다. 스튜디오부터 3베드룸까지 갖추고 있고, 총 객실은 238개로 상당히 큰 규모이다. 연식은 좀 되었지만 쾌적한 티크 마루에 편안함이 느껴지는 가구들은 여행 중에도 내 집 같은 안락함을 준다. 수영장에서는 벤짜낏티 공원이 한눈에 내려다보이는 탁 트인 전망을 감상할 수 있다. 숙소 바로 옆에는 24시간 운영하는 푸드랜드 슈퍼마켓이 자리하고 있고 숙소 주변으로 맛집이 상당히 많은 것도 큰 장점이다.

주소 48 Soi Sukhumvit 16
위치 BTS 아쏙역에서 스쿰빗 쏘이 16 방면으로 도보로 10분
요금 스튜디오 2,700B~, 1베드룸 3,500B~
전화 02-302-2555   **홈피** www.columnbangkok.com

Sukhumvit ll

스쿰빗 II

(통로, 에까마이, 프라카농, 온눗, 방나, 라차다)

『방콕 셀프트래블』에서 스쿰빗 II로 분류하는 지역은 스쿰빗의 동쪽인 통로와 에까마이부터 온눗과 방나 지역이다. 스쿰빗 로드에서 북쪽으로 뻗은 라차다 지역도 스쿰빗 II에서 소개하고 있다. 통로 & 에까마이 지역은 스쿰빗 쏘이 55와 쏘이 63의 다른 이름으로 방콕의 잘나가는 트렌드세터들이 모이는 핫 스폿으로도 유명하다. BTS가 방콕의 외곽까지 연결되면서 비교적 한산한 프라카농, 온눗, 방나 지역에 머물면서 시내를 오가며 일정을 소화하는 여행자들도 점점 늘어나는 추세다.

스쿰빗 II 돌아다니기

스쿰빗 로드에서 중심이 되는 교통수단은 역시 스카이트레인 BTS다. 스쿰빗 II 지역에는 유난히 긴 골목(쏘이)이 많다. 쏘이 55와 63의 다른 이름인 통로 & 에까마이, 쏘이 49, 쏘이 36 등은 3km가 넘는 거리로 도보로 다니기에는 힘든 거리다. 각 역 앞에는 항상 모토(오토바이 택시) 기사들이 대기하고 있으므로 택시나 모토 등을 BTS와 연계해 움직이는 전략이 필요하다. 스쿰빗 대로를 중심으로 북쪽은 홀수, 남쪽은 짝수로 쏘이(작은 골목)가 나누어져 있다.

✚BTS 통로 Thong Lo
쏘이 38, 49, 55(통로), 57 / 파타라 / 빠톰 오가닉 리빙 / 더 커먼스 / 티추까 / 닥터 핏 / J 애비뉴 통로 / 방콕 매리어트 호텔 스쿰빗

✚BTS 에까마이 Ekkamai
쏘이 42, 61, 63(에까마이) / 동부 버스터미널(콘쏭 에까마이) / 사바이 짜이 / 히어 하이 / 와타나 파닛 / 빅 시 / 게이트웨이 에까마이

✚BTS 온눗 On Nut
쏘이 52, 83, 93 / 티스 룸 56 / 짐톰슨 팩토리 아웃렛

주요 거리

❶ 쏘이 42
에까마이역 남쪽의 거리로 쇼핑몰인 게이트웨이 에까마이와 숙소 윈덤 가든 방콕 스쿰빗 42가 자리하고 있다. 파타야, 찬타부리 등 태국의 동부 지역으로 이동하는 고속버스가 출발하는 '동부 버스터미널(콘쏭 에까마이)'이 이 거리 바로 옆에 자리한다.

❷ 쏘이 49
싸미띠웻 병원이 있는 긴 거리. 숨어 있는 예쁜 카페들과 현지인들이 방문하는 맛집들이 많다. 빠톰 오가닉 리빙, 똔크루앙, 마사지 숍인 닥터 핏이 이곳에 있다.

❸ 쏘이 55 & 쏘이 63(p124)
통로와 에까마이의 다른 이름이다. 고급 주거 지역이기도 한 통로와 에까마이는 한국의 청담동에 종종 비교되곤 한다. 관광객보다는 현지의 상류층을 대상으로 하는 업소들이 많아 '그들만의 리그'를 느낄 수 있는 곳이기도 하다.

❹ 라차다피섹 로드
스쿰빗 로드와 만나 북쪽으로 뻗은 지역으로 보통 라차다 Ratchada라고 부른다. 서울의 강남처럼 새롭게 개발된 지역으로 도로가 잘 정리되어 있고 새로 지은 대형 건물들이 많다. 쩟페어(조드 페어)와 디원 라차다 야시장이 자리한다.

통로와 에까마이 돌아다니기

통로와 에까마이는 남북으로 3km 정도 되는 긴 거리다. 걸어 다니기에는 다소 무리가 있다. 통로에는 이 거리만 오가는 마을버스 개념의 빨간 버스가 다니지만, 사람이 다 차면 출발하기 때문에 기동성이 현저히 떨어진다. 역에서 내려 택시나 오토바이 택시(모토) 등을 이용해 목적지까지 이동하는 것이 편하고 빠르다. 도로 초입에는 모토 기사들이 대기하는 곳이 있다. 출퇴근 시간 등에는 이용자가 많아서 기다려야 할 때도 있지만 차례는 금방 돌아오는 편. 가까운 곳은 20~30B, 조금 먼 곳은 40B 정도 예상하면 된다. 통로와 에까마이 모두 왼쪽이 홀수, 오른쪽이 짝수로 쏘이(작은 골목)가 나누어져 있다.

주요 거리

❶ 통로 쏘이 8
서비스 아파트먼트인 센터 포인트 스쿰빗 통로와 그랜드 센터 포인트, 에잇 통로Eight Thong Lo 빌딩이 있다. 에잇 통로Eight Thong Lo 빌딩에는 예쁜 찻집인 더 블루밍 갤러리와 24시간 운영하는 툭래디가 자리한다.

❷ 통로 쏘이 13~15
통로에서도 가장 중심이 되는 거리이다. 시간이 많지 않은 여행자라면, 이곳을 먼저 공략하는 것이 좋다. 특히 동네 주민들을 위한 커뮤니티 몰인 J 애비뉴 통로를 우선 목표로 삼는 것이 좋다. 이 주변에 맛집들과 디저트 카페가 가장 많이 모여 있다.

❸ 통로 쏘이 17~19
복합 문화 공간인 더 커먼스와 디바나 디바인 스파 등이 쏘이 17에 자리하고 있고, 태국 레스토랑 파타라가 쏘이 19 안쪽에 자리한다. 쏘이 17과 19 사이의 대로에는 저렴한 식당들이 몰려 있기도 하다. 통로 쏘이 19 이상은 주거 지역이라 할 수 있어 특별한 것은 없으므로 여기까지 둘러보면 통로의 핵심 지역은 다 본 셈이다.

❹ 에까마이 쏘이 5와 12
BTS 에까마이 역에서는 약 1.3km 떨어져 있는 에까마이 쏘이 5와 에까마이 쏘이 12는 사거리를 이루며 마주 보고 있다. 이 인근이 에까마이에서는 가장 번화한 곳으로, 이싼 식당인 사바이 짜이와 시푸드 전문점 히어 하이가 있다. 에까마이 쏘이 5는 통로 쏘이 10으로 연결되어 있고, 에까마이 쏘이 12의 끝은 스쿰빗 쏘이 71과 맞닿아 있다.

통로 & 에까마이 & 온눗

N

● H1 빌딩

로터스 S

④ ③ 온눗 On Nut B

H 아바니 스쿰빗 방콕 ⑦

Soi 81

카밀리안 종합병원 ✚
S&P R
Soi 25

Soi 23

M 피말라이 마사지

Soi 22

Soi 19

R 티스 룸 56
Soi 56

Soi 87

파타라 R
Soi 21
Soi 19

Soi 18

R 왓타나 파닛

짐톰슨 팩토리 아웃렛 S

디바나 디바인 스파 M
로스트 R
Soi 17
더 커먼스 ●
J-애비뉴 S
그레이하운드 카페 R
애프터 유 R
Soi 13

페니스 발코니
● N 홉스
Soi 16

R 분똥까얏

Soi 18

Soi 9

Soi 7

메가 방나 (12km) ↓

Soi 93

방짝 Bang Chak B

Soi 11

Soi 10

H 그랜드 센터 포인트 수쿰빗 55 통로
Soi 8
수말라이 마사지 M
Soi 9
● Eight Thong Lo

H 센터 포인트 스쿰빗 통로

동키몰 S
Soi 5
Soi 3
R 사바이 짜이

R 히어 하이
Soi 12

R 더 블루밍 갤러리
Soi 6
R 툭래디

Soi 1

Soi 10

M 헬스 랜드

서머셋 통로 H

Soi 5

● 마켓 플레이스

S 탑스 푸드홀

Soi 8

S 빅 시
Soi 6

Soi 4

Soi 3

Soi 4

Soi 1

통로 Thong Lo (Sukhumvit Soi 55)

에까마이 Ekkamai (Sukhumvit Soi 63)

Soi 2
● Fifty Fifth Tower

닛코호텔 방콕 H

H 더 살릴 호텔 수쿰빗 57

험두언 R
Soi 2

M 사쿠라 스파

하십하 포차나 🏛
통로 엔타포 (쎄우 แซ่ว) ●

Soi 57

MK 골드 R

통로 Thong Lo B

스쿰빗 로드 Sukhumvit Road

H 방콕 매리어트 호텔 스쿰빗 57
S 옥타브

Soi 38

Soi 36

T-ONE 빌딩 ●
티추까 N

Soi 40

H 시빅 호라이즌 호텔 앤 레지던스

에까마이 Ekkamai B

동부 버스터미널 🚌

Soi 42
S 게이트웨이 에까마이

★★★★

쩟페어(조드 페어) Jodd Fair 디원 라차다 The One Ratchada 야시장

방콕으로 여행하러 온 기분을 만끽할 수 있는 야시장 두 개가 모두 라차다 지역에 있다. MRT 프라람까오 역에서 가까운 쩟페어 야시장은 젊은 감각과 아기자기함을 담은 곳이다. 쇼핑을 위한 구역이 따로 있지만 간식 같은 먹거리에 더 중점을 두고 이용하는 것이 좋다. 쩟페어 야시장과 MRT로 한 정거장 떨어져 있는 디원 라차다 야시장은 좀 더 규모가 크고 쇼핑거리가 많은 편이다. 펍 같은 것이 많아서 늦은 저녁 시간에 맥주 한잔 즐기기에도 좋다. 두 야시장에서 인기 있는 음식 메뉴는 '렝쌥'으로 돼지 등뼈를 푹 삶은 것에 고수와 고추가 잔뜩 들어간 양념을 뿌려 먹는 음식이다. 주변이 상당히 복잡하고 택시를 타기가 힘든 곳이니 지하철로 움직이는 것을 추천한다.

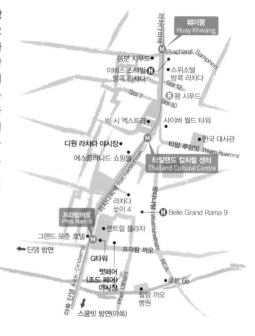

주소 ❶쩟페어(G타워 기준) 33 4 Rama IX Road
　　 ❷디원 라차다(에스플라나드 쇼핑몰 기준)
　　 99 Ratchadaphisek Road
위치 ❶쩟페어: MRT 프라람까오역 3번 출구나
　　 G타워 E게이트로 나와 오른쪽. G타워 뒤편
　　 ❷디원 라차다: MRT 타일랜드 컬처럴센터역 3번 출구,
　　 에스플라나드 쇼핑몰 뒤편 4번 게이트와 연결
운영 16:00~24:00

사바이 짜이 SabaiJai

강력 추천하는 이싼 식당. 사바이 짜이는 현지인들에게 일명 '까이양' 집으로 불리는 이싼 음식 전문 식당이다. 이싼은 태국 동북부 지방을 가리키는 말로 태국에서는 가장 개발이 더딘 곳이지만 쏨땀, 까이양, 커무양 등 이싼 지방의 음식들은 전 국토에서 사랑받고 있다. 제대로 된 '쏨땀'에, 부드러운 육질이 그만인 돼지고기 목살구이인 '커무양', 숯불에 구워낸 닭고기인 '까이양' 등 맛있는 이싼 음식을 모두 맛볼 수 있다. 쏨땀의 단짝인 카오니아우(찹쌀밥)도 좋지만, 우리나라 소면 같은 카놈찐을 주문해 쏨땀 국물에 찍어 먹어도 좋다.

주소 87 Ekkamai 3 Alley
위치 BTS 에까마이역에서 도보로 약 15분, 에까마이 로드 쏘이 3 약 50m 안쪽
운영 10:30~22:00
요금 까이양 200B, 커무양 170B, 쏨땀 70B~
전화 02-714-2622

히어 하이 Here Hai

에까마이에 자리한 해산물 전문점. 2020년부터 연속으로 미슐랭에 등재되면서 입소문을 타고 웨이팅이 상당한 곳이다. 시그니처 메뉴는 큼직한 게살이 들어간 오믈렛이나 볶음밥, 갯가재 요리, 새우구이 등이다. 매일 아침 공수하는 싱싱한 해산물을 이용해서 식재료들의 신선도가 좋고 양도 푸짐한 편이다. 다만 맥주 등의 주류는 취급하지 않기 때문에 기름지고 짭짤한 요리들과 음료 페어링이 좋지 않은 것이 흠. 볶음밥과 오믈렛은 크기별로 구분되어 있어 인원에 맞게 주문하면 된다. 배달과 포장도 많고 매장 식사는 현금만 가능.

주소 112, 1 Ekkamai Road
위치 BTS 에까마이역에서 도보로 약 15분, 에까마이 로드 쏘이 10과 12 사이
운영 10:00~15:00/16:00~17:30 (휴무 월요일)
요금 카오팟 뿌(게살볶음밥) 340~990B, 자이언트 새우구이 690B, 오렌지주스 30B
전화 063-219-9100

험두언 Hom Duan หอมด่วน

태국 북부 음식 전문점. 깨끗하고 맛있는 데다 저렴하게 식사를 할 수 있어 여행자와 직장인들의 사랑을 받는 곳이다. 카레 국물이 진국인 '카우쏘이(닭고기)'나 '깽항레(돼지고기)', 우리나라 소면 같은 것이 들어간 '카놈찐'이 대표 메뉴. 그 외로 반찬을 골라 담아 흰밥과 먹을 수 있는 '랏 카오'도 주문할 수 있다. 반찬 종류가 다양하고 정갈해서 꽤 먹을 만하다. 음식 주문은 좌석이 아닌 카운터에서 하고, 계산은 식사를 마친 후에 하면 된다. 영어 간판은 없고 태국어로 가게 이름이 크게 적혀 있다.

주소 1, 7 Ekkamai 2 Alley
위치 BTS 에까마이역에서 도보로 약 8분. 에까마이 쏘이 2의 에까마이 비어 하우스Ekkamai Beer House 뒤쪽의 상가. 잉크 & 라이언INK & LION 카페 바로 옆
운영 09:00~20:00 (휴무 일요일)
요금 카우쏘이 110~130B, 랏 카오 80~100B, 카놈찐 90B
전화 085-037-8916

쎄우 Zaew Noodle แซว

1984년부터 3대째 이어져 오고 있는 곳으로 통로에서 '옌타포 국숫집' 하면 모르는 사람이 없을 정도로 유명하다. '옌타포'는 일명 '분홍 국수'로 새콤하면서 특유의 향을 가진 콩으로 맛을 낸다. 친근한 메뉴로 쎄우국수Zaew's Noodle를 주문하면 적당하다. 다양한 어묵과 돼지고기 완자 등이 들어간 메뉴다. 국물이 있는 '남'과 비빔으로 먹을 수 있는 '행' 중에 선택할 수 있고 면도 원하는 종류로 고르면 된다. 영어 메뉴판이 있어 주문은 쉽다. 아침 7시경에 열어 오후 3시경이면 문을 닫지만, 그날 준비한 육수가 떨어지면 더 일찍 닫기도 한다.

주소 1093 Sukhumvit Road
위치 BTS 통로역 3번 출구, 뒤돌아 직진 후 건널목 건너 30m 직진
운영 07:00~15:00 (휴무 목요일)
요금 옌타포 60B, 쎄우 누들 60B
전화 096-665-9353

파타라 Patara

S&P 그룹에서 운영하는 고급 태국 레스토랑으로 런던, 비엔나 등에도 같은 레스토랑을 보유하고 있다. 어떤 메뉴를 주문해도 아름답고 맛있는 음식들을 맛보게 되겠지만 연꽃잎을 활용한 애피타이저인 미앙캄이나 양고기로 요리한 마사만 커리 등은 강력 추천 메뉴. 예산을 어느 정도 생각해야 하는 디너가 부담스럽다면, 애피타이저와 메인, 디저트 등 3가지 코스가 포함된 런치세트를 활용하는 것도 추천한다. 통로 쏘이 19 골목 150m 안쪽에 깊숙이 자리 잡고 있어 접근성은 좋지 않으므로 통로역에서 택시 등을 타고 이동하는 것이 좋다.

주소 375 Soi Thonglor 19, Sukhumvit 55
위치 BTS 통로역, 통로 쏘이 19 골목 150m 안
운영 11:30~14:30/17:30~22:00
요금 1인 예산 1,000B~, 주중 런치세트 1인 495B (Tax & SC 17%)
전화 02-185-2960
홈피 www.patarathailand.com

와타나 파닛 Wattana Panich วัฒนาพานิช

50년 전통의 느어뚠(소고기 쌀국수)집. 에까마이 거의 끝에 자리해 찾아가기는 어렵지만 한국 방송과 미슐랭 가이드에 소개되면서 여행자들의 발길이 끊이지 않는다. 오랜 시간 뭉근히 끓인 육수가 다른 소고기 국숫집에 비해 유난히 묵직하면서 보약 같은 느낌이다. 소고기와 완자가 함께 나오는 2번 메뉴를 주문하면 무리가 없다. 면 없이 육수와 고기만 들어 있는 '까오라오'를 주문해 밥과 같이 먹을 수도 있다. 1층은 에어컨이 없지만 2층에는 에어컨이 있는 좌석이 있다. 에까마이역에서 걸어가긴 무리여서 택시나 모토를 이용해서 가야 한다.

주소 336, 338 Ekkamai Road
위치 BTS 에까마이역에서 도보로 약 30분, 에까마이 로드 쏘이 18과 20 사이
운영 09:00~19:30
요금 느어뚠 100B, 까오라오 200B
전화 02-391-7264

빠똠 오가닉 리빙 Patom Organic Living

찾아가긴 어렵지만 예쁜 거 하나로는 많은 경쟁자를 평정할 수 있는 곳. SNS에서 핫한 방콕 카페 중 하나다. 초록이 우거진 정원 가운데 자리한 카페 건물은 마치 식물원을 연상시킨다. 방콕 인근 나콘빠똠 Nakhon Pathom의 농장들과 정부 기관이 함께 설립한 유기농 제품 재단에서 운영하기 때문에 음료나 판매하는 제품들도 모두 그것과 연관이 있다. 대표 메뉴는 시그니처 오가닉 코코넛밀크 커피. 직접 만든 태국식 전통 디저트와 베이커리, 유기농 보디 제품도 판매한다. 골목 안쪽에 숨겨져 있어서 통로역에서 택시를 타거나 모토 등을 활용하여 이동하는 것이 좋다.

주소 9, 2 Phrom Phak Alley(Sukhumvit Soi 49)
위치 BTS 통로역에서 도보 30분. 쏘이 49를 따라 싸미띠웻 병원까지 간 뒤, 삼거리에서 우회전 후 다시 쏘이 Phrom Phak 쪽으로 500m 직진
운영 09:00~19:00
요금 시그니처 오가닉 코코넛밀크 커피 120~130B, 오가닉 티 110~120B
전화 02-084-9649   홈피 www.patom.com

티스 룸 56 T's Room 56

온눗 지역에 있는 예쁜 카페. 꽃과 나무로 둘러싸인 목조 가옥은 빈티지 감성이 가득하다. 작은 온실처럼 꾸며진 내부는 라탄 가구들과 꽃 장식. 오랜 시간 동안 수집한 도자기와 찻잔 컬렉션들로 꾸며져 있다. 차 종류도 다양해서 기본적인 블랙티, 화이트티 등은 물론이고 이곳에서 블렌딩한 티도 음미해볼 수 있다. 애프터눈티 세트 메뉴와 간단한 식사 종류도 즐길 수 있다. 실내뿐 아니라 외부 정원도 매우 아름다우니 시간을 두고 찬찬히 둘러보자. 주중에는 영업하지 않고 토요일과 일요일에만 문이 열려 있으니 일정을 짤 때 참고로 하자.

주소 6 Soi Sukhumvit 56
위치 BTS 온눗역에서 도보로 10분. 스쿰빗 쏘이 56 약 150m 안쪽
운영 11:00~18:00 (휴무 월~금요일)
요금 차 220~260B, 아메리카노 110/140B, 애프터눈티 1인 550B
전화 081-818-9600

그레이하운드 카페 Greyhound Cafe(통로)

태국 로컬 의류 브랜드인 그레이하운드에서 론칭한 레스토랑 겸 카페. 방콕의 유명 백화점에는 모두 입점해 있을 정도로 인지도가 높다. 이곳 통로점은 다른 지점보다 분위기가 여유롭고 스타일이 있다. 창의적인 퓨전 요리, 서양식 요리들이 주를 이룬다. 그중에서도 추천 메뉴는 넓적한 라이스페이퍼에 양상추, 다진 돼지고기와 소스 등을 넣고 쌈처럼 싸 먹는 Complicated Noodle, 바삭함이 그만인 Greyhound Famous Fried Chicken Wings다. 그레이하운드 스타일의 아이스티도 꼭 주문해볼 것!

주소 J-Avenue 323/1 Sukhumvit 55
위치 BTS 통로역, 통로 쏘이 15
　　 J 애비뉴 통로 1층
운영 11:00~22:00
요금 Complicated Noodle 240B,
　　 Greyhound Famous Fried
　　 Chicken Wings 190B,
　　 아이스티 100B(Tax & SC 17%)
전화 02-712-6547
홈피 www.greyhoundcafe.co.th

더 커먼스 theCOMMONS(통로)

레스토랑, 카페, 상점, 피트니스 센터 등이 입점해 있는 복합 문화 공간. 4층 건물은 오픈에어 스타일로 각 층을 오가며 구경할 수 있는 독특한 구조로 되어 있다. 푸드코트처럼 꾸며져 있는 M층에 유명 레스토랑들이 몰려 있다. 여러 레스토랑과 카페 중 루츠Roots 카페에 손님이 많고 편안하게 맥주를 한잔할 수 있는 더 비어 캡The Beer Cap도 인기. 빌리지Village라 부르는 1층은 미용실과 네일숍, 쇼품숍이 몇 개 있고 브런치를 위한 핫플인 로스트Roast(p132)가 3층의 대부분을 차지하고 있다. 신선한 공간에 관심이 있는 여행자들이라면 한 번쯤 들러볼 만하다.

주소 335 Soi Thonglor 17,
　　 Sukhumvit 55
위치 BTS 통로역에서 도보로 약 20분,
　　 통로 쏘이 17 약 50m 안
운영 08:00~01:00(가게마다 상이)
전화 089-152-2677
홈피 thecommonsbkk.com

 로스트 ROAST coffee & eatery

2011년 통로 쏘이 13에서 시작한 레스토랑 겸 커피 전문점. 더 커먼스가 오픈하면서 이곳으로 옮겨와 성업 중이다. 엠쿼티어와 센트럴 월드에도 지점을 확장했지만, 이곳 통로 본점이 더 여유로운 분위기다. 시그니처 음료는 에스프레소로 얼음을 만들어 제공하는 '아이스 에스프레소 라떼'. 브런치와 디저트에도 많은 공을 들이고 있어 여성 손님들이 많이 찾는다.

주소 335 Soi Thonglor 17, Sukhumvit 55
위치 BTS 통로역에서 도보로 약 20분, 통로 쏘이 17 약 50m 안
　　더 커먼스theCOMMONS 3층
운영 08:00~22:00
요금 아이스 에스프레소 라떼 120B, 브런치 메뉴 320~450B(Tax & SC 17%)
전화 096-340-3029　　　　　홈피 www.roastbkk.com

 더 블루밍 갤러리 The Blooming Gallery

통로 쏘이 8에 자리한 쇼핑몰인 에잇 통로Eight Thong Lo 지하에 자리한 아담한 찻집. 온실처럼 꾸며져 자연광이 충분하고 천장을 가득 메운 행잉 꽃장식이 인상적이다. 20가지가 넘는 차가 준비되어 있고, 샘플 박스가 있어 향을 맡아보고 고를 수 있다. 애프터눈티 세트, 스콘 세트도 준비되어 있고 드라이플라워와 엽서, 예쁜 문구류도 판매한다.

주소 88/36 Thong Lo Road (Eight Thong Lo)
위치 BTS 동로역, 통로 쏘이 8의 에잇 통로Eight Thong Lo 지하
운영 10:30~21:00
요금 차 150~190B, 아메리카노 90/120B,
　　차&스콘세트 350B(Tax & SC 17%)
전화 02-063-5508

 애프터 유 After You

방콕에서 선풍적인 인기를 끌고 있는 디저트 카페. 아기자기하고 깔끔한 인테리어에 예쁘고 향긋한 디저트들로 방콕에 디저트 카페 열풍을 몰고 온 장본인이기도 하다. 애프터 유의 간판스타는 달콤한 시럽을 듬뿍 뿌려 먹는 허니 토스트. 팬케이크나 와플 등도 인기 메뉴다. 씨암 파라곤을 포함, 방콕 곳곳에 지점이 있다.

주소 323/3 Thong Lo Road
위치 BTS 통로역, J 애비뉴 통로
　　쇼핑몰 별관. 통로 쏘이 13으로
　　접근하는 것이 가깝다
운영 11:00~23:00
요금 허니토스트 215B,
　　팬케이크 195B~,
　　음료 125B~
전화 02-712-9266
홈피 www.afteryoudessertcafe.
　　com

똔크르앙 Tonkrueng

스쿰빗 쏘이 49 안쪽에 자리하고 있어 찾아가기 어렵지만, 현지인들의 애정을 듬뿍 받는 태국 음식점. 1980년대에 통로에서 영업을 시작해 이곳 싸미띠웻 병원 인근으로 확장 이전했다. 40년 이상 된 식당인 만큼 맛은 보장할 수 있다. 뿌팟퐁커리와 텃만꿍, 쏨땀, 팟타이 등 대부분의 태국 음식을 취급한다. 음식의 퀄리티와 레스토랑 환경에 비해 금액도 합리적인 편.

주소 211 3 Sukhumvit 49/13
위치 BTS 통로역에서 도보 20분, 역에서 택시를 타고 싸미띠웻 병원에서 조금 더 지나 하차
운영 11:00~22:30
요금 텃만꿍 290B, 팟타이 170B, 똠얌꿍 260B(Tax & SC 17%)
전화 02-185-3072

분똥끼앗 Boon Tong Kiat

치킨라이스(카오만까이) 전문점. 테이블 예닐곱 개가 전부인 허름한 로컬 식당이지만 그 내공은 상당하다. 마늘 향이 가득한 밥과 함께 나오는 중국 하이난 스타일의 치킨라이스 맛이 일품이다. 닭고기 대신 오리고기나 돼지고기로도 주문할 수 있고, 코코넛 밀크와 커리를 넣은 싱가포르식 국수인 '락사'와 갈비탕 같은 '바쿠테'도 맛볼 수 있다.

주소 440 5 Thong Lo Road
위치 BTS 통로역, 통로 쏘이 14와 16 사이 (J 애비뉴 통로 바로 맞은편)
운영 09:00~21:00
요금 치킨라이스 80/90B, 스팀 치킨 310/620B
전화 02-390-2508

하십하 포차나 Fiftyfifth(55) Pochana

오랜 시간 동안 통로에 자리 잡고 영업하던 노점이 어엿한 식당으로 변모한 곳이다. 통로역과 가까워 접근성이 좋고 늦은 시간까지 운영하는 것이 큰 장점이다. 음식들은 대체로 진하고 맛이 있으나 테이블 간격이 너무 좁아 복잡한 느낌이 있고 직원들도 조금 무심한 편이다. 멀리서 일부러 찾아올 필요는 없고, 숙소가 근처에 있을 때 이용하면 적당하다.

주소 1087,1089-1091 Sukhumvit Road
위치 BTS 통로역 3번 출구, 뒤돌아 직진 후 횡단보도 건너 30m 직진
운영 18:30~03:00
요금 똠얌꿍 160B, 어쑤언 220B, 카오팟 120~160B, 얼음 10B
전화 02-391-2021

브로콜리 레볼루션 스쿰빗 49 Broccoli Revolution Sukhumvit 49

비건 여행자들을 위한 레스토랑이다. 동물성 식품, 화학조미료 등을 사용하지 않는 음식을 제공한다. 버거, 파스타, 피자 등 채식과 관련 없을 것만 같은 메뉴를 맛있고 건강하게 선보이고 있다. 유기농 채소와 과일을 착즙한 주스도 이곳의 아이콘이다. 센트럴 엠버시와 짜런끄룽 로드(샹그릴라 호텔 방콕 앞)에도 지점이 있다.

주소 899 Sukhumvit Road
위치 BTS 통로역에서 프롬퐁역 방향으로 도보 5분, 스쿰빗 쏘이 49 초입
운영 10:00~21:00
요금 브로콜리 퀴노아 차콜 버거 270B, 퀴노아 볼 240B,
　　 착즙 주스 150B~(Tax 7%)
전화 095-251-9799　　　홈피 broccolirevolution.com

툭래디 Took Lae Dee

태국에 10여 개의 매장이 있는 푸드코트이다. 지점 모두 공통 사항이지만 24시간 운영하고 가격이 저렴하다. 이곳 통로 지점은 에잇 통로Eight Thong Lo 건물 지하에 자리한다. 바로 옆에 역시 24시간 운영하는 푸드랜드Food Land 슈퍼마켓이 함께 있어서 필요한 물품을 구매하고 간단하게 식사하기에도 좋다. 내부도 깨끗하다.

주소 88/36 Thong Lo Road
　　 (Eight Thong Lo)
위치 BTS 통로역, 통로 쏘이 8의
　　 에잇 통로Eight Thong Lo 지하
운영 24시간
요금 1인 예산 70~150B
전화 02-390-1188

꽝 시푸드 Kuang Seafood

라차다의 터줏대감 격 시푸드 전문점. 중국식 태국 음식으로 유명하다. 스위소텔 르 콩코드 옆에서 노천 식당 형태로 오랜 시간 동안 영업을 이어오다가 라차다피섹 쏘이 10 인근으로 이전했다. 번듯한 5층 건물로 확장 이전을 한 뒤 가격이 상당히 올랐지만, 여전히 단골들은 많다. 수족관에는 살아 있는 해산물이 전시되어 있어 보고 고를 수도 있다.

주소 166, 1-5 Ratchadaphisek
　　 Road, 10 Huai Khwang
위치 MRT 훼이쾅역과 타일랜드
　　 컬처럴 센터역 중간.
　　 라차다피섹 쏘이 10 입구
운영 11:00~02:30
요금 1인 예산 700B~
전화 02-645-3939

티추까 Tichuca Rooftop Bar

통로역 T-One 빌딩 46층에 자리한 루프톱 바. 거대한 나무를 형상화한 조형물(해파리를 닮아 '해파리 조명'으로도 부른다)이 대변해주는 이곳은 방콕과 SNS에서 매우 핫한 곳이다. 바는 모두 3개 층으로 나누어져 있고 자유롭게 오갈 수 있다. 특이하게 식사 메뉴와 맥주가 없고 칵테일과 하이볼, 와인 등에 집중하고 있다. 입구에서 여권 검사를 하니 꼭 지참해야 하고, 승강기를 타고 40층까지 올라간 뒤 다시 46층으로 가는 전용 승강기를 타야 한다. 엄격한 드레스 코드는 없으며 직원들도 상당히 친절하다.

주소 8 Sukhumvit Road (T-One Building)
위치 BTS 통로역 3번 출구에서 스카이워크를 따라 이어진 T-One 빌딩 46층
운영 17:00~24:00
요금 칵테일 400B~, 하이볼 440B~, 스낵 180B~(Tax & SC 17%)
전화 065-878-5562
홈피 www.paperplaneproject.net/tichuca

 옥타브 Octave Rooftop Lounge & Bar

방콕 매리어트 호텔 스쿰빗Bangkok Marriott Hotel Sukhumvit의 루프톱 바로 멀리 짜오프라야 강까지 보이는 전망이 시원하다. 45~48층까지 식사를 할 수 있는 공간과 음료를 위한 공간, 실내 공간 등으로 나누어져 있고, 맨 위층인 48층의 좌석이 가장 인기가 좋다. 가장 피크타임은 저녁 9~10시 정도로, 승강기도 한참 기다리는 등 다소 불편함이 있을 수 있으므로 저녁 6~7시 정도에 방문해 선셋과 가벼운 음주를 즐기는 것도 좋은 방법이다. 드레스 코드가 있어 슬리퍼와 민소매, 반바지 등의 차림은 입장할 수 없다.

주소 2 Soi Sukhumvit 57 (Bangkok Marriott Hotel Sukhumvit)
위치 BTS 통로역 3번 출구에서 스카이워크를 따라 이어진 방콕 매리어트 호텔 스쿰빗의 45층
운영 17:00~02:00
요금 칵테일 390B~, 와인(Glass) 500B~, 스낵 210B~(Tax & SC 17%)
전화 02-797-0000

닥터 핏 Doctor Feet

대만식 발 마사지를 전문으로 하는 곳이다. 눈을 크게 뜨고 찾아야 할 만큼 아담하고 소박한 곳이지만 마사지 실력만큼은 최고급이다. '아프지만 시원한 마사지의 맛'이 무엇인지 이곳에 가보면 알게 된다. 대만식 발 마사지답게 누르는 압력이 강한 편이며 봉을 사용하지 않고 오로지 손으로만 혈 자리를 누른다. 마사지사들도 매우 진지하게 마사지에 임한다. 마사지 후에는 상당히 개운해서 매일 찾아오고 싶은 마음이 절로 들게 한다. 한국어 메뉴판과 설명서도 준비되어 있다. 스쿰빗 쏘이 49, 싸미띠웻 병원 입구 바로 앞에 자리해서 택시 기사들에게 이 병원 이름을 말하면 된다.

주소 108 Sukhumvit 49
위치 BTS 통로역에서 도보 20분, 싸미띠웻 병원 입구 바로 앞
운영 09:00~19:00
요금 발 마사지 400B(60분), 전신 마사지 400B(60분)
전화 02-712-5990

디바나 디바인 스파 Divana Divine Spa

안정된 평가를 받는 고급 스파. 조용하지만 기품 있는 직원들의 서비스는 디바나 스파의 큰 매력이다. 디바나 브랜치 중 통로 지점인 이곳은 골목 안쪽에 자리해 한적하면서도 고풍스러운 분위기다. 고객이 편안히 쉴 수 있게 배려한 조명과 명상 음악이 마음을 차분하게 한다. 디바나 스파는 이곳만의 노하우를 살린 유니크한 메뉴들이 많은데 그중 요가와 마사지를 결합해 몸의 혈을 풀어주는 시아미즈 릴랙스 Siamese Relax가 인기가 많다. 오가닉 아로마틱 마사지, 슈퍼 디톡스 핫스톤 리트리트 등도 인기 메뉴. 예약 시 픽업 서비스를 이용할 수 있다.

주소 103 Thonglor 17, Sukhumvit 55
위치 BTS 통로역, 쏘이 17 170m 안
운영 월~금 11:00~23:00 토~일 10:00~23:00
(마지막 예약 21:00)
요금 시아미즈 릴랙스 1,950B(100분),
오가닉 아로마틱 마사지 2,150B(90분)
전화 02-712-8986
홈피 www.divanaspa.com

사쿠라 스파 Sakura Spa

에까마이역에서 비교적 가까운 곳
에 자리한 중급 스파. 비싼 고급 스
파나 호텔 스파는 부담스럽고 위
생이 열악한 로컬 마사지 숍은 꺼
려질 때, 이곳을 이용하면 무난하
다. 직원들의 친절함과 마사지 스
킬, 청결도도 중상 정도는 된다.
1층은 리셉션과 발 마사지를 위한
공간이고 타이 마사지 등은 2층을
사용한다. 로커가 있어 원하면 소
지품을 보관할 수도 있다.

주소 50/7-8 Soi Sukhumvit 63
위치 BTS 에까마이역에서 도보로 약 5분, 에까마이 로드 쏘이 2 직전
운영 09:00~23:00
요금 발 마사지 350B(60분), 타이 마사지 550B(90분), 오일 마사지 980B(90분)
전화 02-714-4494~5/092-260-0611   홈피 sakuraspathailand.com

수말라이 타이 마사지 Sumalai Thai Massage

통로 쏘이 7과 9 사이에는 그만그만한 마사지 숍들이 밀집해 있다. 수말라
이 타이 마사지도 그들 중의 하나로 20년 이상 한 자리에서 영업하고 있
는 곳이다. 오래된 만큼 단골들이 많다. 마사지사들의 실력이 어느 정도
평준화되어 있고 예약 없이 가도 마사지를 받을 수 있는 확률이 높다. 이
웃하고 있는 사린야 타이 마사지 Sarinya Thai Massage & Spa For Health 도 이곳
과 비슷한 수준의 가격과 환경이다.

주소 159/14 Sukhumvit 55
위치 BTS 통로역에서 도보 15분. 쏘이 7과 9사이
운영 10:00~24:00
요금 발 마사지 400B(60분), 타이 마사지 550B(90분)
전화 02-392-1663

피말라이 스파 Pimmalai Spa

전통 양식의 목조 건물과 아담하
게 잘 꾸며진 정원이 예쁜 마사지
숍. 관광객보다 현지인들이 많이
찾는 곳이다. 마사지를 위해 일부
러 찾아가기보다는 숙소가 근처에
있거나 짐톰슨 팩토리 아웃렛 매
장에서 쇼핑을 마치고 지친 몸과
발을 쉬어주기에 좋다. 마사지 예
산은 1시간에 300~400B 내외로,
저렴한 가격도 장점. 온눗역에서
도보로 5분 정도 거리에 있다.

주소 2105/1 Sukhumvit Road
위치 BTS 온눗역 3번 출구에서 약 170m, 스쿰빗 쏘이 81과 83 사이
운영 09:30~22:00
요금 발 마사지 350B(60분), 타이 마사지 450B(90분)
전화 02-064-6452   홈피 www.pimmalai.com

J 애비뉴 통로 J Avenue Thonglor

'Lifestyle Center'라는 명제 아래 오픈한 J 애비뉴 통로는 지역 주민들을 위한 미니 쇼핑몰이다. 다이닝 공간으로도 많은 사랑을 받고 있고, 유독 일본인 거주자들이 많은 통로 지역의 특성을 대변해주는 느낌이다. 고급 식자재들이 다양하게 갖추어져 있는 빌라 마켓Villa Market이 뒤편에 자리하고 있다. 우리에게도 익숙한 오봉빵, 오오토야, 그레이하운드 카페(p131), 애프터 유 디저트 카페(p132), iBerry를 비롯해 맥도날드, 부츠, 마사라, 록시땅 등의 매장들도 입점해 있다.

주소 323 Thong Lo 15 Alley
위치 BTS 통로역에서 도보 20분. 쏘이 15 입구
운영 10:00~22:00
전화 091-818-4189

빅 시 Big C (에까마이)

에까마이 인근에서 가장 큰 대형 마트. 빅 시는 태국의 대형 마트 체인으로 방콕에는 1994년 처음 선을 보였다. 랏차프라송(칫롬) 지점과 더불어 에까마이 지점은 규모 면이나 편의성 면에서 다른 지점들보다 월등하다. 여행자들이 몰리는 지역이 아니라서 여유롭게 둘러볼 수 있다. 2층에는 태국판 이케아라 할 수 있는 인덱스 리빙몰Index Living Mall도 있다. 인테리어에 관심 있는 여행자들은 구경하는 재미가 쏠쏠할 것이다. 1층에는 스타벅스와 S&P 레스토랑이 입점해 있다.

주소 78 Soi Sukhumvit 63 (Ekkamai)
위치 BTS 에까마이역에서 도보로 10분. 에까마이 쏘이 6과 8 사이
운영 09:00~22:00
전화 080-060-4956
홈피 www.bigc.co.th

게이트웨이 에까마이 Gateway Ekkamai

에까마이역과 붙어 있는 쇼핑몰. 인근에 거주하는 현지인들과 일본인들이 주요 고객. 고급 브랜드보다는 실생활에 필요한 물건들이 많아 오히려 마음이 편한 곳이다. 특히 먹을거리 장터 같은 간식 코너와 푸드코트 등이 다양하고 저렴하다. 슈퍼마켓인 맥스밸류MaxValu가 입점해 있고 5~6층에는 키즈 카페 등이 있어 가족 여행자들이 이용하기에도 좋다.

주소 982/22 Sukhumvit Road
위치 BTS 에까마이역 4번 출구와 바로 연결
운영 10:00~22:00
전화 02-108-2888

짐톰슨 팩토리 아웃렛 Jim Thompson Factory Outlet

태국 실크의 대명사, 짐톰슨의 아웃렛 매장이다. 총 5층 건물로 1층에는 가장 최근에 나온 의류와 실크 원단을 전시해두었고 할인하는 의류와 가방, 소품 등은 3~4층으로 가야 한다. 아웃렛 매장이다 보니 재고가 들쭉날쭉한 것이 단점이지만 운이 좋으면 거의 신상품을 저렴하게 구매할 수도 있다. 침대 커버, 쿠션, 식탁보 등의 홈데코 제품도 만나볼 수 있다.

주소 153 Soi Sukhumvit 93
위치 BTS 온눗역에 내려 3번 출구에서 도보 15분. 스쿰빗 쏘이 93 200m 안쪽
운영 09:00~18:00   **전화** 02-332-6530
홈피 www.jimthompson.com

메가 방나 Mega Bangna

방콕 외곽에 자리한 초대형 쇼핑 콤플렉스. 400여 개의 브랜드와 100여 개가 넘는 레스토랑들이 있는 쇼핑몰에 센트럴 백화점, 빅 시 엑스트라, 홈프로, 메가 시네플렉스, 이케아까지 한곳에 집결되어 있다. 온종일 시간을 보내도 될 만큼 규모가 방대하지만, 시내에서 접근성이 많이 떨어지는 편. 하지만 공항이 가까워 마지막 날 쇼핑을 위해 들르기에는 나쁘지 않다.

주소 39 Moo 6 Bang Na-Trat Road
위치 BTS 우돔쑥역에서 약 10km. BTS 우돔쑥역 5번 출구로 나와 세븐일레븐 앞에서 무료 셔틀버스 탑승 (운영 시간 09:00~23:00)
운영 10:00~22:00
전화 02-105-1000
홈피 www.mega-bangna.com

5성급

방콕 매리어트 호텔 스쿰빗 Bangkok Marriott Hotel Sukhumvit

통로 & 에까마이 지역에서 주로 움직일 계획인 여행자들에게 추천할 만
한 숙소로 호텔 건물과 레지던스 동이 별도로 있다. 우아한 로비와 방콕
시내가 보이는 수영장 등, 도심에 있지만 쉴 수 있는 공간이 충분하다. 객
실은 비교적 무난한 시설을 갖추었고 욕조와 샤워부스가 있다. 조식 뷔페
가 상당히 잘 나오는 편이고, 이 숙소의 루프톱 바인 옥타브(p135)는 방콕
의 핫한 장소로 각광 받고 있다. 이 책에서 소개하는 티추까(p135)와 쎄우
(p128)도 도보로 3분 거리이다.

주소 2 Soi Sukhumvit 57
위치 BTS 통로역에서 도보로 5분.
　　　스쿰빗 쏘이 57 초입
요금 디럭스 5,950B~
전화 02-797-0000
홈피 www.marriott.com

4성급

윈덤 가든 방콕 스쿰빗 42 Wyndham Garden Bangkok Sukhumvit 42

에까마이역에서 도보 5분 거리에 있는 레지던스형 숙소. 고급스럽지는 않
지만 침실과 분리된 거실, 주방을 갖추고 있어 실용적이면서 가성비가 좋
다. 조리 도구와 세탁기 등도 비치되어 있어서 장기 투숙을 위한 용도로
도 그만이다. 객실은 1베드룸과 2베드룸이 있고 수영장은 7층에 있다. 윈
덤 호텔 그룹Wyndham Hotel Group은 미국에 기반을 둔 트래블 및 레저 회사
로 라마다 등 20여 개 호텔 브랜드를 보유하고 있다. 전 세계 75개국에 9
천 개 넘는 호텔을 관리하고 있으며 최근 방콕에서 공격적으로 지점을 늘
리고 있다.

주소 19 Sukhumvit 42,
　　　Phra Khanong
위치 BTS 에까마이역에서 도보로 5분.
　　　스쿰빗 쏘이 42 입구에서
　　　약 300m
요금 1베드 2,500B~, 2베드 4,500B~
전화 02-136-1440
홈피 www.wyndhamgarden
　　　sukhumvitbangkok.com

센터 포인트 서비스 아파트먼트 통로 Centre Point Serviced Apartment Thong Lo

센터 포인트 체인에서 운영하는 서비스 아파트먼트 중의 하나. 2005년에 오픈하여 연식은 좀 되었지만, 관리를 꾸준히 하고 있고 직원들의 서비스도 안정적이다. 다른 레지던스에 비해 객실이 크고 특히 2베드룸 그랜드 스위트의 넓이와 구성이 상당히 좋다. 게다가 가성비도 좋으니 가족 여행자들이라면 적극적으로 관심을 둘 만한 숙소다. 아담하지만 수영장이 있고 피트니스와 사우나 시설이 좋은 편이다. 다만 주방 집기 등은 세월의 흔적을 그대로 담고 있어, 조리를 하는 것은 좀 꺼려질 수도 있다. 같은 계열의 그랜드 센터 포인트Grande Centre Point라는 5성급 숙소가 바로 옆에 있다.

주소 304 Sukhumvit 55(Thong Lo 8-10)
위치 BTS 통로역, 통로 쏘이 8과 10 사이
요금 1베드 스위트 3,600B~, 2베드 그랜드 스위트 6,600B~
전화 02-365-8300
홈피 www.centrepoint.com/thong-lo

이비스 스타일 방콕 라차다 Ibis Styles Bangkok Ratchada

라차다 지역에 있는 4성급 숙소. 다른 이비스 지점에 비하면 객실이 큰 편이라 2인 투숙도 문제없다. 침구나 비품들도 깔끔하고 MRT 훼이꽝역에서 도보 2분 거리라는 초역세권임을 감안하면 가격 대비 만족도는 최상급이라 할 수 있다. 기본 객실 외로 성인 2명과 어린이 2명이 묵을 수 있는 패밀리 객실이 있어 가족 여행자들에게는 희소식. 방콕의 두 개 공항과도 모두 가까워 늦은 도착, 늦은 출발 스케줄의 항공편을 이용할 때도 유용하게 이용할 수 있다. 다만 수영장은 없으니 예약 시 참고로 하자.

주소 212 Ratchadaphisek Road
위치 MRT 훼이꽝역에서 도보 2분
요금 스탠더드 1,800B~,
패밀리 3,000B~
전화 02-820-8888
홈피 ibisstylesbangkokratchada. com

짜뚜짝 주말 시장 Chatuchak Weekend Market

짜뚜짝 시장에서 구입할 수 있는 품목은 말 그대로 상상할 수 있는 모든 것, 아니 상상할 수 없는 것까지 모두 포함한다. 짜뚜짝 시장은 그야말로 상상 그 이상의 시장이라 할 수 있다. 짜뚜짝 시장은 그 방대한 규모와 방문자 수, 15,000개가 넘는 상점 수와 판매되고 있는 상품의 다양함에서 비교할 만한 시장이 그리 많지 않은 방콕 최대의 도매·소매시장이다. 주중에도 일부 상점이 문을 열지만 모든 상점이 문을 여는 주말이 가장 활기를 띠기 때문에 주말 시장이라는 이름으로 더 널리 알려져 있다.

의류, 액세서리, 주방용품, 가죽제품 등은 물론이고 출처를 알 수 없는 골동품과 야생동물까지도 만날 수 있다. 짜뚜짝 시장은 각종 희귀 야생동물이 거래되는 곳으로 악명이 높은데 독수리, 원숭이, 카멜레온 등 그 종류는 상상을 초월한다. 아무리 관광객이라고 해도 희귀 동물 사진을 찍으려고 하면 장사꾼들이 심하게 화를 내니 주의해야 한다. 물론 한 곳에서는 다양한 종류의 애완동물도 거래되고 있다.

현지인들과 여행자들로 북적이는 곳인 만큼 바가지가 성행하지 않을까 걱정이 들기도 하겠지만 짜뚜짝 시장 내 제품의 가격은 태국을 통틀어서도 가장 저렴하다고 할 수 있다. 햇볕과 체온으로 뜨거운 날, 다른 사람의 땀 냄새를 맡아가며 어깨를 부딪치면서 다녀야 한다는 것도 미리 염두에 두어야 한다. 소매치기도 조심해야 한다. 공식적인 영업시간은 오전 6시부터 오후 6시까지지만 오전 10시는 되어야 대부분의 상점이 오픈한다.

주소 587, 10 Kamphaeng Phet 2 Road
위치 BTS 모칫역,
혹은 MRT 깜팽펫역에서 하차. MRT 깜팽펫역 2번 출구를 이용하면 바로 짜뚜짝 시장과 연결된다
운영 토~일 09:00~18:00
꽃시장 수~목 07:00~18:00
도매상 금 18:00~24:00
홈피 www.chatuchakmarket.org

✛짜뚜짝 주말 시장 구역 안내

구역	상점의 종류	구역	상점의 종류
1	불교용품, 골동품, 책, 식당, 카페	10~24	의류, 장식품, 가전제품
2~4	골동품, 인테리어용품, 그림	17~19	그릇(도기제품), 식료품
5~6	의류, 장식품, 그릇(도기제품)	22~26	가구, 그릇(도기제품), 앤티크
7~9	가구, 그릇(도기제품), 앤티크	27	책, 식당가, 수집품

+짜뚜짝 주말 시장 제대로 둘러보기

❶ 참을성 있는 자가 득템을 할 수 있는 곳이 바로 짜뚜짝 시장이다. 방문하기에 가장 좋은 시간은 상점들이 거의 문을 여는 오전 10시부터 정오까지이다. 한낮에는 너무 더워 지치기 쉽다. 오전 시간대를 이용해서 방문하고 길 건너편에 있는 '어떠꺼 시장'의 푸드코트에서 점심을 먹고 시장 구경을 마무리하는 것으로 추천한다.

❷ 방콕 시내에서 택시들이 짜뚜짝까지 미터 요금으로 가려 하지 않기 때문에(짜뚜짝에서 방콕 시내로 들어올 때도 마찬가지다) 지상철 BTS나 지하철 MRT를 이용하는 것이 좋다. BTS 모칫역을 이용해도 좋지만 MRT 깜펭펫역 2번 출구로 나오면 짜뚜짝 시장과 바로 연결된다.

❸ 짜뚜짝 시장은 총 27개의 구역으로 나뉘어 있다. 구역마다 비슷한 종류의 물건을 취급한다. 그 규모가 너무도 방대해서 목표 없이 구경 삼아 짜뚜짝 시장에 발을 들여놓았다가는 길을 잃고 헤매게 될 가능성이 아주 크다. 이럴 때 유용한 것이 바로 짜뚜짝 지도. 시장의 입구 쪽에는 전체 지도가 그려져 있다. 그리고 27구역과 가까운 곳에 위치한 인포메이션 센터에 가면 무료로 시장 지도를 나누어 주며, 궁금한 내용을 물어볼 수도 있다.

---

more & more **어떠꺼 시장** Or-Tor-Kor Market

짜뚜짝 시장 길 건너편, 깜펭펫역 3번 출구로 나오면 먹을거리 시장인 '딸랏 어떠꺼'가 있다. 과일과 야채를 주로 파는 방콕의 대형 청과물 시장이라 보면 무방하다. 시장 내부도 아주 깔끔하고, 쾌적해서 과일과 각종 태국 음식의 페이스트, 향신 재료들을 보는 재미가 아주 쏠쏠하다. 과일과 야채뿐만 아니라 치킨라이스, 어쑤언 등 다양한 태국 음식을 파는 푸드코트도 대박이다. 짜뚜짝 시장과 연계해서 둘러볼 것을 강추한다.

주소 101 Kamphaeng Phet Road
운영 06:00~18:00

씨암

씨암은 라마 1세 로드와 파야타이 로드가 만나는 교차로 부근을 가리킨다. 이 교차로를 중심으로 씨암 파라곤, 씨암 센터, 마분콩 센터 등 대형 쇼핑몰과 젊은이들과 학생들의 거리인 씨암 스퀘어가 있다. 한때 스쿰빗의 위세에 밀리는 느낌도 있었지만 스쿰빗과는 다른 에너지와 세련된 이미지로 방콕의 중심으로 거듭나고 있다. 씨암 지역의 북쪽 지역인 아눗싸와리 인근과 재개발을 통해 최근 주목받는 쌈얀 지역을 포함해서 소개한다. 씨암이라는 단어는 태국의 옛 국호이며 현지인들은 주로 '싸얌'이라고 발음한다.

씨암 돌아다니기

BTS 스쿰빗 라인과 실롬 라인이 교차하는 지역이기도 한 씨암은 방콕 시내에서도 가장 번잡한 곳이다. 교통 체증 또한 상상을 초월하는 경우가 많아 BTS를 이용하는 것이 가장 편리하고, 웬만한 거리는 걷거나 모토(오토바이 택시) 등을 활용해 이동하는 것이 더 빠른 방법이다. 씨암역을 사이에 두고 씨암 센터, 씨암 파라곤 등의 대형 쇼핑몰이 들어서 있고 반대편에는 젊은이들의 거리인 씨암 스퀘어가 있다. 씨암역에서 한 정거장 떨어져 있는 내셔널 스타디움역은 실롬 라인의 종점이다. 최근 재개발 사업을 통해 힙한 분위기로 거듭난 쌈얀 지역도 이 역에서 걸어가면 된다. 방콕 도심을 관통하는 쌘쌥 운하 중 후어 창Hua Chang 정거장이 가까워 적극적으로 고려해 봐도 좋다.

✚BTS 씨암 Siam
씨암 파라곤 / 씨암 센터 / 씨암 스퀘어 / 씨암 켐핀스키 호텔 / 씨암 스퀘어 원

✚BTS 내셔널 스타디움 National Stadium
짐톰슨 하우스 / 방콕 예술문화센터 / 마분콩 센터 / 씨암 디스커버리 / 씨암앳씨암 디자인 호텔 방콕 / 까쌤싼 로드 / 쌈얀

✚BTS 빅토리 모뉴먼트(아눗싸와리) Victory Monument
전승기념탑 / 파야타이 궁전 / 색소폰 / K 메종 / 풀만 방콕 킹 파워 호텔 / 랑남 로드

주요 거리

❶ 라마 1세 로드Rama 1 Road

씨암 지역을 관통하는 주요 도로. BTS 씨암역과 내셔널 스타디움역이 이 도로를 따라 운행한다. 태국어로는 '프라람 능'이라고 한다.

❷ 씨암 스퀘어Siam Square

라마 1세 로드와 수직을 이루는 파야타이 로드Phaya Thai Road와 앙리뒤낭 로드Henri Dunant Road 사이를 씨암 스퀘어라고 부른다. 우리나라의 명동 같은 거리로 방콕의 10~20대들이 모이는 아지트와 같은 곳이라 할 수 있다. 씨암 스퀘어가 지금처럼 젊음의 거리로 자리 잡게 된 데는 근처에 있는 쭐라롱꼰 대학교Chulalongkorn University가 중요한 역할을 했다.

❸ 까쌤싼 로드
Kasemsan Road

내셔널 스타디움 건너편에 자리한 골목들의 통칭으로 여행자를 위한 숙소들이 모여 있는 곳이다. 장기 거주하는 서양 여행자들이 주로 이용한다. 짐 톰슨 하우스가 이곳에 있다.

❹ 쌈얀Samyan

BTS 내셔널 스타디움역과 차이나타운 사이의 지역으로 방콕에서도 꽤 낙후된 지역 중의 하나였다. 최근 재개발 사업을 통해 힙한 분위기로 거듭나 여행자들에게 주목받는 곳이다. 노포들이 많아 맛집도 많고, 작지만 아기자기한 카페들도 속속 생기고 있다. 쌈얀 지역에서 메인이 되는 도로는 반탓텅Buntudthong 거리이고 그중에서도 가장 핵심은 수안 루앙 스퀘어Suan Luang Square 인근이다.

❺ 전승기념탑과 랑남 로드
Victory Monument & Rangnam Road

BTS 빅토리 모뉴먼트(아눗싸와리)역 인근. 파야타이 로드와 랏차위티 로드 교차로에는 1940년 프랑스와 태국 간의 전쟁에서 승리한 것을 기념하기 위해 세운 '전승기념탑(아눗싸와리 차이 싸마라품)'이 랜드마크 역할을 해준다. 이 지역에서 가장 번화한 거리는 랑남 로드Rangnam Road로 시내 면세점과 호텔 등이 들어서 있고 맛있는 이싼 식당들과 노점들이 몰려 있다.

147

씨암 & 쌈얀

파야타이 궁전
ⓇR 카페 나라싱

N

요티 로드 Yothi Road

씨 아유타야 로드 Si Ayuttaya Road

빅토리 모뉴먼트
(아눗싸와리)
Victory Monument
ⒷB
ⓃN 색소폰
•전승기념탑
라차위티 로드 Ratchawithi Road

킹 파워 콤플렉스
ⓈS
랑남 로드 Rangnam Road
ⒽH 풀만 방콕 킹 파워 호텔
ⒽH K 메종

파야타이
Phaya Thai
ⒷB
씨 아유타야 로드 Si Ayuttaya Road
수안 파카드 궁전

•바이욕 스카이 전망대

라차테위
Ratchathewi
ⒷB
펫부리 로드 Phetchaburi Road

아시아 호텔 ⒽH
춘셍 마사지 ⓂM

짐톰슨 헤리티지 쿼터 ⓈS
크릿타이 레지던스
파라다이스 ⓃN
로스트
짐톰슨
하우스
씨암앳씨암
디자인 호텔 방콕 ⒽH
라마 1세 (팔람 능) Rama 1 Road

레드 스카이 ⓃN
시라이프 오션월드 방콕
ⓇR 파라곤 푸드 홀
센타라 그랜드 방콕 ⒽH
빅 시 ⓈS

•마담 투소 방콕
ⓈS 씨암 디스커버리
스라부아 바이 킨킨 ⓇR
씨암 켐핀스키 호텔 ⒽH
센트럴 월드 ⓈS

방콕
예술문화센터
ⓇR 갤러리 드립 커피
씨암 센터 ⓇR
ⓈS 씨암 파라곤

로터스 ⓈS
ⓇR 쌤 뿐빠이
ⓇR 룩친쁠라 반탓텅
ⓇR 몬놈솟
내셔널 스타디움
National Stadium
국립경기장
ⒷB

씨암 Siam
(Center)
게이손 빌리지 ⓈS
쏨땀누아 ⓇR ⒽH 노보텔
•에라완 사당
ⒷB
칫롬
Chitlom

마분콩
MBK
ⓇR 반쿤매
ⓂM 그랜드 마사지 & 스파

씨암 스퀘어

로터스 ⓈS
라마 1세 로드
ⓇR 몬놈솟

ⓇR 룩친쁠라
반탓텅

씨암앳씨암 ⒽH
디자인 호텔 방콕

라마 1세 (팔람 능) 로드
Rama 1 Road

씨암
Siam (Center)
ⒷB
ⓂM 네이처 타이 마사지

국립경기장

▶국립 경기장

스칼라
극장
Soi 1
마분콩 MBK ⓈS
ⓇR 반쿤매
ⓂM 그랜드 마사지 & 스파

리도 극장
Soi 2
망고 탱고
Soi 3
True
Coffee

왓슨스
Siam Square 1 B/D
ⓂM 렛츠 릴랙스

Soi 4
부츠 칫롬▶
푸드 플러스
Soi 5
ⓂM 렉
마사지
Soi 6
쏨땀누아
ⒽH 노보텔
Soi 7
ⓇR 씨암 판단

은행(TMB) ⒷB 왓슨스 ⒷB 은행
Soi 11
Soi 7
은행
Soi 9
ⓇR 인터
Soi 10
Soi 8
ⓇR 씨파

Buntudthong Road

소이 출라롱콘 12
Soi Chutalongkorn 12

ⓇR 쌤 뿐빠이

•수안 루앙 스퀘어

쫄라 쏘이 64 Soi Chula 64

Soi Chulalongkorn 16

★★★★

짐톰슨 하우스 Jim Thompson House

태국 실크를 전 세계에 알린 장본인. 짐톰슨이 직접 설계하고 살았던 집으로, 지금은 박물관으로 사용되고 있다. 마스터베드룸과 리빙룸 등 6개의 가옥 자체가 하나의 작품이라고 할 수 있다. 짐톰슨이 '정글'이라고 불렀던 정원도 매우 아름답고 생전에 그가 수집한 진 귀한 콜렉션들도 곳곳에 자리하고 있다. 박물관 내부 는 개개인이 혼자 다닐 수 없고 가이드 서비스를 받아 야 한다. 도슨트 투어(영어나 프랑스어 중 택일 가능) 는 보통 30분마다 시작하고 모두 둘러보는 데에 40분 정도 소요된다. 입구에 짐톰슨 실크 제품을 판매하는 매장이 있고 아트센터 건물도 붙어 있다.

주소 6 Soi Kasemsan 2, Rama 1 Road
위치 BTS 내셔널 스타디움역 1번 출구에서 뒤돌아 직진,
     쏘이 까쌤싼 2 100m 안쪽. 혹은 쌘쌥 운하
     후어 창Hua Chang에서 도보 3분
운영 10:00~18:00(티켓 판매 17:00까지)
요금 성인 200B, 22세 미만(여권 확인) 100B
전화 02-216-7368
홈피 jimthompsonhouse.org

★★★★

방콕 예술문화센터 Bangkok Art & Culture Centre(BACC)

방콕의 예술과 문화를 한곳에서 만나볼 수 있는 복합 공간이다. 총 9층 건 물에 회화, 조각, 영화, 디자인 등 주로 현대 예술과 관련된 작품들이 전시 되고 있다. 이 중 핵심은 7~9층에 자리한 갤러리 공간이다. 영감을 자극 할 만한 작품들을 수시로 관람할 수 있다. 7층 입구에서 소지품을 맡기고 (보증금 100B 혹은 신분증 필요) 입장할 수 있다. 무료입장이라 언제라도 부담 없이 작품들을 둘러볼 수 있으니 평소 예술에 관심이 많았던 여행자 라면 꼭 한번 방문해볼 것. 태국 젊은이들도 즐겨 찾고, 그림을 그리거나 공부하는 학생들도 자주 목격할 수 있다.

주소 939 Rama 1 Road
위치 BTS 내셔널 스타디움역에서
     BACC 3층과 연결
운영 10:00~20:00 (휴무 월요일)
요금 무료
전화 02-214-6630
홈피 www.bacc.or.th

★★★
마담 투소 방콕 Madame Tussauds Bangkok

전 세계 주요 도시에 있는 밀랍 인형 박물관. 조각가였던 마리 투소 여사가 평생에 걸쳐 만들어 온 밀랍 인형들을 1835년 영국 런던에 첫 박물관을 오픈하면서 전시했다. 이후 관광 명소로 주목받았고 이후 홍콩, 뉴욕, 암스테르담, 베를린, 두바이 등 세계적인 도시로 확장되었다. 방콕의 마담 투소는 디스커버리 센터 4~6층에 있고 세계적으로 유명한 배우나 가수는 물론, 정치인들과 스포츠 스타들의 밀랍 인형들까지 만나볼 수 있다. 실물과 매우 흡사해 실제로 보면 놀라울 정도다. 방문할 예정이라면 미리 한국 여행사 등을 통해 티켓을 구매하면 저렴하게 관람할 수 있다.

주소 Siam Discovery, 989 Rama 1 Road
위치 BTS 씨암역 3번 출구 혹은 BTS 내셔널 스타디움역
       3번 출구 이용, 씨암 디스커버리 4층
운영 10:00~20:00(마지막 입장 19:00)
요금 입장료 성인 990B, 어린이 790B
전화 02-658-0060
홈피 www.madametussauds.com/bangkok

★★★★
시라이프 오션월드 방콕 Sealife Oceanworld Bangkok

씨암 파라곤에 자리 잡은 아쿠아리움. 가족 여행에서 아이들을 위한 코스로 추천한다. 지하 1, 2층에 1,500평 규모로 17개의 존Zone에 400여 종의 어류를 갖추고 있다. 가장 눈길을 끄는 것은 수중 터널인 오션 터널Ocean Tunnel과 알록달록한 산호 세상을 연출한 코랄 리프Coral Reef이다. 유리 바닥 보트를 타고 물고기, 상어 등을 가까이에서 만나볼 수 있는 글라스 버텀 보트Glass Bottom Boats(요금 별도)는 가족 여행객들에게 인기 만점이다. 시라이프 오션월드 방콕만 경험할 수 있는 싱글 티켓과 마담 투소 방콕과 연계해 관람할 수 있는 빅 티켓이 있다.

주소 Siam Paragon, 991 Rama 1 Road
위치 BTS 씨암역, 씨암 파라곤 출구 이용. 씨암 파라곤 지하 1, 2층
운영 10:00~20:00 (마지막 입장 19:00)
요금 성인 1,090B(만12세 이상), 3~11세 어린이 890B (만2세까지 무료)
전화 02-687-2000
홈피 www.visitsealife.com/bangkok

★★★★

수안 파카드 궁전 Suan Pakkad Palace

라마 5세의 손자였던 춤봇Chumbhot 왕자와 그의 비가 살던 궁전. 1952년에 세워진 이곳은 현재 박물관으로 사용되고 있는데 태국 전통 양식의 건축물과 정원이 매우 아름다운 곳이다. 모두 11개 전시관이 있으며 그중 8개의 전시관(하우스 1~8)을 둘러볼 수 있다. 내부로 들어가면 왕실가의 수집품과 춤봇 왕자의 개인 소장품도 만나볼 수 있다. 영어로 진행하는 안내를 받을 수 있으며 신발을 벗고 들어가야 하는 곳이 많아 맨발이 싫다면 양말 등을 준비해 가면 좋다. 방콕에서 마음의 평화를 찾을 수 있는 곳으로 찬찬히 시간을 두고 둘러보는 것이 좋다.

주소 352 Si Ayutthaya Road
위치 BTS 파야타이역 4번 출구, 씨 아유타야 로드로 약 400m 직진
운영 09:00~16:00
요금 입장료 100B
전화 02-245-4934
홈피 www.suanpakkad.com

★★★

파야타이 궁전 Phaya Thai Palace

라마 5세 시절 시험 곡물 재배를 위한 왕립 농장으로 시작해 라마 6세 시대에 '파야타이 궁전'이라는 이름을 갖게 되었다. 실제로 라마 6세와 그의 왕비가 거주했던 곳으로, 태국 전통 스타일과 유럽 스타일을 접목한 건축 양식을 갖고 있다. 가이드 투어(태국어만 가능)에 참여해야만 내부를 관람할 수 있고, 09:30/13:30 하루 2회 진행한다. 전체적으로 고풍스럽고 아름다운 곳이지만 찾아가기가 쉽지 않고 특별히 볼거리는 없는 편. 숙소가 인근에 있거나 장기 체류하고 있는 여행자들에게 추천. 방콕 최초의 커피숍이라고 알려진 카페 나라싱이 입구에 있다.

주소 315 Ratchawithi Road
위치 BTS 빅토리 모뉴먼트역 3번 출구에서 뒤돌아 직진 후 좌회전해서 나오는 랏차위티 로드로 약 1km
운영 화, 목, 토, 일 09:30~15:30 (휴무 월, 수, 금)
요금 입장료 40B
전화 02-354-7987
홈피 www.phyathaipalace.org

씨암 파라곤 푸드 홀 Siam Paragon Food Hall

씨암 파라곤 G층의 식당가. 100여 개에 가까운 레스토랑과 카페가 있고, 마켓 쇼핑까지 겸할 수 있어 늘 문전성시를 이룬다. 방콕의 맛집들이 총 집합했다고 해도 과언이 아닐 정도로 라인업이 강력해 고메 파라다이스 라고도 부른다. 다른 쇼핑몰들이 아무리 애를 써도 당분간은 이곳을 따라 오기 힘들 정도로 차별화되어 있다. 직사각형으로 길게 생긴 모양을 따라 크게 세 구역으로 나눌 수 있다. 하이엔드급 레스토랑들이 모여 있는 고메 가든Gourmet Garden을 필두로 중급대의 식당들이 있는 푸드 갤러리Food Gallery를 지나 푸드코트로 이어지는 구성이다. 고메 가든은 고메 마켓과 가까이에 있고 푸드코트는 스타돔Star Dome 구역에 자리한다.

주소 Siam Paragon GF,
      991 Rama 1 Road
위치 BTS 씨암역, 씨암 파라곤 출구
      이용. 씨암 파라곤 G층
운영 10:00~22:00
요금 1인 예산 100B~
전화 02-690-1000
홈피 www.siamparagon.co.th

▶▶ 고메 가든 Gourmet Garden

고메 마켓을 중심으로 남북으로 길게 형성되어 있는 고급 식당가이다. 만다린 오리엔탈 호텔에서 운영하는 베이커리 겸 카페인 만다린 오리엔탈 숍Mandarin Oriental Shop, 그레이하운드의 업그레이드 버전 레스토랑인 어나더 하운드 카페Another Hound Cafe, 고급 태국 레스토랑인 나라 타이 퀴진Nara Thai Cuisine, 이탈리아 식당인 아미치Amici, 칫롬 지역에서 시작한 방콕의 맛집 커피빈스 바이다오Coffee Beans by Dao와 TWG 티TWG Tea 등이 이곳에 자리하고 있다. 각각 독립된 개별 식당들이라 여유롭게 식사를 할 수 있는 장점이 있다.

▶▶ 푸드 갤러리 Food Gallery

사우스 윙South Wing 쪽에 푸드코트와 이웃하고 있는 구역이다. 중간 가격대의 식당들이 밀집해 있어 이용하는 사람이 굉장히 많다. 아이베리 소속의 태국식당인 깝카우 깝쁠라KubKao' KubPla와 롯니욤Ros'niyom은 이 구역의 최고 인기 식당. 보트 누들로 스타덤에 오른 통 스미스Thong Smith와 일본의 돈가스 체인인 마이센MAISEN 등도 이곳에 자리한다.

▶▶ 푸드코트 Food Court

사우스 윙의 가장 남쪽, 스타돔 쪽에 자리한다. 이곳은 오래된 맛집들의 격전장이다. 팟타이 하나로 손님들을 길게 줄 세우는 팁 사마이Thip Samai, 미슐랭에 이름을 올린 닭고기 덮밥집인 꼬앙 빠뚜남Go-Ang Pratu Nam Chicken Rice, 차이나타운에서 가장 핫한 토스트인 야오와랏 토스트 번Yaowarat Toasted Buns 등이 입점해 있다.

반쿤매 Ban Khun Mae

반쿤매는 '어머니의 집'이라는 뜻으로 이름처럼 어머니의 손맛이 느껴지는 태국 정통 음식을 표방한다. 향신료를 많이 사용하지 않아 자극적이지 않기 때문에 무난한 태국 음식을 원하는 여행자들에게 더 적합한 식당이다. 이미 오래전부터 외국 미디어에 맛집으로 소개되어 서양 여행자들에게 특히 인기가 있다. 달콤한 색색의 태국 디저트 또한 이곳의 명물로 식사 후 디저트 타임은 필수다. 오랫동안 영업을 해왔던 씨암 스퀘어에서 마분콩 센터 2층으로 이전 후, 여전히 성업 중이다.

주소 2F MBK Center, 444 Phaya Thai Road
위치 BTS 내셔널 스타디움역 4번 출구.
　　　혹은 마분콩 센터 연결 통로 이용. 마분콩 센터 2층
운영 11:00~22:00
요금 쏨땀 100B, 팟타이 150B, 그린커리 150B~,
　　　새우볶음밥 140B~, 똠얌꿍 200B~
전화 02-048-4593
홈피 www.bankhunmae.com

스라부아 바이 킨킨 Sra Bua by Kiin Kiin

켐핀스키 호텔 내에 위치한 파인다이닝 레스토랑. 다양한 타이 퓨전 음식들을 맛볼 수 있다. 스라부아는 '연꽃이 있는 연못'이라는 의미로 이름처럼 실내 곳곳은 작고 아름다운 연꽃 연못으로 꾸며져 있다. 미슐랭 스타를 받은 덴마크 출신의 셀럽 셰프 'Kiin Kiin'이 메뉴들을 관리한다. 언뜻 보기에는 정체를 짐작하기 어려울 정도로 독특하고 기발한 아이디어로 메뉴들이 재탄생한 느낌이다. 특히 제철 재료를 이용하여 만든 요리들은 신선한 플레이팅으로 눈을 즐겁게 해주고 훌륭한 맛으로 입까지 즐겁게 해준다. 드레스 코드가 있고 6세 미만 어린이는 출입할 수 없다.

주소 Siam Kempinski Hotel,
　　　991/9 Rama 1 Road
위치 BTS 씨암역,
　　　씨암 켐핀스키 호텔 내
운영 12:00~15:00/18:00~24:00
요금 런치(8코스/10코스)
　　　2,900B/3,500B,
　　　디너(16코스) 4,300B
　　　(Tax & SC 17%)
전화 02-162-9000
홈피 www.srabuabykiinkiin.com

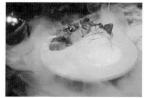

쌥 뽄빠이 ZAP PONFAI แซ่บพ่นไฟ

태국식 샐러드인 '얌' 맛집. 쌈얀 지역의 핵심이라 할 수 있는 수안 루앙 스퀘어Suan Luang Square에 자리하고 있다. 살이 가득 오른 싱싱한 새우와 게, 탱탱한 오징어와 꼬막 등의 해산물을 넣은 샐러드가 대세. 스팀으로 익힌 꽃게와 우리나라 간장 게장 같은 메뉴도 있다. 신선한 재료들과 음식의 양을 생각하면 가격은 매우 합리적인 편이다. 다만 술을 판매하지 않아 조금 아쉬움은 남는다. 찾아가기가 다소 어렵지만 초록색 외관과 알록달록한 창문들이 멀리서도 눈에 띈다.

주소 22 Soi Chulalongkorn 12
위치 BTS 내셔널 스타디움역
2번 출구에서 도보로 약 800m.
쌈얀 지역의 수안 루앙 스퀘어
Suan Luang Square 내
운영 12:00~21:30
요금 샐러드(얌) 190B~,
커무양 130B, 꿍옵운센 400B
전화 082-262-5646

룩친쁠라 반탓텅 Buntudthong Fishball

씨암의 메인 도로인 라마 1세 로드와 수직으로 연결되는 반탓텅 Buntudthong 거리에는 오래된 맛집들이 즐비하다. 그중에서도 가장 오래된 국숫집인 이곳은 어묵 국수 '룩친쁠라'를 전문으로 하고 있다. 100% 생선만을 이용해 만든다는 어묵은 냄새가 없고 식감도 부드럽다. 깔끔한 맛의 육수도 담백하면서 시원하다. 옌타포로도 주문할 수 있다. 태국 내 각종 언론에 많이 노출되어 셀럽들의 방문도 많다. 계산할 때는 영수증에 금액을 찍어서 주고 안쪽으로 들어가면 에어컨 좌석도 있다.

주소 667, 669 Buntudthong Road
위치 BTS 내셔널 스타디움역
2번 출구에서 도보로 약 600m.
스타디움 원Stadium One 쇼핑몰
끼고 좌회전 후
반탓텅Buntudthong 거리로
진입해서 도보 1분
운영 09:00~22:00
요금 어묵 국수(룩친쁠라) 65B~
전화 065-238-1550

인터 Inter

'맛있다. 저렴하다. 찾아가기 쉽다' 삼박자를 고루 갖춘 태국 식당으로 30년이 넘도록 씨암 스퀘어를 지켜온 터줏대감이다. 꽤나 긴 메뉴 리스트를 갖고 있지만 무엇을 시켜도 실망하지 않을 것이다. 현지인들은 흰밥에 반찬이 되는 태국 요리를 주문해서 동네 밥집처럼 활용하고 있다. 1~2층으로 되어 있고 오픈 주방에 식당 내부도 깔끔해서 환경도 쾌적한 편이다. 달달한 땅콩 소스에 찍어 먹는 사테와 팟타이, 까이텃, 똠얌꿍 등이 인기 메뉴. 직원들은 영어에 서툴지만 영어 메뉴판이 있어 주문은 어렵지 않다.

주소 432/1-2 Soi 9 Siam Square
위치 BTS 씨암역, 씨암 스퀘어 쏘이 9 안쪽
운영 11:00~20:00
요금 쏨땀 58B~, 팟타이 95B~, 덮밥류 68B~
전화 02-251-4689

망고 탱고 Mango Tango

망고 향에 취하고, 망고 맛에 깃들다! 망고로 만든 달콤한 것들이 모두 모여 있는 '망고 디저트' 전문점이다. 가장 인기 있는 메뉴는 가게 이름과 똑같은 '망고 탱고'. 품질 좋은 망고 반쪽과 망고 아이스크림, 망고 푸딩을 한 접시에 담아 제공한다. 신선한 망고에 달콤한 찹쌀밥이 함께 나오는 '카오니아우 마무앙'도 인기 메뉴. 망고로 만든 스무디 등의 음료도 다양하다. 가게 내부는 협소한 편으로 손님이 몰리는 시간에는 자리를 잡기 힘들 수도 있어 약간의 기다림은 필수. 점포를 자주 이전하는 단점이 있으니 방문 전에 주소 등을 다시 한번 체크하자.

주소 Soi 3 Siam Square
위치 BTS 씨암역, 씨암스퀘어 쏘이 3
운영 11:30~22:00
요금 망고탱고 190B, 망고밥 220B, 망고스무디 135B
전화 064-461-5956

쏨땀누아 Somtum Nua

씨암 스퀘어의 이싼 음식 전문점. 쏨땀 종류만 10가지가 넘는데 가장 무난한 선택은 쏨땀타이인 'Thai Style Papaya Salad'이다. 파파야 대신 옥수수나 오이, 망고를 재료로 한 샐러드도 있고, 간장 소스로 맛을 낸 까이텃(프라이드치킨)도 유명하다. 커무양, 랍 무, 북부 스타일의 소시지 등 맛있는 이싼 음식들도 가득하다. 센트럴 월드, 씨암 센터, 센트럴 엠버시, 메가 방나 등에도 분점이 있지만 본점이 가장 낫다.

주소 392, 12-14 Siam Square Soi 5
위치 BTS 씨암역, 씨암 스퀘어 쏘이 5   운영 11:00~21:00
요금 쏨땀 90B~, 까이텃(프라이드치킨) 150~180B,
      이싼 소시지 145B~(SC 5%)
전화 02-251-4880

씨암 판단 Siam Pandan

늘 사람들로 북적이는 씨암 스퀘어의 명물 디저트 가게. 코코넛을 넣어 구운 판단, 에그 케이크 등의 태국 디저트들을 판매하고 있다. 각 종류별로 5개 혹은 8~9개 단위로 구입할 수 있다. 가게 한쪽에는 먹기 좋은 크기로 자른 열대 과일과 직접 갈아 만든 오렌지 주스도 판매한다.

주소 Siam Square Soi 6
위치 BTS 씨암역 쏘이 6 노보텔
      바로 옆
운영 11:00~18:00
요금 판단 50B(9 Pieces),
      에그 케이크 50B(8 Pieces)
전화 086-563-1690

푸드 플러스 Food Plus

씨암 스퀘어 쏘이 6에 위치한 푸드 플러스는 먹자골목처럼 생긴 푸드코트다. 인근의 학생들이나 직장인들이 주요 고객이다. 좁은 골목 한쪽에는 음식을 판매하는 매장이 줄을 지어 있고 그 사이의 좌석에서 식사를 하면 된다. 에어컨이 없고 골목도 좁아 덥고 불편하지만 가격은 저렴하다.

주소 392/43 Rama 1 Road
위치 씨암 스퀘어 쏘이 6
운영 05:00~17:00 (휴무 월요일)
요금 1인 예산 50~60B

갤러리 드립 커피 Gallery Drip Coffee

방콕 예술문화센터 1층에 있는 카페로 이름에서 짐작할 수 있듯이 핸드 드립 커피를 전문으로 한다. 태국 치앙라이를 비롯해 케냐, 온두라스 등 전 세계에서 가져온 최상급의 원두를 사용하고 있다. 바리스타에게 커피 취향을 이야기하고 주문할 수도 있고 커피를 내리는 동안 커피에 대한 설명을 들을 수도 있다. 좌석은 협소한 편이지만 아기자기하게 꾸며져 있다.

주소 BACC, 939 Rama 1 Road
위치 BTS 내셔널 스타디움역에서 연결된 BACC로 이동 후 1층
운영 10:30~19:30 (휴무 월요일)
요금 드립 커피(싱글 오리진) 80~240B~, 드립 커피 젤리 100B~
전화 081-917-2131

몬놈솟 Mont Nomsod

올드시티에 자리한 몬놈솟의 라마 1 지점. 기존 마분콩 지점이 이곳으로 옮겨 재단장했다. 매장 내부도 깔끔하고 직원들도 친절하다. 잘 구운 토스트에 설탕만 뿌린 것을 기본으로 초콜릿, 연유, 땅콩버터 등 다양한 토핑을 선택할 수 있다. 신선한 우유와 폭신한 식빵도 인기 메뉴.

주소 96 98 Rama 1 Road
위치 BTS 내셔널 스타디움역 2번 출구에서 약 500m, 로터스 맞은편
운영 12:15~21:00
요금 토스트 25B~, 우유 60B~
전화 02-001-9145
홈피 www.montnomsod.com

카페 나라싱 Café Narasingh

방콕 최초의 커피숍이라 알려진 곳으로 파야타이 궁전 내에 있다. 처음 궁내에 있던 자리에서 현재 지금의 위치로 이전했다. 빈티지한 천장과 조명, 가구 등은 그대로 남아 고풍스러운 분위기를 자아낸다. 바닥은 티크로 되어 있는데 신발을 벗고 들어가야 한다.

주소 315 Ratchawithi Road
위치 BTS 빅토리 모뉴먼트역 3번 출구에서 뒤돌아 직진 후 좌회전해서 나오는 랏차위티 로드로 약 1km
운영 08:00~18:00
요금 커피 65B~, 스콘 70B, 간단한 식사 120B~
전화 064-462-3294

색소폰 Saxophone

방콕의 대표 재즈 클럽. 오랫동안 한자리에서 꾸준히 영업하면서 연주와 공연에 많은 공을 들이고 있다. 무대를 가까이에서 직관할 수 있는 1층 좌석이 인기 있다. 일행이 많거나 좀 더 조용한 공간을 원한다면 2층 좌석이 좋다. 저녁 6시에 오픈하나 라이브는 7시 30분 정도가 되어야 시작하며 새벽 1시 30분까지 이어진다. 공연 스케줄은 홈페이지에 미리 공지되니 방문 전에 체크해보는 것도 좋다. 현지인들과 여행자들이 자연스럽게 섞이는 분위기로 자기 테이블 옆에서 춤을 추어도 어색하지 않다.

주소 3, 8 Ratchawithi 11 Alley, Phaya Thai Road
위치 파야타이 로드. BTS 빅토리 모뉴먼트역 4번 출구로 나와 전승기념탑 쪽으로 도보 약 5분 직진 후 빅토리 포인트 광장이 나오면 오른쪽 골목 안
운영 18:00~02:00
요금 맥주 130B~, 칵테일 230B~(SC 10%)
전화 02-246-5472
홈피 www.saxophonepub.com

 ## 파라다이스 로스트 Paradise Lost

씨암앳씨암 디자인 호텔 방콕 25층에 자리한 루프톱 바. 네오 트로피컬 Neo-tropical을 콘셉트로 만들어 컬러풀하면서 젊은 감각이 느껴진다. 인테리어 콘셉트에 맞춰 음료나 음식도 남미의 것을 많이 준비해 두었다. 선셋을 보기 좋은 방향에 있어 해질녘 시간에 맞춰 방문하면 멋진 광경을 감상할 수 있다. 시로코나 버티고 등에 비하면 전망은 소박하지만 주변에 높은 건물이 많지 않아 답답하지는 않다.

주소 865 Rama 1 Road
위치 BTS 내셔널 스타디움역 1번 출구에서 뒤돌아 직진 후 약 200m, 쏘이 까쌤싼 3 씨암앳씨암 디자인 호텔 방콕 25층
운영 17:00~01:00
요금 1인 예산 500B~(Tax & SC 17%)
전화 061-930-1333
홈피 paradiselostbangkok.com

렛츠 릴랙스 Let's Relax(씨암 스퀘어 원)

이렇다 할 스파 숍을 찾기 힘든 씨암 지역에서 만나게 되는 반가운 스파 숍이다. 태국을 대표하는 체인 스파 숍으로 방콕뿐 아니라 푸껫, 치앙마이, 파타야 등 많은 체인을 운영하고 있어 한국인에게도 익숙하다. 이름만으로 일정 수준 이상의 실력과 시설을 기대할 수 있다. 렛츠 릴랙스 스파에서 가장 인기 있는 프로그램은 어깨와 등 마사지, 발 마사지 등을 결합한 드림 패키지와 발 마사지, 타이 마사지를 결합한 헤븐리 릴랙스 프로그램이다. 자체 제작한 스파 제품을 구매할 수도 있고, 마사지 후에는 따뜻한 차와 간단한 다과를 제공한다.

주소	Room SS6032, 388 Rama I Road, Siam Square One Bd
위치	BTS 씨암역과 연결된 씨암 스퀘어 원 빌딩 6층
운영	10:00~23:00
요금	드림 패키지 950B (발 마사지 45분+핸드 마사지 15분+백&숄더 30분), 헤븐리 릴랙스 1,750B (발 마사지 45분+타이 마사지 &허브볼 120분)
전화	02-252-2228
홈피	www.letsrelaxspa.com

씨암 스퀘어 쏘이 6의 마사지 숍들 Massage Shop of Siam Square Soi 6

씨암 스퀘어 쏘이 6은 마사지 숍 밀집 골목이다. 씨암 근처에 이렇다 할 마사지 숍을 찾기 힘든 환경에서 오아시스처럼 반가운 골목이라 할 수 있다. 그중 대표적인 업소로는 렉 마사지Lek Massage와 네이처 타이 마사지 Nature Thai Massage가 있다. 렉 마사지는 한 자리를 오랫동안 지켜온 만큼 믿을 만하며 네이처 타이 마사지는 인근의 마사지 숍과 비교했을 때 가격은 비싼 편이지만 상당히 깔끔한 시설과 친절한 서비스를 갖추고 있다. 대부분 아침 10시부터 밤 11시까지 영업하고 발 마사지와 타이 마사지 모두 1시간에 400~500B 수준이다.

주소	Soi 6 Siam Square
위치	BTS 씨암역, 씨암 스퀘어 쏘이 6
운영	10:00~23:00(가게마다 상이)
요금	발 마사지 450B(60분), 타이 마사지 450B(60분)~

춘셍 마사지 Choon Seng Massage

랏차테위역과 가까운 가성비 좋은 마사지 숍. 발 마사지를 전문으로 하고 인근의 아시아 호텔, 에버그린 플레이스 등의 숙소 손님들이 많이 이용한다. 가격이 매우 저렴하고 실력이 좋다고 소문이 나 있어 멀리서 찾아오는 여행자도 있다. 하지만 정확한 지압점을 누르기보다는 압력으로만 마사지를 하는 경향이 있고 팔꿈치와 봉에 의존하는 점은 아쉽다. 일부러 찾아갈 정도는 아니고 숙소가 근처에 있다면 이용해볼 만하다. 환경은 매우 소박하고 옷을 갈아입는 곳도 조금 불편하다.

주소 304/5 Phaya Thai Road
위치 BTS 랏차테위역 1번 출구에서
      도보 2분. 아시아 호텔 바로 옆
운영 10:30~23:00
요금 발 마사지 200B(60분),
      타이 마사지 200B(60분)
전화 02-215-8778

그랜드 마사지 & 스파 Grand Massage & Spa

빠툼완 프린세스 호텔의 부속 스파로, 입구가 마분콩 센터를 향해 열려 있어 외부 손님도 이용하기 쉽게 되어 있다. 블랙 톤의 내부와 샹들리에가 고급스럽게 느껴진다. 금액도 조금 비싼 편이지만 마분콩 근처에 스파나 마사지 숍이 없어 이용하는 손님들은 상당히 많은 편이다. 일반 스파에 있는 발 마사지나 타이 마사지, 오일 마사지 외로 핸드 마사지가 있고 15분 동안 받을 수 있는 프로그램이 있는 점이 특이하다. 마분콩 센터 가장 안쪽인 D 구역에 자리한다.

주소 Zone D 2F MBK Center,
      444 Phaya Thai Road
위치 BTS 내셔널 스타디움역
      4번 출구. 혹은 마분콩 센터
      연결 통로 이용. 마분콩 센터 2층
운영 10:00~23:00
요금 핸드 마사지 200B(15분),
      발 마사지 700B(60분)
전화 064-678-0786

씨암 파라곤 Siam Paragon

BTS 씨암역, 씨암 센터와 씨암 디스커버리 센터, 마분콩 센터까지 이어져 있는 편리한 입지 조건으로 방콕 쇼핑의 최전선이라 보아도 무방하다. 씨암 파라곤을 호텔에 비교하자면, '부대시설 빵빵한' 대형+고급 호텔이라 할 수 있다. 고급스러운 실내 인테리어와 럭셔리 명품 매장, 다양한 레스토랑, 아이맥스 영화관, 시라이프 오션월드 방콕, 크리닉 등의 많은 부대시설을 자랑한다. G층은 푸드 홀, 레스토랑, 고메 마켓 등이 밀집돼 있어 가장 붐비는 곳이다. 여행자들이 기념품으로 자주 구매하는 나라야Naraya 매장은 3층에 있다. 매장 구성이 워낙 고가의 제품들이라서 쇼핑만을 목적에 두기보단 부대시설들과 다양한 레스토랑들을 연계한 일정을 고려하는 것이 좋다.

주소 991 Rama 1 Road
위치 BTS 씨암역 3번 출구에서 씨암 파라곤 M층 광장으로 바로 연결
운영 10:00~22:00   **전화** 02-690-1000
홈피 www.siamparagon.co.th

---

more & more 씨암 파라곤 M층과 G층

BTS 씨암역에서 씨암 파라곤으로 이어지는 층은 M층이다. 역의 출구와 씨암 파라곤 사이의 통로는 방콕에 여행 왔다면 빠질 수 없는 슈팅 포인트! 이곳을 지나 안으로 들어서면 명품 매장이 한 층을 가득 메우고 있다. 보석 디자인의 정수라 불리는 반클리프 아펠, 에르메스, 샤넬, 디올, 불가리, 까르띠에, 구찌, 롤렉스, 보테가 베네타, 알렉산더 맥퀸 등 없는 브랜드가 없을 정도다. M층에서 한 층 내려가면 레스토랑 천국인 G층이다. 하이엔드급 레스토랑부터 저렴한 푸드코트까지 포진해 있어 고메 파라다이스라는 별명이 있다(p152). 여기에 고메 마켓과 태국 기념품, 스파 제품 등을 구매할 수 있는 공간까지 더해져 시간이 없는 여행자라면 이곳만 방문해도 무방할 정도다.

마분콩 센터 MBK Center

저렴한 물건들은 이곳에 모두 모일지어다. 마분콩은 우리나라 동대문, 남대문과 같은 시장이 건물 안으로 들어와 있다고 생각하면 되는 곳이다. 가장 서민적이면서 가격도 저렴해서 실제 구매를 위해 물건들을 고르는 재미가 있다. BTS와 연결된 2층에는 일본 제품을 판매하는 슈퍼마켓인 동동 동키Don Don Donki가 입점해 있고 G층에도 탑스 마켓이 자리하고 있다. 6층에 자리한 푸드코트도 매우 저렴하고 실속 있다. 짐 보관소도 운영해서 2시간은 무료, 그 이상은 시간당 20~40B 수준이다. 젊고 역동적인 분위기로 꼭 쇼핑이 아니더라도 시장을 구경하듯 한번 둘러볼 만한 곳이다. 방콕예술문화센터Bangkok Art & Culture Centre(BACC) 바로 앞이라 같이 연계한 일정도 추천.

주소 444 Phaya Thai Road
위치 BTS 내셔널 스타디움역 4번 출구에서 마분콩 센터(2층)로 연결
운영 10:00~22:00
전화 02-853-9000
홈피 mbk-center.co.th

---

more & more 보헤미안 마켓 Bohemian Market

마분콩 센터에 방문한다면 우리나라 1층에 해당하는 G층의 야외 공간을 주목해보자. 보헤미안 마켓Bohemian Market이라 부르는 상점들이 야외에 줄지어 있다. 마치 짜뚜짝 시장의 축소판처럼 여행자에게 필요한 물건들을 매우 저렴하게 구입할 수 있다. 여행지에서 유용하게 입을 수 있는 원피스, 티셔츠 등과 선물용으로 좋은 타이 실크 제품, 수공예품, 간단한 주전부리 가판대도 있다. 저렴한 가격으로 마사지를 해주는 곳도 있어서 쇼핑 후 지친 발걸음을 쉬기에도 그만이다.

씨암 디스커버리 Siam Discovery

씨암 센터와 한 가족인 이곳은 5개의 층을 HER LAB(여성제품), HIS LAB(남성제품) 등 재미있는 콘셉트를 갖고 각각 나누었다. 매장이 많지 않은 대신, 창의적인 디자인 제품들과 라이프 스타일 관련 제품들이 주를 이룬다. 평소에 예쁜 그릇이나 소품, 가드닝 등에 관심이 많은 여행자라면 찬찬히 둘러볼 만한 것들이 많다. 특히 3층에 자리한 유기농 제품 매장인 에코토피아Ecotopia, 태국 디자인 제품들을 판매하는 아이콘 크라프트Icon Craft, 태국 디자이너들의 소품 숍인 오디에스O.D.S 매장은 단연 눈에 띈다. 4~6층에는 밀랍 인형 박물관인 마담 투소 방콕이 있다.

주소 194 Phaya Thai Road
위치 BTS 내셔널 스타디움역에서 연결 통로 이용
운영 10:00~21:00
전화 02-658-1000
홈피 www.siamdiscovery.co.th

씨암 센터 Siam Center

1973년 씨암 지역에 가장 먼저 들어선 쇼핑몰이다. 몇 년 전 대대적인 리노베이션을 통해 지금의 모습을 갖추었다. 젊은 층을 겨냥한 태국 로컬 디자이너 브랜드, 중저가의 패스트 패션 브랜드들이 두드러지는 곳이다. 씨암 센터의 차별화 전략은 바로 리미티드 아이템 미션. 오직 씨암 센터에서만 만나볼 수 있는 아이템을 모아 둔 앱솔루트 씨암Absolute Siam 매장을 운영한다. 개성이 뚜렷하고 통통 튀는 제품들이 주를 이룬다. 그 외로 세포라, 반스, 빅토리아 시그릿, 리쉬, 찰스앤키스 등의 매장이 입점해 있다. BTS와 씨암 파라곤과의 연결은 M층, 식당가는 2층과 4층이다.

주소 979 Rama 1 Road
위치 BTS 씨암역 1번 출구에서 연결
운영 10:00~22:00
전화 02-658-1000
홈피 www.siamcenter.co.th

씨암 스퀘어 원 Siam Square One

젊음의 거리인 씨암 스퀘어 거리에 들어선 쇼핑몰. 총 7층 규모로 학생들을 겨냥한 태국 로컬 브랜드나 중저가 브랜드들이 입점해 있다. 다양한 레스토랑들도 대거 포진해 있고 유난히 한식과 일식당이 많다. 부분적으로 오픈에어 공간이 많아 답답하지 않은 장점은 있으나 더위에 취약하기도 하다. 6층에 렛츠 릴랙스 스파가 자리한다.

주소 388 Rama 1 Road
위치 BTS 씨암역 4번 출구에서 연결
운영 10:00~22:00
전화 02-255-9994

짐톰슨 헤리티지 쿼터 Jim Thompson Heritage Quarter

짐톰슨 하우스 내에 있는 짐톰슨 타이 실크 매장. 짐톰슨 마니아라도, 짐톰슨 마니아가 아니더라도 지갑이 스르륵 열릴 만한 탄탄한 제품 구성을 만나볼 수 있다. 1~2층에 걸쳐 의류와 가방, 스카프, 쿠션, 인형 등의 제품들도 진열되어 있다. 방문자가 적어 여유롭게 쇼핑할 수 있고 수라웡 본점(p216)까지 하루 5회 무료 셔틀을 운영한다.

주소 6 Soi Kasemsan 2, Rama 1 Road
위치 BTS 내셔널 스타디움역 1번 출구에서 뒤돌아 직진,
쏘이 까쌤싼 2 100m 안쪽.
혹은 쌘쌥 운하 후어 창Hua Chang에서 도보 3분
운영 09:00~19:00 　　　　　**전화** 02-612-3603
홈피 www.jimthompson.com

로터스 Lotus's(라마1)

로터스는 태국의 CP그룹에서 운영하는 대형 슈퍼마켓 체인으로 매장이 널찍하고 여유로워 쇼핑하기에 최적의 조건을 갖추었다. 1층은 식당가, 2층은 푸드코트와 키즈 카페가 자리하고 3층이 로터스 매장이다. 길 건너가 바로 쌈얀 지역이라 함께 연계해 일정을 잡기에도 좋다. 현지인들은 '로따스'라고 해야 알아듣는다.

주소 831 Buntudthong Road
위치 BTS 내셔널 스타디움역 1번 출구에서 뒤돌아 직진, 도보로 약 500m
운영 08:00~22:00 　　　　　**전화** 02-612-3960
홈피 www.lotuss.com

씨암 켐핀스키 호텔 Siam Kempinski Hotel
5성급

켐핀스키는 1897년 독일에서 시작한 유럽에서 가장 오래된 럭셔리 호텔 그룹이다. 방콕에서는 보기 드문 리조트 스타일의 숙소로 여행자들에게 사랑받고 있다. 휴양지 분위기가 물씬 나는 넉넉한 규모의 수영장은 켐핀스키만의 매력이다. 2개의 수영장 중 하나는 바닷물을 이용한 해수풀이고 나무도 많아 선 베드에 누워 신선놀음하기에도 그만이다. 아이들을 위한 수영장이 따로 마련되어 있고 3~12세 어린이를 대상으로 하는 전문 키즈 클럽도 있어 가족 여행자들에게도 안성맞춤. 호텔 정문에서 씨암 파라곤 쇼핑몰로 바로 연결되어 쇼핑을 위한 최적의 장소이기도 하다.

주소 991/9 Rama 1 Road
위치 BTS 씨암역에서 도보로 5분,
　　　 씨암 파라곤 뒤편
요금 디럭스 10,800B~,
　　　 디럭스 발코니 11,300B~,
　　　 프리미어 11,800B~
전화 02-162-9000
홈피 www.kempinski.com

K 메종 K Maison
4성급

랑남 로드에서 파생된 작은 골목인 쏘이 루암칫Soi Ruam Chit 안에 자리한 부티크 호텔. 작은 아파트를 개조해 호텔로 사용하고 있다. 총 20여 개의 객실은 클래식하면서 아늑한 느낌이다. 숙소 입구에 예쁜 꽃 장식을 해놓아서 SNS에 사진을 올리려는 현지인들도 많이 방문한다. 조용조용하지만 세심한 직원들의 서비스도 이 숙소의 가치를 높이는 중요한 덕목이다. 다만 수영장 등의 부대시설은 없고 승강기가 없어 계단으로 다녀야 한다. 아침 식사는 호텔 맞은편 Kay's 레스토랑에서 주문식으로 제공한다. 치앙마이에도 브랜치가 있다.

주소 116/17-21 Rangnam Road
위치 BTS 빅토리 모뉴먼트역에서
　　　 도보로 10분
요금 클래식 실크 3,000B~
전화 02-245-1953
홈피 www.kmaisonboutique.com

씨암앳씨암 디자인 호텔 방콕 Siam@Siam Design Hotel Bangkok

태국의 유명 기업인 씨암 모터스Siam Motors에서 오픈한 디자인 호텔이다. 노출 콘크리트의 거친 매력에 컬러풀한 매칭으로 통통 튀는 개성을 발산하는 숙소다. 객실은 아담하지만 가성비가 좋고 3인실 객실이 따로 있어 편리하다. 11층에 자리한 인피니티 스타일의 수영장, 힙한 느낌의 메인 레스토랑과 루프톱 바 등의 부대시설도 인기다.

주소 865 Rama 1 Road
위치 BTS 내셔널 스타디움역 1번 출구에서 뒤돌아 직진, 도보로 약 400m, 쏘이 까쌤싼 3 바로 옆
요금 슈피리어 3,000B~, 그랜드 디럭스 패밀리(3인실) 4,900B~
전화 02-217-3000　　　　**홈피** www.siamatsiam.com

풀만 방콕 킹 파워 호텔 Pullman Bangkok King Power Hotel

방콕의 시내 면세점인 킹 파워 랑남King Power Rangnam과 나란히 있는 숙소다. 연식은 조금 느껴지지만 방콕 호텔들의 높아진 비용을 고려하면 가성비가 좋은 편에 속한다고 할 수 있다. 객실들이 있는 윙 사이로 자리한 아름답고 한적한 정원 공간은 풀만의 가장 큰 매력이다. 투숙객에는 면세점 할인 쿠폰을 제공한다.

주소 8/2 Rangnam Road
위치 BTS 빅토리 모뉴먼트역에서 도보로 10분
요금 슈피리어 3,500B~, 디럭스 3,900B~
전화 02-680-9999
홈피 www.pullmanbangkokking power.com

크릿타이 레지던스 Krit Thai residence

까쌤싼 지역에 자리한 중급 숙소. 아파트 형식의 숙소로 내부는 아담하지만 깔끔한 편. 초역세권이라는 말은 이럴 때 사용하라고 있는 것처럼 BTS 역과 거의 붙어 있다. 하지만 그 장점만큼이나 단점도 명확해서 지상철과 차량 소음이 상당하다. 객실을 배정받을 때는 가급적 도로에서 멀리 떨어진 곳으로 요청해보자. 아침 식사는 1층의 식당에서 유료로 제공한다.

주소 931/1 Rama 1 Road
위치 BTS 내셔널 스타디움역에서 도보 1분
요금 ME(2인실) 2,300B~, YOU&ME(3인실) 3,000B~
전화 02-219-4100
홈피 www.kritthai.com

칫롬과 펀칫

칫롬은 에라완 사당과 게이손 빌리지가 있는 교차로인 랏차프라송Ratchaprasong 지역을 중심으로, 센트럴 월드 사거리 북쪽인 빠뚜남 지역과 스쿰빗 사이에 있는 펀칫 지역까지 포함한다. 특별한 관광거리보다는 쇼핑과 고급 숙소들이 들어서 있는 곳이다. 랏차프라송과 센트럴 월드가 있는 지역은 씨암과 함께 방콕에서 가장 거대한 쇼핑의 메카로 자리매김하고 있다. 여기서 남쪽으로 나 있는 랑수안 로드, 위타유 로드, 쏘이 루암루디 등은 이 지역에서 중요한 도로이다.

칫롬과 펀칫 돌아다니기

BTS 칫롬역과 펀칫역 주변의 도로는 일방통행이 대부분이라 택시를 탈 때, 신중을 기해야 한다. 먼저 가고자 하는 목적지의 지도를 잘 보고, 차량 진행 방향을 살피도록 한다. 교통 체증도 상당한 곳이라 웬만한 거리는 걷는 것이 오히려 더 나을 때가 있다. 씨암과도 그리 먼 거리가 아니고 스카이워크로 이어져 있어 걸어 다니는 것이 더 빠르고 편리하다.

+BTS 칫롬Chitlom
랏차프라송 / 랑수안 로드 / 에라완 사당 / 센트럴 월드 / 레드 스카이

+BTS 펀칫Phloenchit
위타유 로드 / 쏘이 루암루디 / 마하툰 플라자 / 센트럴 엠버시 / 파크 하얏트 방콕

+BTS 랏차담리Ratchadamri **(실롬 라인)**
랏차담리 로드 / 세인트 리지스 방콕 / 그랜드 센터 포인트 랏차담리

주요 거리

❶ 랏차프라송 Ratchaprasong
게이손 빌리지와 에라완 사당이 있는 교차로 이름으로 이 주변이 거대한 쇼핑의 메카이기도 하다.

❷ 펀칫 로드 Phloenchit Road
BTS 칫롬역과 펀칫역이 지나가는 도로로 씨암의 라마 1세 로드와 이어져 있다. 두 역을 중심으로 고급 숙소들이 줄지어 있고 은행, 백화점 등의 상업 시설도 빼곡하다.

❸ 랏차담리 로드 Ratchadamri Road
랏차프라송 사거리에서 남쪽으로 나 있는 도로로 사톤 지역과 연결된다. 로열 방콕 스포츠클럽Royal Bangkok Sports Club이 거리 대부분을 차지하고 있으며 세인트 리지스 방콕 호텔, 아난타라 씨암 방콕 호텔이 가깝게 있다.

❹ 랑수안 로드 Langsuan Road
센트럴 칫롬 백화점부터 남쪽으로 룸피니 공원까지 이어진 도로이다. 장기 거주를 위한 레지던스형 숙소들이 많이 들어서 있다. 신돈 계열의 숙소들과 커뮤니티 몰 등이 단지를 이루는 웰라 신돈 빌리지Velaa Sindhorn Village가 들어서면서 랑수안의 로드맵을 새로 그리고 있다.

펫차부리 로드 Phetchaburi Road

드래곤 시푸드 ® Ⓜ 미스터 핏

센타라 그랜드 방콕 ● 트리무띠 사당

Ⓝ 레드 스카이

Ⓢ 빅 시

쏘이 쏨낏 Soi Somkhit

Soi Phetchaburi 34

와이어리스 로드 Witthayu (Wireless) Road

Ⓢ 센트럴 월드

Ⓝ 비어 가든

인터콘티넨탈 Ⓗ

Ⓗ 비어 리퍼블릭

게이손 빌리지 Ⓢ

Ⓗ 홀리데이 인 방콕

칫롬 Chitlom

에라완 사당 ● Ⓢ 에라완

씨암

Ⓑ

Ⓢ 센트럴 칫롬

Ⓗ 파크 하얏트 방콕

Ⓢ 센트럴 엠버시

Ⓢ 오픈 하우스 센트럴 엠버시

Ⓢ 잇타이

펀칫 Phloenchit

Ⓗ 그랜드 하얏트 에라완

Ⓝ 에라완 티룸

The Mercury Ville @Chidlom

르네상스 방콕 랏차프라송

Ⓑ

Ⓗ 월도프 아스토리아 방콕

Ⓝ 더 로프트

더 오쿠라 프레스티지 방콕 Ⓗ

마하툰 플라자 Ⓗ

펀칫 하타샷 Ⓜ

노보텔 방콕 Ⓗ 펀칫 스쿰빗

Ⓜ 라린진다 스파

스쿰빗 ➤

그랑데 센터 포인트 랏차담리

Soi Mahardlek Luang 1

Ⓗ 신돈 미드타운 호텔 방콕

디오라 Ⓜ

땀미얌미 ®

쏘이 톤슨 Soi Tonson

더 아테네 호텔, Ⓗ 어 럭셔리 콜렉션

Ⓢ 하우스 오브 스무스 커리 ®

Ⓜ 커피 빈스 바이 다오

Ⓜ 루암루디 헬스 마사지

루암루디 빌리지

아난타라 씨암 방콕 호텔 Ⓗ

뮤즈 방콕 Ⓗ 랑수안-엠 갤러리

Soi Witthayu

얼 방콕 Ⓗ 끄츠 클럽

랏차담리 Ratchadamri

Ⓑ

세인트 리지스 방콕 Ⓗ

Soi Mahardlek Luang 3

메이페어 Ⓗ 매리어트

Soi 1

Soi 2

위타야 로드 Witthayu (Wireless) Road

인디고 호텔 Ⓗ

올시즌즈 ●

Ⓗ 에타스 방콕

Ⓗ 콘래드

쏘이 루암루디 Soi Ruamrudee

Soi 3

Ⓗ 킴튼 말라이 호텔

랑수안 로드 Langsuan Road

Soi 4

웰라 신돈 빌리지

Ⓜ 파이어플라이 바

Ⓗ 신돈 캠핀스키 호텔

® 롱씨 포차나

® 메종 사이공

® 커피 아카데믹스

Soi 5

스모킨 퍼그 바비큐 ®

Soi 7

쏘이 루암루디 2 Soi Ruamrudee 2

Soi Ruamrudee

® 로열 오샤

사라신 로드 Sarasin Road

쏘이 폴로 Soi Polo

실롬

▼ 사톤

N

룸피니 공원

Soi Polo 1

Soi Polo 2

Soi Polo 3

Soi Polo 4

Soi Polo 5

Soi Polo 6

칫롬 & 펀칫

® 폴로 프라이드 치킨

Soi Sanam Khli

📷 ★★★
에라완 사당 Erawan Shrine

'랏차프라송Ratchaprasong'이라 불리는 그랜드 하얏트 에라완 방콕Grand Hyatt Erawan Bangkok 호텔 사거리에 자리한 사당이다. 힌두교에서 창조의 신으로 여기는 브라흐마Brahma를 모시고 있는 곳이다. 1950년대 에라완 호텔(현재의 그랜드 하얏트 에라완 방콕) 공사 중 인명 사고가 다발적으로 일어나면서 악령이 깃든 땅이라 여겨 인부들이 작업을 거부하는 사태가 발생하였다. 이에 호텔 측은 점성술사에게 조언받아 힌두교 사당인 에라완 사당을 세우고, 후에 무사히 호텔을 완공했다고. 이후 중요한 건물을 지을 때는 힌두교 사당을 세우는 유행이 태국 내에 널리 퍼지게 되었다. 이런 연유로 방콕 시민들이 매우 소중하게 생각하는 사당이고, 소원을 기원하는 사람들로 늘 북적인다.

주소   494 Ratchadamri Road
위치   랏차프라송 사거리. 그랜드 하얏트 에라완 방콕 옆
운영   06:00~22:00
요금   무료

📷 ★★★
트리무띠 사당 Trimurti Shrine

트리무띠는 힌두교의 3대 신인 브라흐마, 비슈누, 시바가 삼신일체된 신을 말한다. 1989년 지어진 이 사원은 다른 방콕의 사원들처럼 성공, 부, 행복을 기원하기 위해 지어졌다. 하지만 의외로 사랑을 이루어준다는 명성을 얻게 되어 태국 젊은이들에게 아주 인기가 좋다. 그래서 종종 '연인들의 사당'이라고도 불린다. 트리무띠가 좋아하는 붉은색의 장미 9송이와 붉은색의 초 9개, 붉은색의 향 9개를 바치면 사랑이 이루어진다는 이야기로 사당 앞에는 늘 장미꽃이 넘쳐난다. 트리무띠 사당 옆에는 가네쉬 사당Ganesh Shrine이 있다. 코끼리 형상의 가네쉬는 시바의 아들로 악운을 물리쳐주는 신으로 알려져 있다.

주소   89 Ratchaprasong
       Road
위치   센트럴 월드 앞 광장의
       북쪽
운영   24시간
요금   무료

땀미얌미 Tummy Yummy

랑수안 로드와 가까운 쏘이 똔손 안쪽에 자리한 태국 레스토랑. 밖에서 보면 멋진 개인 주택 같기도 하고 어여쁜 카페처럼 보이기도 한다. 내부는 고풍스러우면서 정갈하다. 기본적인 태국 음식 외로 이싼 음식들도 제공한다. 신선한 얌쏨오와 재료 본연의 맛을 잘 살린 쏨땀, 윤기가 자르르 흐르는 커무양 등 태국의 맛을 제대로 간직한 음식들을 맛볼 수 있다. 메뉴판에는 고추의 개수로 매운 정도가 표시되어 있다. 점심에는 음료수와 메인 디시, 디저트로 구성된 세트 메뉴를 저렴하게 이용할 수 있다. 파인 다이닝은 부담스럽고 로컬 식당은 꺼려질 때 방문하면 적당하다.

주소 42/1 Soi Ton son, Phloenchit Road
위치 BTS 칫롬역, 랑수안 로드와 수평을 이루는 골목인
      쏘이 똔손 안쪽으로 도보 10분
운영 11:00~14:30, 17:30~22:00 (휴무 일요일)
요금 쏨땀 160B~, 커무양 240B, 팟타이 240B~,
      런치세트 320B~(SC 10%)
전화 02-254-1061

마하툰 플라자 Mahatun Plaza

펀칫역에서 바로 이어진 사무실 겸 상가 건물. 지어진 지 오래되어 외관은 허름하지만 저렴하고 맛있는 식당들이 옹기종기 모여 있다. 맛있는 이싼 음식을 먹을 수 있는 마담 쏨땀Madam Somtum(11:00~22:00, 일요일 휴무), 소스 맛이 예술인 치킨라이스 집 미스 홍Miss Hong(07:00~16:00, 토~일 휴무), 브런치 레스토랑인 블렉퍼스트 스토리Breakfast Story (07:00~23:00) 등이 있다. 상가 입구로 들어가 1층 왼쪽에 모여 있어 찾기도 쉽다. 인근의 직장인들이 많이 이용하는 곳이라 점심시간에는 번잡할 때가 많고 주말에는 쉬는 곳도 있다.

주소 888 Phloenchit Road
위치 BTS 펀칫역 4번 출구에서
      도보 2분
운영 가게마다 상이
요금 1인 예산 100B~

웰라 신돈 빌리지 Velaa Sindhorn Village

랑수안 로드에 자리한 커뮤니티 몰. 'Living in the Park'라는 콘셉트 아래 신돈Sindhorn 계열의 숙소들과 이어져 있어 마치 호텔의 부대시설처럼 느껴지기도 한다. 랑수안 로드 남쪽 대부분을 차지할 만큼 긴 건물은 자연스러운 곡선미가 돋보인다. 대부분 고급 레스토랑과 카페로 구성되어 있고 지하에는 슈퍼마켓인 빌라 마켓이 자리하고 있다. 스테이크 전문 레스토랑인 엘 가우초El Gaucho를 시작으로 태국 식당인 롱씨 포차나Rongsi Pochana, 이싼 식당인 코 리미티드Co Limited, 스페인식 타바스 바인 바소Vaso Spanish Tapas Bar, 베트남 식당인 메종 사이공Maison Saigon, 칫롬 지역에서 새롭게 주목받고 있는 커피 아카데믹스The Coffee Academics 등이 자리하고 있다. 군데군데 녹지가 많아 도심 속에 있지만 여유로움을 느낄 수 있다. 웰라Velaa는 태국어로 '시간'을 의미한다.

주소 87 Langsuan Road
위치 BTS 칫롬역 4번 출구에서 랑수안 로드를 따라 도보 10분
운영 07:00~22:00(가게마다 상이)
전화 02-253-8999
홈피 velaalangsuan.com

▶▶ 롱씨 포차나 Rongsi Pochana

태국의 프랜차이즈 기업인 아이베리iBerry에서 운영하는 태국 식당. 태국 음식에 중국식 터치를 더한 메뉴들이 메인이다. 싱싱한 식자재를 사용하는 데다 양념을 아끼지 않아 진한 맛이 배어 있는 태국 음식들을 맛볼 수 있다. 태국식 조개볶음인 호이라이 팟프릭파오, 속살이 부드러운 새우구이인 꿍파오, 라임즙을 듬뿍 품은 꿍채남쁠라 등 해산물 요리들의 주문이 많다. 야외 좌석이 분위기는 좋지만, 벌레가 좀 있는 편이다. 웰라 신돈 빌리지에서 가장 붐비는 곳이니 예약은 필수 중의 필수!

위치 웰라 신돈 빌리지 내　　　　운영 10:00~22:00
요금 꿍채남쁠라 275B, 호이라이 팟프릭파오 295B,
　　 똠얌꿍 420B~(Tax & SC 17%)
전화 066-125-0747/063-464-9930

▶▶ 메종 사이공 Maison Saigon

2015년 씨암 스퀘어의 작은 식당으로 시작한 베트남 레스토랑. 금액은 비싼 편이지만 베트남 현지에서 즐기던 맛을 고스란히 느낄 수 있다. 가장 기본적인 소고기 쌀국수 '퍼보', 숯불에 구운 고기와 국수를 함께 즐기는 '분짜', 베트남식 비빔국수인 '분틋느엉' 등을 맛볼 수 있다. 퍼보는 소고기 종류에 따라 금액이 다르고 와규 소고기를 사용하는 퍼보가 가장 비싸다. 치앙마이의 멋진 숙소인 빌라 마하비롬Villa Mahabhirom에서도 만나볼 수 있다.

위치 웰라 신돈 빌리지 내
운영 11:00~22:00
요금 퍼보 330B, 분틋느엉 320B,
　　 카페쓰어다 120B(Tax & SC 17%)
전화 02-656-4966

▶▶ 커피 아카데믹스 The Coffee Academics

2012년 홍콩에서 시작한 커피 브랜드로 스페셜티 커피Specialty coffee에 대단한 자부심이 있다. 기본적인 커피 메뉴 외로 독창적인 베리에이션 커피 메뉴들을 선보인다. 스페셜티 커피도 좋지만, 일반 커피만 주문해도 충분히 맛있는 커피를 즐길 수 있다. 커피와 함께 곁들이면 좋을 만한 디저트와 케이크도 준비되어 있고 바노피Banoffee 파이와 레드벨벳 케이크가 이곳의 시그니처. 게이손과 센트럴 월드, 메가 방나 등에 지점이 있다.

위치 웰라 신돈 빌리지 내　　　　운영 07:00~22:00
요금 롱블랙 130~140B, 스페셜티 커피 240B~, 디저트 200B~(Tax & SC 17%)
전화 02-164-2500
홈피 www.the-coffeeacademicsth.com

커피 빈스 바이 다오 Coffee Beans By Dao

태국 음식, 서양 음식, 디저트, 음료 등이 총망라된 전천후 레스토랑. 이렇게나 많은 메뉴를 어떻게 다 준비할까 싶을 만큼 두꺼운 메뉴 리스트를 갖고 있다. 메뉴가 다양한 덕분에 식성이 다른 일행이 있어도, 인원이 많은 가족 여행자들도 폭넓은 선택이 가능하다. 음식들은 신기하리만치 대부분 맛있고 금액도 대체로 합리적인 편이다. 레스토랑 내부도 카페처럼 예쁘고 쾌적하다. 1997년 에까마이에서 시작해 이곳 루암루디 지점을 거치며 유명 백화점 등에 계속 브랜치를 확장하고 있다.

주소 20/12-15 Ruamrudee Village Soi Ruamrudee Community
위치 BTS 펀칫역에서 쏘이 루암루디로 진입, 오른편에 루암루디 빌리지 안
운영 10:00~21:00
요금 태국 음식 200B~, 파스타 300B~, 케이크 160B~(Tax 7%)
전화 02-254-7117~8
홈피 www.coffeebeans.co.th

폴로 프라이드 치킨 Polo Fried Chicken

허름해 보이는 식당이지만 닭튀김인 까이텃과 쏨땀으로 주변을 평정하고 미슐랭까지 접수한 곳이다. 튀긴 마늘을 아낌없이 올린 고소한 치킨에 깊은 맛의 쏨땀을 곁들이면 찰떡궁합, 환상의 조화를 이룬다. 현지인들은 이싼 오리지널 스타일인 쏨땀 빠라를 많이 주문하고, 쏨땀 타이도 별다른 재료 없이 마른 새우 정도만 들어간다. 프라이드치킨은 인원에 따라 한 마리 혹은 반 마리도 주문할 수 있다. 영어 메뉴판도 있고 영어 가능한 직원도 있어 주문에는 어려움이 없다. 택시나 모토 기사들은 '까이텃 쿤 재키 쏘이 폴로'라고 하면 더 잘 안다.

주소 137/1-3, 9 10 Sanam Khli Alley
위치 BTS 펀칫역과 MRT 룸피니역 중간. 위타유 로드에서 파생된 쏘이 폴로Soi Sanam Khli골목 20m 안. 역에서 도보로 가기는 힘들고 모토나 택시를 이용하는 것이 좋다
운영 07:00~21:00
요금 프라이드치킨 260B(한 마리), 쏨땀 70~180B, 커무양 100B
전화 081-300-4444

오픈 하우스 센트럴 엠버시 Open House Central Embassy

대형 서점과 코워킹 스페이스, 레스토랑과 카페 등이 한자리에 있는 곳으로 센트럴 엠버시 백화점 6층 전체를 차지하고 있다. 2만여 권의 책을 보유하고 있는 서점은 책 자체가 하나의 오브제처럼 전시되어 있고 자유롭게 둘러볼 수 있도록 해놓았다. 레스토랑이나 카페들도 서점 일부처럼 자연스럽게 이어지고 통창이 많아 방콕의 도심을 감상하기에도 그만이다. 스쿰빗의 유명 피자집인 페피나Peppina, 채식주의자들을 위한 브로콜리 레볼루션Broccoli Revolution, 브런치 카페인 케이스 부티크Kay's Boutique 등이 자리하고 있다. 한쪽에는 야외 테라스도 있다.

주소 1031 Ploenchit Road
위치 BTS 칫롬역 5번 출구에서 이어진 통로를 따라 센트럴 엠버시로 이동, 센트럴 엠버시 6층
운영 10:00~22:00
요금 1인 예산 200B~(Tax & SC 17%)
전화 02-119-7777
홈피 www.centralembassy.com/anchor/openhouse

잇타이 Eathai

센트럴 엠버시 쇼핑몰의 푸드코트. 빈티지 무드로 꾸며 놓아 다른 푸드코트들과는 다르게 이국적인 느낌이 든다. 태국 먹거리 시장처럼 길거리 음식, 스낵, 중부, 남부, 북부 등 지역별, 주제별로 섹션이 나누어져 있다. 각 코너 앞에 음식 샘플이 전시되어 있으니 먼저 천천히 둘러본 후 주문하면 된다. 바로 옆에는 태국의 OTOP 상품과 농산물, 과일, 특산품 등을 판매하는 딸랏 잇타이Talat Eathai가 있어 기념품 등을 구매하기에도 좋다. 입장할 때 주는 카드를 받아 먼저 이용하고 나갈 때 마트 계산대에서 한 번에 계산하면 된다.

주소 1031 Ploenchit Road
위치 BTS 칫롬역 5번 출구에서 이어진 통로를 따라 센트럴 엠버시로 이동, 센트럴 엠버시 지하
운영 10:00~22:00
요금 1인 예산 100B~
전화 02-160-5995
홈피 www.centralembassy.com/store/eathai

하우스 오브 스무스 커리 The House of Smooth Curry

태국 정통 요리와 동서양 퓨전 요리를 맛볼 수 있는 더 아테네 호텔 어 럭셔리 콜렉션 내 레스토랑. 태국 공주도 방문한 후 극찬을 아끼지 않을 정도로 뛰어난 음식 맛을 자랑한다. 오랜 경력과 화려한 수상 이력에 빛나는 셰프의 손끝에서 만들어진 요리의 향연을 즐길 수 있다. 연꽃잎을 활용한 애피타이저인 미앙부아, 똠얌꿍, 홈메이드 스타일로 만든 커리 등 어떤 음식을 주문해도 만족스러울 것이다. 점심에는 6코스로 나오는 세트 메뉴(1인 850B++)를 비교적 저렴하게 이용할 수 있고 할인받을 수 있는 앱을 이용해보는 것도 추천.

주소 61 Wireless Road
위치 BTS 펀칫역에서 도보로 10분,
　　 더 아테네 호텔 어 럭셔리 콜렉션
　　 3층
운영 11:30~14:30/18:00~22:00
요금 1인 예산 1,000B~
　　 (Tax & SC 17%)
전화 02-650-8800
홈피 www.thehouseofsmooth
　　 curry.com

에라완 티룸 Erawan Tea Room

BTS 칫롬역에서 이어진 그랜드 하얏트 에라완 방콕 쇼핑몰 2층에 자리한 태국 레스토랑이자 티룸. 쇼핑몰에 있지만 그랜드 하얏트 방콕 호텔에서 운영한다. F&B에 진심인 이 호텔의 소속답게 훌륭한 태국 음식과 애프터눈티를 즐길 수 있다. 애프터눈티의 주 메뉴는 타이 디저트들로 오후 2시 30분부터 5시 30분까지 주문할 수 있다. 에라완 티룸의 내부는 세계적인 인테리어 디자이너 토니 치가 디자인하였다. 향수를 불러일으키는 스타일링으로 친구나 가족끼리 집에서처럼 편안하게 식사를 즐길 수 있는 분위기에 중점을 두었다고 한다.

주소 494 Ratchadamri Road
위치 BTS 칫롬역에서 이어진
　　 에라완 방콕 2층
운영 10:00~22:00
요금 애프터눈티 세트 680B,
　　 단품 메뉴 220B~,
　　 디저트 130~290B
　　 (Tax & SC 17%)
전화 02-254-1234
홈피 www.hyatt.com

스모킨 퍼그 바비큐 The Smokin' Pug BBQ

랑수안에 숨겨진 보석 같은 곳으로 바비큐 폭립을 전문으로 한다. 운영자인 미국인 부부는 발리 여행 중, 폭립으로 유명한 식당 너티 누리스 와룽 우붓Naughty Nuri's Ubud에서 영감을 받아 이곳을 오픈했다고. 장시간 천천히 훈제하는 방식으로 익힌 고기는 칼을 댈 필요도 없을 만큼 부드럽다. 함께 나오는 나초와 소스들도 수준급이다. 직원들의 응대도 친절해서 더 정이 간다. 탭 맥주 종류도 많고, 바 좌석은 별도로 독립되어 있다. 랑수안 로드 거의 남쪽에 자리하고 있어 역에서 꽤 걸어야 한다. 일부러 방문한다면, 인근의 쇼핑센터나 스파 숍과 연계하여 일정을 잡는 것이 좋겠다.

주소	105 Langsuan Road
위치	BTS 칫롬역 4번 출구에서 랑수안 로드를 따라 도보 15분
운영	17:00~23:00 (휴무 월요일)
요금	바비큐 폭립 675B(하프랙) /1,050B(풀랙), 맥주 125B~(Tax 7%)
전화	083-029-7598
홈피	www.smokinpugbbq.com

로열 오샤 Royal Osha

씨암 켐핀스키 호텔의 스라부아 바이 킨킨Sra Bua by Kiin Kiin 레스토랑과 더불어 방콕의 대표적인 하이엔드급 타이 레스토랑이다. 스라부아가 퓨전 요리를 선보인다면, 로열 오샤는 전통 태국 음식들을 선보인다. 일반 태국 레스토랑과 비교해 음식 맛이 월등하다고 느끼긴 어렵지만, 표현하는 방식과 그것을 담아내는 방법만큼은 상당히 차별화되어 있다. 2019년부터 몇 차례 미슐랭 가이드에 등재되면서 상당히 높은 금액에도 불구하고 특별한 날을 기념하려는 방문객이 끊이지 않는다. BTS 펀칫역에서 도보로 접근하긴 어려운 위치에 있으므로 역에서 내려 택시를 타거나 처음부터 택시를 타고 이동하는 것이 좋다.

주소	99 Royal Resident Park Lumphini
위치	BTS 펀칫역에서 약 1.2km, 위타유 로드 거의 끝
운영	11:30~22:00 (휴무 월요일)
요금	미앙캄 550B, 타이 커리 750B, 8코스 4,000B(Tax & SC 17%)
전화	02-256-6551
홈피	royalosha.com

☾ 레드 스카이 Red Sky

방콕의 멋진 야경을 감상할 수 있는 센타라 그랜드 호텔의 루프톱 바. 방콕의 360도 야경을 감상할 수 있고, 다른 호텔들과는 달리 음료만 마셔도 편안한 좌석에서 시간을 보낼 수 있어 단연 루프톱 바 추천 1순위라 할 수 있다. 맥주나 칵테일 등의 가격도 과하지 않은 편이다. 55층은 식사를 위한 레스토랑이고 그 위층이 바 공간인 레드 스카이이다. 59층에 CRU Champagne Bar를 별도로 운영한다. 호텔 로비에서 23층까지 이동 후, 반대편 승강기로 갈아타고 55층으로 이동하면 된다. 드레스 코드가 있어 반바지나 슬리퍼, 민소매 차림은 입장할 수 없다.

주소 56F Centara Grand, 999/99 Rama 1 Road
위치 BTS 칫롬역에서 센트럴 월드와 연결된 센타라 그랜드 호텔 56층
운영 17:00~01:00
요금 칵테일 450B~, 맥주 390B~, 샴페인 칵테일 850B~ (Tax & SC 17%)
전화 02-100-6255
홈피 www.bangkokredsky.com

☾ 더 로프트 The Loft

월도프 아스토리아 방콕 호텔 56층의 바. 비가 오거나 바람이 많이 부는 날에도 방콕의 야경을 포기할 수 없는 여행자라면, 이곳의 이름을 기억해두자. 1930년대 월도프 뉴욕 호텔의 펜트하우스를 콘셉트로 만들었다. 당시 월도프 뉴욕 호텔에 근무하던 전설적인 바텐더, 프랭크 카이아파Frank Caiafa가 집필한 더 월도프 아스토리아 바 북The Waldorf Astoria Bar Book을 바탕으로 칵테일 레시피를 완성했다고 한다. 이곳에 방문한다면, 칵테일 메뉴에 관심을 두고 주문해 볼 것을 추천한다. 내부는 화려하지만 고전적인 멋이 있다. 프라이빗 룸이 있어서 예약하면 이용할 수도 있다.

주소 56F Waldorf Astoria Bangkok, 151 Ratchadamri Road
위치 BTS 칫롬역과 랏차담리역 사이. 두 역에서 모두 도보로 약 7분
운영 17:00~24:00 (금~토 17:00~01:00)
요금 칵테일 450B~, 와인(Glass) 460B~, 스몰바이트 450B~ (Tax & SC 17%)
전화 02-846-8851
홈피 www.hilton.com

☾ 비어 가든 Beer Garden

방콕의 날씨가 본격적으로 선선해지는 11월부터 3월까지 열리는 대형 비어 가든. 센트럴 월드 앞 광장에 태국의 대표 맥주 회사인 싱하Singha, 창Chang을 비롯해 하이네켄Heineken, 타이거Tiger 등 외국의 맥주 회사들까지 모인다. 연말연시에는 사람들로 문전성시를 이루며 무대에는 태국의 연예인들도 자주 출연한다.

주소 Central World, 999/9 Rama 1 Road
위치 BTS 칫롬역, 센트럴 월드 앞 광장
운영 17:00~01:00(11월부터 이듬해 2~3월까지)
요금 1인 예산 250B~

☾ 비어 리퍼블릭 Beer Republic

홀리데이 인 방콕 호텔 1층에 자리한 펍. 이름처럼 맥주 종류가 많고 수제 맥주도 취급한다. 도로를 향해 좌석이 나 있어 길멍하면서 한잔하기에 좋은 곳이다. 맥주와 함께 즐기면 좋을 스몰바이트 안주나 폭립, 햄버거 등의 메뉴도 있어 간단한 식사나 요기도 가능하다. 한쪽에는 대형 TV가 걸려 있어 프리미어 리그를 꼭 봐야 하는 유럽 손님들이 단골로 찾는다.

주소 Holiday Inn Bangkok, 971 Phloenchit Road
위치 BTS 칫롬역 바로 옆
운영 11:30~24:00
요금 생맥주 120B~, 칵테일 300B~, 치즈버거 450B(Tax & SC 17%)
전화 02-656-0080

☾ 파이어플라이 바 Firefly Bar

신돈 켐핀스키 호텔 로비 층에 자리한 바로 모던하면서 화려하다. 칵테일 메뉴 리스트가 상당히 길고, 시그니처 메뉴가 그림과 함께 알기 쉽게 설명되어 있다. 저녁 시간이면 재즈 공연을 들을 수 있는데 무대가 보이는 공간은 한정적이라 아쉬움이 있다. BTS 칫롬역에서 접근할 때는 랑수안 로드의 웰라 신돈 빌리지 뒤편 호텔 통로를 이용하는 것이 더 빠르다.

주소 Sindhorn Kempinski, Soi Ton son, Phloenchit Road
위치 BTS 칫롬역 4번 출구, 랑수안 로드로 진입 후 웰라 신돈 빌리지 뒤편 호텔 통로 이용
운영 17:00~01:00
요금 칵테일 470B~, 맥주 220B~, 삼페인 칵테일 1,300B~ (Tax & SC 17%)
전화 02-095-9999
홈피 www.kempinski.com

펀칫 하타샷 Ploenchit Hatthasart

방콕에서 단 한 번의 마사지만 허락된다면, 주저 없이 추천하고 싶은 마사지 숍이다. 대만식 발 마사지를 전문으로 하는 곳으로 고명한 마사지 선생님인 치수이홍Chee Sui Hong의 제자들이 운영하는 곳이다. 몸이 특별히 아픈 곳이 있거나 하면 누르는 발 반사구도 아파서 얼굴이 절로 찡그려지게 된다. 하지만 마사지 후에는 상당히 개운해서 우리 집 옆에 이런 마사지 숍이 하나 있었으면 하는 생각이 간절히 들게 된다. BTS 펀칫역에서 가까운 마하툰 플라자Mahatun Plaza 입구로 들어가 왼쪽 1층에 자리한다. 신용카드 결제는 안 되고 현금 결제만 가능하다. 매년 송끄란 기간에는 문을 닫는다.

주소 1F Mahatun Plaza, 888 Phloenchit Road
위치 BTS 펀칫역 4번 출구에서 도보 2분, 마하툰 플라자 내 1층
운영 09:00~20:00
요금 발 마사지 400B(60분), 발+바디 마사지 600B(90분)
전화 02-253-3628

 루암루디 마사지 RuamRudee Massage

금액이 부담되지 않으면서 시설도 비교적 쾌적한 마사지 숍을 찾는다면, 이곳을 추천한다. 쏘이 루암루디, 루암루디 빌리지Ruamrudee Village 내에 자리한 대형 마사지 숍으로 20년 동안 한 자리에서 성업 중이다. 태국 현지인 손님들도 많은 곳으로 마사지사들의 실력이 어느 정도 평준화되어 있다. 1층은 발 마사지를, 위층에서는 타이 마사지와 오일 마사지를 받을 수 있다. 샤워 시설이 훌륭한 편이 아니므로 오일 마사지보다는 발 마사지나 발 마사지와 결합한 다른 프로그램들을 받을 것을 더 추천한다. 주말에는 예약이 필수고 카드 결제는 1,000B 이상만 가능하다.

주소 20/17-19 Soi Ruamrudee Phloenchit Road
위치 BTS 펀칫역, 쏘이 루암루디로 진입, 오른편에 루암루디 빌리지 안
운영 10:00~24:00
요금 발 마사지 350B(60분), 타이 마사지 525B(90분), 아로마테라피 마사지 1,000B(90분)
전화 02-252-9651
홈피 www.ruamrudeehealth massage.com

미스터 핏 Mr. Feet

빅 시^{Big C} 랏차담리 지점 북쪽에 자리한 발 마사지 전문점. 인근에 저렴한 마사지 숍이 없어서 유용하게 활용할 수 있다. 봉이나 기구를 사용하지 않고 오로지 손으로만 누르고 주무르는 제대로 된 발 마사지를 경험할 수 있다. 타이 마사지 프로그램도 있지만 발 마사지보다 만족도가 떨어지는 편. 실력으로 승부하는 곳이니만큼 내부는 소박하다.

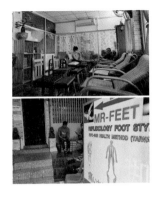

주소 43~43/1 Soi 1 Ratchadamri, Ratchadamri Road
위치 BTS 칫롬역, 빅 시 지나 북쪽으로 직진, 드래곤 레스토랑 골목 안으로 우회전 후 첫 번째 골목에서 좌회전하면 왼쪽에 위치
운영 10:00~22:00
요금 발 마사지 300B(60분)
전화 088-504-4959

디오라 DIORA(랑수안)

직접 만든 유기농 오일과 허브볼로 유명한 스파. 이곳 랑수안에서 2013년부터 영업을 시작해 현재는 방콕 시내 곳곳에 지점을 확장 중이다. 가장 인기 있는 메뉴는 발 마사지, 타이 마사지, 오일 마사지 등에 허브볼이나 핫스톤을 결합한 콤비네이션 프로그램이다. 다른 지점보다 금액이 약간 저렴한 편이고 이곳에서 직접 만든 스파 제품도 판매한다. 방문 전 예약은 필수.

주소 36 Langsuan Road
위치 BTS 칫롬역 4번 출구에서 랑수안 로드로 진입, 도보 10분. 신돈 미드타운 호텔 입구
운영 10:00~23:00
요금 오가닉 오일 마사지 1,500B(90분), 오일+허브볼 마사지 1,750B(90분)
전화 02-092-4242 / 092-286-5545
홈피 www.dioraworld.com

라린진다 스파 RarinJinda Spa

그랜드 센터 포인트 랏차담리 호텔 8층에 자리한 스파. 치앙마이에 스파 전문 리조트를 운영 중이다. 금액은 조금 비싸고 리셉션의 응대는 사무적이지만 랏차담리 지역에 이렇다 할 스파가 없어 유용하게 이용할 수 있는 장점이 있다. 그래도 테라피스트들의 실력은 좋은 편이고 대체로 친절하다. 스파 내부는 상당히 쾌적하고 고급스럽게 꾸며져 있다.

주소 8F, Grande Centre Point Hotel, 153/2 Soi Mahatlek Luang 1
위치 BTS 랏차담리역 4번 출구에서 약 400m, 그랜드 센터 포인트 랏차담리 8층
운영 10:00~24:00
요금 타이 마사지 2,000B(60분), 오일+허브볼 마사지 3,000B (90분)(Tax & SC 17%)
전화 02-091-9088
홈피 rarinjinda.com

센트럴 월드 Central World

센트럴 월드는 방콕 최대의 쇼핑센터로 쇼핑, 식사, 레크리에이션 등을 한 곳에서 해결할 수 있는 원스톱 공간이다. 방콕에 많은 백화점이 있지만 여행자들의 쇼핑에는 이곳만한 곳이 없다. 센트럴 월드 쇼핑몰을 중심으로 남쪽으로는 센트럴 백화점과 애플 스토어, 뒤편으로는 식당과 짐톰슨, 카르마카멧 매장 등이 있는 그루브Groove 구역, 북쪽으로는 센타라 그랜드 호텔이 자리 잡고 있다. 시간이 많지 않은 여행자라면, 1~2층의 그루브 구역과 1층의 허그 타이Hug Thai 구역, 3층과 7층의 식당가만 공략해도 반나절은 훌쩍 갈 것이다. 총 500여 개의 상점과 부티크, 100여 개의 레스토랑이 입점해 있으니 먼저 가고자 하는 목적지를 정확하게 하고 인포메이션을 통해 위치를 반드시 확인하고 움직이는 지혜가 필요하다.

주소 999/9 Rama 1 Road
위치 BTS 칫롬역 1번 출구에서 연결 통로 이용, 센트럴 월드 3층과 연결
운영 10:00~22:00
전화 02-640-7000
홈피 www.centralworld.co.th

▶▶ 그루브 Groove 구역과 카르마카멧 Karmakamet

센트럴 월드의 야외 광장 남쪽 끝에 있는 애플 스토어 쪽에서 가깝다. 방콕의 핫플인 % Arabica 매장을 지나 안쪽으로 들어가면 있는 구역으로 젊은 층을 겨냥한 주얼리, 화장품, 레스토랑들과 카페 등이 몰려 있다. 그레이하운드 카페, 쿠파 델리, 폴 베이커리 등이 이곳에 있다. 한국인들이 자주 찾는 스파 제품 전문 매장인 카르마카멧Karmakamet(#G111)도 이곳으로 매장을 옮겼다. 짐톰슨 매장이 건너편에 있다.

▶▶ 허그 타이 Hug Thai @centralwOrld

'아트 & 크래프트 & 에코'를 주제로 태국의 디자인 제품, 기념품과 푸드코트, 과일과 농산물을 판매하는 파머스 마켓Farmer's Market 등이 한자리에 있는 곳이다. 독특하고 품질 좋은 기념품들, 에코 인증을 받은 저렴한 스파 제품들, 질 좋은 과일과 망고 젤리 등의 특산품이 여유롭게 진열되어 있어 쇼핑하기에도 매우 편리하다. 먹을거리 시장처럼 꾸며 놓은 푸드코트도 강추! 그루브 구역에서 북쪽으로 이웃하고 있다.

▶▶ 7층 식당가 Central Food World

센트럴 월드의 7층 식당가이다. 방콕의 유명 레스토랑들과 푸드코트, 마트 등이 있는 곳이다. 단일 식당은 나라 타이 퀴진Nara Thai Cuisine(태국 식당), 애프터 유After You(디저트), 코 리미티드Co Limited(이싼 식당) 등이 있고 일식당이 많은 편이다. 안쪽으로 푸드코트가 있고 카드를 먼저 충전하고 이용하는 방식이다. 6층에도 레스토랑이 상당히 많고 3층 식당가의 리스트도 충실하다.

▶▶ 나라야 NaRaYa (#B106~108)

일명 '기저귀 가방'으로 통하는 나라야는 누빔 원단 가방을 기본으로 파우치와 주방제품 등 다양한 제품들이 출시되고 있다. 크기별로 2~3개가 같이 들어 있는 파우치 세트나 귀여운 동전 지갑 등은 가격이 저렴하고 가벼워서 선물용으로 여러 개를 사도 부담이 없다. 1층에 나라야 매장이 상당히 크게 들어서 있고 선물을 사려는 여행자들(특히 중국인들)로 언제나 만원사례이다. 스타벅스 리저브 매장과 마주 보고 있다.

센트럴 엠버시 Central Embassy

센트럴 그룹에서 운영하는 럭셔리 백화점. 크게 붐비지 않는다는 것이 가장 큰 장점이다. 지하부터 6층까지는 쇼핑몰로 사용하고 그 위로는 아파트먼트 및 파크 하얏트 방콕 호텔이 자리하고 있다. 겉모습만 보면 명품 일색일 것 같지만 의외로 중저가 브랜드 매장도 꽤 큰 편. 6층의 오픈 하우스(p177)는 이곳에서 가장 주목해야 할 장소이고, 식당들은 5층에 주로 몰려 있다. 2층에는 센트럴 칫롬 백화점으로 가는 연결 통로가 있다. 이전 영국 대사관 터에 지어져 '엠버시Embassy'라는 이름을 붙였고 영국 출신의 세계적인 건축가 아만다 레베트Amanda Levete가 디자인에 참여했다.

주소 1031 Ploenchit Road
위치 BTS 펀칫역 5번 출구에서 연결된 통로 이용(연결 통로 끝 지점)
운영 10:00~22:00
전화 02-119-7777
홈피 www.centralembassy.com

 ## 센트럴 칫롬 Central Chitlom

씨암 파라곤이나 센트럴 월드 등에 비해 콤팩트한 규모가 장점인 백화점. 생활에 밀접한 상품들이 많고 동선 낭비가 없는 편이다. 기념품이나 선물용이 아닌 오래 두고 입을 의류나 신발 등을 구매하려는 쇼핑에 적당하다. 1층에는 카페와 푸드홀로 시작해 4층의 그레이하운드 카페Greyhound Cafe, 5층의 스파 제품 매장과 앤티크, 수공예품 매장도 충실한 편이다. 6층에는 어린이 관련 제품들이 몰려 있다. 7층에 푸드코트가 있긴 하지만 금액이 다소 비싸서 매력은 떨어지는 편. 칫롬역, 센트럴 엠버시와 연결 통로가 있다.

주소 1027 Phloenchit Road
위치 BTS 칫롬역, 칫롬역 5번 출구에서 연결 통로 이용
운영 10:00~22:00
전화 02-793-7777
홈피 www.central.co.th

게이손 빌리지 Gaysorn Village

전통적인 방콕 명품 쇼핑의 심장부라 할 수 있다. 퍼스널 쇼퍼 서비스를 받을 수 있으며 쇼핑한 제품은 숙소에서 받아볼 수도 있다. 웬만한 명품은 거의 입점하여 있으며 유난히 명품 시계와 보석 브랜드가 많은 것도 특징. 기존에 있던 쇼핑몰인 게이손 센터와 새로 올린 게이손 타워, 두 개의 건물로 나누어져 있다. 타워 2층에 어브Erb, 판퓨리PAÑPURI, 천연 모기기피제 등을 판매하는 스멜 레몬그라스Smell Lemongrass 등이 모여 있고 타워 12층에는 판퓨리 웰니스PAÑPURI Wellness 스파가 있다. 홈페이지에 층별 안내가 보기 쉽게 되어 있다.

주소 999 Phloenchit Road
위치 BTS 칫롬역 6번 출구,
스카이 워크를 따라 연결 통로 이용
운영 10:00~20:00
전화 02-656-1149
홈피 www.gaysornvillage.com

빅 시 Big C(랏차담리)

태국의 슈퍼마켓 체인으로 할인 매장, 식당들이 입점해 있다. 의류 판매장과 아이스크림, 커피숍 등이 있고, 저렴한 프랜차이즈 레스토랑들도 대거 입점해 있다. 슈퍼마켓은 2층과 3층에 걸쳐 자리하고 있다. 여행 막바지에 태국 식료품, 차, 꿀 등의 식료품 쇼핑을 위해 방문하는 여행자가 많아 매우 혼잡하다. 계산에도 시간이 오래 걸리는 편이니 시간적 여유를 두고 방문하는 것이 좋다. 바로 옆에 신규 쇼핑몰인 더 마켓 방콕The Market Bangkok 쇼핑몰 내에도 대형 슈퍼마켓인 로터스Lotus's가 있다.

주소 97/11 Ratchadamri Road
위치 BTS 칫롬역 6번 출구,
스카이 워크를 따라 게이손 빌리지로 이동 후 게이손 워크 (스카이 워크)를 따라 북쪽으로 이동. 역에서 도보로 약 10분
운영 09:00~24:00
전화 02-250-4948
홈피 www.bigc.co.th

5성급

파크 하얏트 방콕 Park Hyatt Bangkok

파크 하얏트는 하얏트의 최상위 브랜드로 방콕에는 2017년 오픈하였다. 총 37층 건물에 6층까지는 쇼핑몰인 센트럴 엠버시Central Embassy가 자리하고 그 위층을 파크 하얏트가 사용한다. 한화로 6,000억 이상의 예산과 세계적인 아티스트들이 함께 참여해 오픈 전부터 비상한 관심을 끌기도 했다. 상공에서 바라보는 호텔 건물은 행운을 상징하는 숫자 8을 형상화한 것이고 알루미늄으로 덮여 있는 외관은 태국 전통 건축물에서 모티브를 가져왔다. 총 222개의 객실은 57개의 스위트룸과 일반 객실로 나누어진다. 일반 객실의 크기도 최소 48sqm로 상당히 여유롭고 충분한 수납공간과 고급스러운 욕실을 더했다. 어메니티와 미니바의 구성도 흠잡을 것이 없다. 인피니티 스타일의 수영장, 34~35층에 자리한 펜트하우스 그릴과 바, 36층의 루프톱 바의 인기도 고공행진 중. 조식에도 굉장히 신경을 써서 좋은 평가를 받고 있다.

주소 1031 Ploenchit Road
위치 BTS 펀칫역 5번 출구에서 연결된 통로 이용(연결 통로 끝 지점)
요금 1킹 12,000B~,
1킹 디럭스 14,000B~
1킹 코너 17,000B~
전화 02-012-1234
홈피 www.hyatt.com

월도프 아스토리아 방콕 Waldorf Astoria Bangkok

월도프 아스토리아는 19세기 후반 미국 뉴욕에서 시작한 호텔 브랜드이다. 1949년 힐튼이 월도프 아스토리아를 인수하며 전 세계 주요 도시로 뻗어나갔고, 동남아시아에는 최초로 방콕이라는 무대를 선택했다. 수많은 럭셔리 호텔에 참여했던 안드레 푸André Fu와 아브로코AvroKO가 디자인에 참여했다. 연꽃잎을 모티브로 만든 조형물이 돋보이는 수영장은 쌀쌀한 날씨에도 수영을 할 수 있도록 수온을 조절한다. 총 170여 개의 객실은 시티뷰와 파크뷰로 나뉘고 중후한 멋이 있다. 애프터눈티를 즐길 수 있는 피코크 앨리Peacock Alley, 타이 레스토랑 프런트 룸Front Room, 56층의 바더 로프트The Loft(p180) 등 F&B 수준도 상당히 높다. 특히 조식은 방콕 내 최고 수준으로 평가받고 있다. BTS 칫롬역과 랏차담리역에서 모두 도보로 약 7분 거리이다. 스쿰빗 라인과 실롬 라인을 모두 이용할 수 있는 더블 역세권이다.

주소 151 Ratchadamri Road
위치 BTS 칫롬역과 랏차담리역 사이.
두 역에서 모두 도보로 약 7분
요금 디럭스 시티뷰 10,200B~,
디럭스 파크뷰 11,500B~
전화 02-846-8888
홈피 www.hilton.com

5성급

세인트 리지스 방콕 St. Regis Bangkok

최고급 숙소다운 조건을 두루 갖추었다. 럭셔리한 분위기의 객실과 로비, 스파와 레스토랑을 갖추었다. 개인 버틀러 서비스 등 정중한 직원들의 서비스는 방콕 여행의 색다른 즐거움을 선사해줄 것이다. 로열 방콕 스포츠 클럽Royal Bangkok Sports Club의 전망이 시원한 수영장은 도심 속 휴양지 느낌이 나도록 꾸며져 있다. 의외로 이용자가 많지 않아 한가하게 이용할 수 있고 쉴 수 있는 공간도 충분하다. 홍콩에도 브랜치가 있는 일식당 주마Zuma와 애프터눈티를 즐길 수 있는 드로잉룸The Drawing Room도 꾸준한 인기를 얻고 있는 부대시설. 랏차담리역과 호텔이 바로 연결된다.

주소 159 Ratchadamri Road
위치 BTS 랏차담리역 4번 출구에서
　　　호텔 전용 통로 이용
요금 디럭스 10,800B~,
　　　그랜드 디럭스 11,500B~
전화 02-207-7777
홈피 www.marriott.com

 5성급

아난타라 씨암 방콕 호텔 Anantara Siam Bangkok Hotel

아난타라 이름에 어울리는 태국 전통 양식의 분위기와 아담한 정원을 갖고 있다. '포시즌스'라는 호텔을 인수하여 리노베이션을 거쳐 만들어진 호텔이라 새 숙소들처럼 반짝거리지는 않는다. 하지만 신상 호텔들이 넘쳐나는 방콕에서 이곳만의 고풍스러운 분위기는 오히려 존재감이 돋보이기도 한다. 로비 1층에서 2층으로 올라가는 계단 벽면의 그림은 이 숙소의 트레이드마크. 매일 오후 2시부터 6시까지 더 로비The Lobby에서 애프터눈티를 즐길 수 있다. 클래식한 분위기의 객실은 내부는 비슷하지만, 전망에 따라 금액이 다소 올라간다.

주소 155 Ratchadamri Road
위치 BTS 랏차담리역에서 도보로 3분
요금 디럭스 7,200B~,
　　　프리미어 7,700B~
전화 02-126-8866
홈피 www.anantara.com

5성급

더 오쿠라 프레스티지 방콕 The Okura Prestige Bangkok

오쿠라Okura 그룹은 일본에서 가장 명성이 높은 호텔 체인이다. 화려함보다는 은은한 기품이 흐르는 분위기가 특징인데 일본 체인 호텔답게 직원들의 친절함이 남다른 곳이기도 하다. 객실은 모두 젠 스타일로 꾸며져 있고 일반 객실인 디럭스와 디럭스 코너 객실은 넓이나 전망 차이가 조금 있는 편이다. 체크인 로비는 24층에, 수영장은 25층에 있다. 인피니티 스타일의 수영장은 이 숙소의 상징. 조식은 일식 도시락과 아메리칸 뷔페 중에서 선택할 수 있다. 숙소가 자리하고 있는 파크 벤처스Park Ventures 빌딩 내에 상점들이 있어 편리하게 이용할 수 있다.

주소 57, Park Ventures Ecoplex 57 Witthayu Road
위치 BTS 펀칫역 2번 출구에서 연결된 통로 이용
요금 디럭스 7,500B~, 디럭스 코너 9,400B~
전화 02-687-9000
홈피 www.okurabangkok.com

5성급

더 아테네 호텔, 어 럭셔리 콜렉션
The Athenee Hotel, a Luxury Collection

로비의 계단을 바라보면 마치 영화 속 주인공이 등장할 것만 같은 초현대식 5성급 숙소이다. 그래서 그런지 유난히 결혼식 등의 행사도 많은 호텔이기도 하다. 지상 28층 건물에 총 객실 378개로 객실 내부는 클래식하면서 정갈하다. 모두 8개의 레스토랑과 바를 보유하고 있고 특히 태국 레스토랑인 하우스 오브 스무스 커리The House of Smooth Curry와 더 글라즈 바The Glaz Bar가 유명하다. 녹음이 충분한 수영장은 아름답지만, 수심이 상당히 깊은 편이라 수영에 익숙하지 않은 여행자들은 다소 부담스러울 수 있다.

주소 61 Witthayu(Wireless) Road
위치 BTS 펀칫역에서 위타유 로드 방면으로 도보로 10분
요금 아테네 7,500B~, 아테네 프리스티지 8,500B~
전화 02-650-8800
홈피 www.marriott.com

5성급

그랜드 센터 포인트 랏차담리 Grande Centre Point Ratchadamri

5성급 숙소 중에 가성비가 가장 좋은 곳이라 해도 과언이 아니다. 2007년에 오픈하여 연식은 좀 되었지만 꾸준한 리노베이션과 관리로 좋은 컨디션을 유지하고 있다. 50층 건물에 총 객실 500여 개가 넘는 대형 숙소로, 전 객실에 주방과 세탁기 등의 시설을 갖추었다. 객실 크기가 여유롭고 특히 욕실이 여유로워 어린이가 있는 가족 여행자들도 편리하게 사용할 수 있다. 밤 10시까지 이용할 수 있는 수영장은 꽤 큰 편이고 같은 층 실내에 어린이 전용 놀이터도 있다. 항상 투숙객이 많아 번잡할 것 같지만, 직원들의 일 처리가 전문적이라 불편함은 없다.

주소 153/2 Soi Mahatlek Luang 1
위치 BTS 랏차담리역 4번 출구에서 약 400m, 아난타라 씨암 방콕 호텔을 끼고 우회전해서 골목(Soi Mahatlek Luang 1)안으로 진입 후 약 150m
요금 그랜드 디럭스 3,800B~, 그랜드 스위트 4,200B~
전화 02-091-9000 **홈피** grandecentrepointratchadamri.com

5성급

신돈 미드타운 호텔 방콕 Sindhorn Midtown Hotel Bangkok

인터콘티넨탈과 홀리데이 인 등이 속한 IHG 호텔 그룹 소속이다. 호텔과 레지던스로 나누어져 있고 젊은 감각과 활기가 느껴지는 숙소이다. 스위트룸을 제외한 기본 객실들은 넓이와 레이아웃이 같고, 다만 전망이 좋은 고층 객실을 프리미엄으로 분류한다. 객실 내부는 단순하지만 필요한 모든 것은 잘 갖춰져 있다. 18층에 자리한 수영장은 개방감이 좋고, 피트니스 센터는 24시간 운영한다. BTS 칫롬역에서 비교적 가깝고, 숙소 뒤쪽으로 난 작은 문을 통해 랏차담리역도 금세 갈 수 있다.

주소 68 Langsuan Road
위치 BTS 칫롬역 4번 출구에서 랑수안 로드로 진입, 도보 10분
요금 프리미어 5,300B~, 1베드룸 스위트 7,600B~
전화 02-796-8888
홈피 www.sindhornmidtown.com

5성급
르네상스 방콕 랏차프라송 호텔 Renaissance Bangkok Ratchaprasong Hotel

2010년 2월에 오픈한 숙소로 메리어트 계열 호텔 중 하나이다. 유난히 한국 여행자들에게는 존재감이 없는 숙소지만 BTS 칫롬역에서 도보로 5분 거리라 위치도 좋고 쇼핑 다니기에도 그만이다. 다만 너무 특색이 없는 객실이 아쉽기는 하다. 실내에 마련된 수영장은 늦은 11시까지 이용할 수 있고 중식당 페이야Fei ya가 유명하다.

주소 518/8 Phloenchit Road
위치 BTS 칫롬역에서 도보로 5분
요금 디럭스 6,100B~,
　　　스튜디오 스위트 7,700B~
전화 02-125-5000
홈피 www.marriott.com

5성급
호텔 뮤즈 방콕 랑수안-엠 갤러리 Hotel Muse Bangkok Langsuan - MGallery

19세기 콜로니얼 스타일의 미학을 담은 숙소. 25층짜리 건물을 가득 메운 앤티크 가구들과 장식품들로 호텔 자체가 하나의 작품 같은 매력을 갖고 있다. 그러나 전체적으로 관리가 부실한 면이 있어서 아름다운 외모만큼이나 내면도 아름다웠으면 어땠을까 아쉬움이 큰 숙소다. 이탈리아 레스토랑인 메디치 키친Medici Kitchen과 루프톱 바 더 스피크이지The Speakeasy 등이 유명하다.

주소 55/555 Langsuan Road
위치 BTS 칫롬역 4번 출구에서 랑수안 로드로 진입, 도보 10분
요금 자투 디럭스 3,900B~　　　　　　　**전화** 02-630-4000
홈피 www.hotelmusebangkok.com

4성급
노보텔 방콕 펀칫 스쿰빗 Novotel Bangkok Ploenchit Sukumvit

저렴하면서 위치 좋은 숙소 중의 하나. 2010년 오픈한 4성급 호텔로 BTS 펀칫역까지 도보로 2~3분이면 접근할 수 있어 위치도 좋고, 객실 깔끔하고, 아침 식사도 상당히 잘 나오는 편이다. 마하툰 플라자와 쏘이 루암루디가 바로 옆이라 주변에 이용할 만한 맛집들과 마사지 숍들이 많은 것도 매력적이다.

주소 566 Phloenchit Road
위치 BTS 펀칫역에서 도보로 2~3분
요금 슈피리어 3,100B~,
　　　디럭스 3,400B~
전화 02-305-6000
홈피 www.novotelbangkok
　　　ploenchit.com

Silom & Sathon
& Riverside

실롬 & 사톤 & 리버사이드

라마 4세 로드와 강변을 잇는 대표적인 두 도로인 실롬과 사톤, 강변 지역인 리버사이드까지 이 장에서 함께 소개한다. 실롬은 방콕 금융의 메카이며 특별한 관광거리는 없는 대신 주로 먹고, 마시는 업소들이 몰려 있다. 팟퐁 Patpong이라 불리는 방콕의 대표적인 환락가도 이곳에 있다. 사톤은 각국의 대사관과 외국계 은행들, 특급 호텔들이 포진해 있어 실롬 보다는 좀 더 현대화된 분위기다. 두 지역은 짜오프라야 강변 지역까지 뻗어 있고, 이 강을 따라 방콕의 전통 있는 숙소들이 들어서 있다. 짜오프라야 강과 수평을 이루는 짜런끄룽 Charoen Krung 로드는 이 지역에서 중요한 역할을 한다.

실롬 & 사톤 & 리버사이드 돌아다니기

이 지역은 상당히 넓고, 모든 지역을 BTS나 MRT가 커버하는 것이 아니기 때문에 지혜로운 전략이 필요하다. 방콕의 모든 지역이 마찬가지겠지만 이 지역의 교통체증은 악명이 높다. 잘못 걸리면 차 안에서 거리를 걷는 사람들을 부러워해야 하는 상황에 처하게 될 수도 있다. BTS 실롬 라인이 실롬 로드와 사톤 로드 일부를 지나면서 강변까지 이어주고 있지만 BTS 역과 먼 곳도 많아, 택시나 모토는 여전히 유효한 교통수단이다. BTS 사판탁신역과 연결되는 사톤 선착장은 수상보트뿐만 아니라 강변에 위치한 고급 호텔들의 셔틀보트가 오가는 중요한 선착장이다. MRT 룸피니역과 실롬역은 상습적인 교통체증을 피해 다른 지역으로 이동할 방법을 제시한다.

+BTS 살라댕 Sala Daeng **(MRT 실롬**Silom**)**
실롬 로드 / 콘벤트 로드 / 룸피니 공원 / 타니야 플라자 / 실롬 콤플렉스 / 짐톰슨(수라웡 본점)

+BTS 총논씨 Chong Nonsi
킹 파워 마하나콘(마하나콘 스카이 워크) / 쏨분 시푸드(수라웡 본점)

+BTS 수라싹 Surasak
이스틴 그랜드 사톤 / 블루 엘리펀트 / 탕잉 레스토랑 / 디바나 버추 스파

+BTS 사판탁신 Saphan Taksin **(사톤 선착장**CEN**)**
짜런끄룽 로드 / 샹그릴라 호텔 방콕 / 로빈슨(방락) / 짜런쌩 실롬 / 탄통 카놈투어이 / 스카이 바 (르부아 앳 스테이트 타워)

+MRT 룸피니 Lumphini
사톤 로드 / 수코타이 호텔 / 소 방콕 / 코모 메트로폴리탄 방콕 / 노스이스트

주요 거리

❶ 실롬 로드Silom Road

라마 4세 로드에서 파생되어 강변까지 뻗어 있는 도로로 방콕의 월스트리트라고 불릴 만큼 태국 은행과 외국계 은행들이 모여 있다. 실롬 로드와 사톤 로드를 잇는 작은 골목인 콘벤트 로드Convent Road, 살라댕 로드Saladaeng Road는 방콕의 유명 맛집들이 대거 포진해 있다. 한때 방콕 환락가를 상징하던 팟퐁Patpong 골목도 실롬 로드에 있다. 낮과 밤의 온도 차가 큰, 콘트라스트 대비가 명확한 지역이다.

❷ 사톤 로드Sathon Road

실롬 로드와 평행을 이루며 강변까지 뻗어 있는 도로다. 칫롬의 위타유 로드와 연결되어 있으며 각국의 대사관과 특급 호텔들이 들어서 있다. 8차선의 넓은 도로는 중앙선을 경계로 북쪽은 North Sathon, 남쪽은 South Sathon이라 한다.

❸ 짜런끄룽 로드Charoen Krung Road

1862~1864년에 건설된 방콕 최초의 현대식 도로이다. 방콕의 주요 교통수단이 해상(보트)에서 육지로 전환되는 계기가 되었으며 방콕 도심 개발에 큰 변화를 주기도 했다. 짜오프라야 강변을 따라 방락－차이나타운－랏따나꼬신(왕궁 지역)까지 이어져 있다. 20세기 초까지 방콕의 주요 거리였지만 신도심이 개발되면서 차차 쇠퇴하기 시작했다. 하지만 역사적인 건축물들이 많이 남아 있으며 오래된 노포들도 여전히 자리하고 있다. 최근 방콕의 재생 사업을 통해 다시 주목받는 스폿들이 늘어나고 있다.

---

more & more **방락** Bang Rak District

짜오프라야 강변과 짜런끄룽 로드 사이, 사판탁신역부터 리버 시티 방콕 인근에 이르는 지역이다. 제국주의가 팽배했던 19세기 후반, 유럽의 상인들과 가톨릭 선교사들이 이곳에 터를 잡고 공동체를 만들며 무역의 중심지로 꽃을 피웠던 곳이다. 그들이 세운 영사관, 학교, 성당, 호텔 등이 옛 모습을 간직한 채 남아 있어 과거와 현재가 공존하는 이곳만의 독특한 분위기가 있다. 방락 지역의 북쪽은 당시 중국인 거주 지역이었던 딸랏 노이Talat Noi(p238)와 이웃하고 있다.

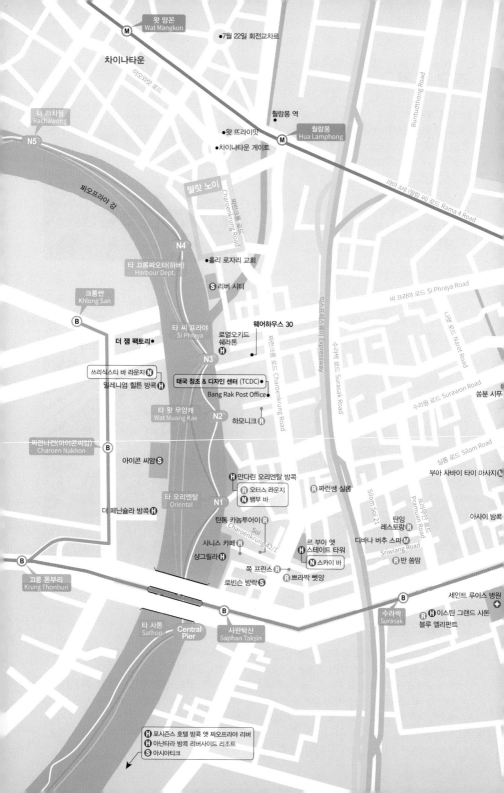

왓 망꼰
Wat Mangkon

●7월 22일 회전교차로

차이나타운

아오와랏 로드

타 라차웡
Rachawong

N5

●훼람퐁 역

●왓 뜨라이밋

훼람퐁
Hua Lamphong

●차이나타운 게이트

라마 4세 (랄람 씨) 로드 Rama 4 Road

Buntudthong Road

짜오프라야 강

딸랏 노이

Charoenkrung Road
짜런끄룽 로드

●홀리 로자리 교회

씨 프라야 로드 Si Phraya Road

타 끄롱짜오타(하버)
Harbour Dept.

크롱싼
Khlong San

타 씨 프라야
Si Phraya

웨어하우스 30

리버 시티

더 잼 팩토리●

로열오키드
쉐라톤

N3

짜런끄룽 로드 Charoenkrung Road

(스크라웨이 Expressway

나렛 로드 Naret Road

쓰리식스티 바 라운지

밀레니엄 힐튼 방콕

태국 창조 & 디자인 센터 (TCDC)●

Bang Rak Post Office

수라싹 로드 Surasak Road

수라웡 로드 Surawon Road

쏨분 시푸

짜런나컨(아이콘씨암)
Charoen Nakhon

타 왓 무앙캐
Wat Muang Kae

N2

●하모니크

아이콘 씨암

부아 사바이 타이 마사지●

타 오리엔탈
Oriental

N1

●만다린 오리엔탈 방콕

오터스 라운지

뱀부 바

●짜런쌩 실롬

실롬 로드 Silom Road

Silom Soi 21

실롬 쏘이 21

쁘라문 로드 Pramuan Road

탄잉
레스토랑

아사이 방콕

더 페닌슐라 방콕

탄통 카놈투어이

사닌스 카페

Soi
Charoenkrung 42/1

르 부아 앳
스테이트 타워

디바나 버추 스파

반 쏨땀

Sriwiang Road

상그릴라

쪽 프린스

쁘라짝 뻿양

스카이 바

로빈슨 방락

세인트 루이스 병원

끄룽 톤부리
Krung Thonburi

수라싹
Surasak

●이스턴 그랜드 사톤

블루 엘리펀트

타 사톤
Sathon

Central
Pier

사판탁신
Saphan Taksin

●포시즌스 호텔 방콕 앳 짜오프라야 리버
●아난타라 방콕 리버사이드 리조트
●아시아티크

실롬 & 사톤 & 리버사이드

★★★
🔲 룸피니 공원 Lumphini Park

종종 뉴욕의 센트럴 파크와 비교되는 방콕 최초의 공공 공원. 원래는 왕실 소유의 토지였던 곳을 라마 6세 때 일반 공원으로 조성하였다. 2개의 인공 호수를 수로처럼 연결하고 그 주변에 산책로를 만들었다. 아침에는 운동이나 체조, 중국식 명상 권법인 타이치^{Tai Chi} 등을 즐기는 시민들을 많이 볼 수 있고, 낮에는 산책이나 데이트를 위해 나온 가족이나 커플들을 볼 수 있는 곳이다. 나무 그늘이 많고 잔디밭이 잘 가꾸어져 있어 쉴 수 있는 공간도 많은 편이다.

주소 Rama 4 Road Lumphini
위치 BTS 살라댕역 4번 출구에서 도보로 5분, MRT 실롬역에서 바로 연결
운영 05:00~21:00
요금 무료

★★★★
🔲 마하나콘 스카이 워크 Mahanakhon Skywalk

총논씨역 근처의 킹 파워 마하나콘^{King Power Mahanakhon} 빌딩 78층에 자리한 야외 전망대. 독특한 픽셀이 눈에 띄는 이 빌딩은 총 높이 314m로 태국에서 두 번째로 높은 건물이다.

전망대 한쪽에는 글라스 트레이^{Glass Tray}가 있는데 투명한 유리 바닥 아래로 보이는 풍경은 짜릿하면서도 아찔한 전율을 느끼게 한다. 74층에는 실내 전망대가 자리한다. 고속 엘리베이터는 74층까지만 다니고 78층까지는 별도의 승강기나 계단을 이용해 이동해야 한다. 10:00~15:30(관람은 16시까지) 사이에는 좀 더 할인된 요금으로 이용할 수 있다.

주소 114 Naradhiwas Rajanagarindra Road
위치 BTS 총논씨역 3번 출구로 나와 전용 연결 통로 이용
운영 10:00~19:00 (마지막 입장 18:30)
요금 성인 1,080B, 어린이(만3세~15세)/ 60세 이상 250B
전화 02-677-8721
홈피 www.kingpower mahanakhon.co.th

★★★
태국 창조 & 디자인 센터 TCDC

타일랜드 크리에이티브 & 디자인 센터Thailand Creative & Design Center의 약자인 TCDC는 태국의 디자인 산업 육성을 위해 설립된 기관이다. 현 태국 디자인 사업의 트렌드를 엿볼 수 있는 장소이자 업계 전문가들의 미팅 장소가 되어주는 곳이기도 하다. 총 5층 건물로 되어 있는데 일반 여행자가 갈 수 있는 곳은 상품 판매와 전시가 열리는 1층과 5층의 루프톱 전망대 정도도. 디자인, 사진, 패션, 건축 등에 관련된 전문 서적이 5만 권 이상 있는 라이브러리는 입장료 100B를 내면 하루 동안 이용할 수 있다. 1940년대에 지어진 중앙 우체국General Post Office 건물 내에 자리한다.

주소 Grand Postal Building, 1160 Charoen Krung Road
위치 수상보트 씨프라야Si Phraya 선착장에서 도보 10분. 쏘이 짜런끄룽 32와 34 사이
운영 10:30~19:00 (휴무 월요일)
요금 원데이패스 100B
전화 02-105-7400
홈피 www.tcdc.or.th

★★★
웨어하우스 30 Warehouse 30

방콕에 부는 재생 사업의 열기를 실감할 수 있는 곳. 방콕의 스타 건축가 두앙그릿 분낙Duangrit Bunnag의 손길이 닿은 문화 공간이다. 잼 팩토리와 비슷한 인더스트리얼 콘셉트로 오래된 창고를 개조해 카페와 갤러리, 아티스트들의 작업 공간 등으로 만들었다. 라이브러리 카페에서 오픈한 커피 로스터a Coffee Roaster by li-bra-ry에 손님이 가장 많다. 태국의 유명 그라피티 작가인 알렉스 페이스Alex Face의 그림이 가득한 짜런끄룽 32Charoen Krung 32 거리와 바로 이웃하고 있다.

주소 48 Charoen Krung 30
위치 수상보트 씨프라야Si Phraya 선착장에서 도보 3분. 로열 오키드 쉐라톤 호텔 입구에서 우측으로 약 100m 거리
운영 09:00~18:00
전화 02-237-5087
홈피 www.warehouse30.com

짜런끄룽 32 거리

★★★
더 잼 팩토리 The Jam Factory

원래 얼음, 배터리 등을 보관하던 창고를 서점과 라이프 스타일 숍, 레스토랑, 카페 등의 복합 문화 공간으로 재탄생시켰다. 찾아가긴 어렵지만 여유로운 공간 덕분에 여행 중 잠시 힐링 타임을 즐길 수 있다. 이곳에서 가장 유명한 스폿으로는 더 네버 엔딩 서머The Never Ending Summer 레스토랑이다. 금액은 다소 높지만, 강변의 특급 호텔 손님들이 주로 이용한다. 찾아가기가 좀 복잡하므로 단기 여행자들이 일부러 가기보다는 밀레니엄 힐튼 방콕 등의 숙소에 머물 때 방문하면 좋다. 태국에서 가장 오래되었다는 보리수나무가 있다.

주소 41/1-5 Charoen Nakhon Road, Khlong San
위치 짜오프라야 강변, 밀레니엄 힐튼 방콕 호텔 근처
운영 09:00~20:00 (레스토랑 12:00~22:00)
요금 (카페나 레스토랑을 방문할 경우) 1인 예산 200B~
전화 02-861-0950

★★
리버 시티 방콕 River City Bangkok

짜오프라야 강변에 자리한 쇼핑센터. 주로 취급하는 품목은 고가의 태국 골동품과 수공예품, 미술품 등이 대부분이다. 안목을 높일 기회를 제공하지만, 여행자들이 실제로 구매하기에는 어려운 품목들이라 쇼핑센터로써의 매력은 떨어지는 편. 하지만 강변 지역에서 중요한 이정표가 되어주기 때문에 꼭 알아두어야 할 곳이다. 수상보트의 중요 정류장이자 강변 지역 호텔들의 셔틀보트 선착장이며 각종 디너크루즈의 출발지이기도 하다. 그라피티 작가인 알렉스 페이스Alex Face의 작업 공간이 있고 수준 있는 전시 등을 무료로 관람할 수도 있다.

주소 23 Soi Charoen Krung 24, Talat Noi
위치 짜오프라야 강변, 씨프라야 Si Phraya 선착장 바로 옆
운영 10:00~20:00
전화 02-237-0077
홈피 www.rivercitybangkok.com

반 두짓타니 Baan Dusit Thani

태국의 5성급 숙소인 두짓타니의 공간으로, 맛집들이 즐비한 살라댕 로드의 히든 플레이스라 할 수 있다. 고급 태국 식당인 벤짜롱Benjarong과 미슐랭에 이름을 올린 베트남 식당 티엔 즈엉Thien Duong, 커피와 차, 베이커리를 담당하는 두짓 고메 등이 한자리에 있다. 방콕 시내 한복판에 이런 곳이 있었나 싶은 정도로 넓은 녹지와 아름다운 정원을 공유해서 사용한다. 고급 레스토랑 두 곳이 부담스럽다면, 차나 커피, 디저트 등을 즐길 수 있는 두짓 고메를 공략해보자. TWG 차를 음미할 수 있고, 애프터눈티도 저렴한 편이다. 사진 촬영 배경으로도 그만이다.

주소 116-1 Saladaeng Road
위치 BTS 살라댕역, MRT 실롬역에서 도보로 10분,
      살라댕 로드 중간 지점
운영 벤짜롱 & 티엔 즈엉 11:00~14:30/17:30~22:00
      두짓 고메 07:00~22:00
요금 1인 예산 500B~(Tax & SC 17%)
전화 02-200-9009
홈피 www.baandusitthani.com

블루 엘리펀트 Blue Elephant

고급스러움의 절정이라 할 수 있는 로열 타이 퀴진이다. 방콕의 몇몇 하이엔드급 태국 레스토랑 중에 가장 추천할 만하다. 1980년 벨기에에 첫선을 보이고 유럽의 중요 도시를 먼저 거친 후 방콕에 오픈하였다. 메뉴는 태국 전통 요리와 외국인들의 입맛에 맞춘 퓨전 스타일의 요리들이 공존한다. 매운 정도를 코끼리 그림으로 표시해 놓아 메뉴 선택 시 참고로 하면 된다. 직원들도 매우 친절하고 서빙도 전문적이다. 적어도 1인 2,000B 이상은 각오해야 하지만 이 레스토랑의 명성을 듣고 찾아오는 귀빈들로 늘 문전성시를 이룬다. 예약은 필수.

주소 233 Sathon Road
위치 BTS 수라싹역 4번 출구 바로 앞, 이스틴 그랜드 호텔 옆
운영 11:30~14:30/17:30~22:00
요금 Chef's Tasting Menu(5코스) 2,800B, 단품 요리 380B~(Tax & SC 17%)
전화 02-673-9353   홈피 www.blueelephant.com

쏨분 시푸드 Somboon Seafood(수라웡)

시푸드 전문점의 원조격이다. 1969년부터 쌈얀의 작은 가게로 출발해 현재 방콕에 8개의 지점을 운영하며 미슐랭 가이드에도 이름을 올렸다. 가장 인기 있는 메뉴는 6번 메뉴인 프라이드 커리 크랩미트Fried curry crabmeat. 뿌팟퐁커리Fried curry crab(3번 메뉴)와 같은 맛을 가진 요리지만 게살만 발라 요리해, 먹기 쉽게 만들었다. 크기별로 있어 인원수에 맞게 주문할 수 있다. 그 외 생선튀김이나 모닝글로리 볶음 등도 테이블마다 올라가 있는 메뉴기도 하다.

주소 169/7-12 Surawong Road
위치 BTS 총논씨역 3번 출구로 나와
　　뒤로 돌아 직진, 중간에 사거리를
　　건너 약 300m 더 직진하면
　　좌측에 위치
운영 11:00~22:00
요금 커리 크랩미트
　　700B/1,140B/1,620B,
　　텃만꿍 200B,
　　꿍옵운쎈 380B~(Tax 7%)
전화 02-233-3104
홈피 www.somboonseafood.com

탄잉 레스토랑 Thanying Restaurant

라마 7세 당시 왕실의 요리를 담당했던 탄잉Thanying의 이름을 딴 태국 전통 레스토랑. 하루가 다르게 현대적으로 변모해가는 실롬과 사톤 지역에서 20년이 넘도록 옛 모습을 유지하고 있다. 오래된 가정집을 개조해 레스토랑으로 운영하고 있는데 마치 왕족의 집에 초대받은 것 같은 분위기를 느낄 수 있다. 한국인들의 방문이 잦아 한국어 메뉴판도 있고, 세트 메뉴도 있지만 금액이 좀 비싼 편이므로 단품 메뉴를 추천한다. 도로 안쪽에 숨겨져 있듯 자리하고 있어 간판을 보고 좁은 골목 안으로 들어가야 한다.

주소 10 Pramuan Road Silom
위치 BTS 수라싹역 3번 출구로 나와
　　뒤돌아 직진 후 나오는 첫 번째
　　골목Pramuan Road으로 진입,
　　약 200m 정도 더 가면 좌측에
　　위치
운영 11:30~22:00
요금 비프 샐러드 220B,
　　팟타이 280B~(Tax 7%)
전화 02-236-4361

짜런쌩 실롬 Kamoo Charoensang Silom

일명 '백종원 족발덮밥집'으로 한국인들에게 유명해진 곳. 다른 족발덮밥집과는 다르게 족발을 통으로 제공하는 메뉴가 있다. 큰 족발은 '카무야이', 작은 족발은 '카무렉'이다. 오랜 시간 푹 곤 족발은 잡냄새가 없고 상당히 부드럽다. 맛있는 족발도 족발이지만 올려 먹는 고추 양념이 경쟁력인 집이다. 아침 식사를 하러 오는 현지인들도 많고 포장 손님도 많다. 영어 간판 없이 붉은색 태국어 간판만 있지만 사진 메뉴판이 있어 주문에는 어려움이 없다.

주소 492/6 Soi Charoen Krung 49, Suriya Wong
위치 BTS 사판탁신역 3번 출구에서 도보 10분(약 600m). 르아 앳 스테이트 타워 입구를 등지고 건널목 건너 오른쪽 첫 번째 골목의 60m 안 우측
운영 08:00~13:00
요금 족발덮밥(카오카무) 60~320B, 흰밥 10B
전화 02-234-8036

탄통 카놈투어이 Tarn Thong Coconut Custard

매일 먹고 싶은 맛! 태국식 디저트 중의 하나인 카놈 투어이ขนมถ้วย 전문점이다. 영어로는 '컵케이크'라는 뜻으로 코코넛 밀크와 쌀가루, 타피오카 등을 넣은 반죽을 찜통에 쪄 낸다. 푸딩처럼 탄력 있으면서 입에서 살살 녹는 부드러운 식감이 매력적이다.

간장 종지 같은 앙증맞은 그릇에 들어 있는데 아래에는 단팥 소와 비슷한 판단Pandan이 있어 달콤한 떡 같기도 하다. 포장 판매를 전문으로 하는 곳이라 매장에서 먹을 수 있는 좌석은 2~3개 정도이고 에어컨 없는 개방형으로 되어 있다.

주소 12, 14 Charoen Krung 44 Alley
위치 BTS 사판탁신역 3번 출구에서 도보 5분. 로빈슨(방락) 지나 나오는 쏘이 짜런끄룽 44로 진입해서 약 30~40m 안 우측
운영 09:00~16:00 (휴무 일요일)
요금 카놈투어이 20B(3개)~   전화 065-901-4222

오터스 라운지 Authors' Lounge

만다린 오리엔탈 방콕 호텔 내에 자리한 곳으로, 방콕에서 딱 한 번의 티타임을 갖는다면, 1순위로 추천하고 싶은 곳이다. 19세기 후반에 지어진 콜로니얼풍의 실내는 우아하면서 고풍스럽다. 좌석도 여유롭게 배치되어 있어 조용히 담소를 나누기에도 좋다. 차는 TWG를 제공하고 종류도 상당히 다양하다. 커피 애호가라면 핸드드립 방식으로 제공하는 오터스 라운지 스페셜티를 공략해도 좋다. 1인도 주문할 수 있는 애프터눈티는 3종류 중에 선택할 수 있다. 드레스 코드가 있어 백팩, 반바지, 슬리퍼, 민소매 차림은 입장할 수 없다.

주소 Mandarin Oriental Bangkok, 48 Oriental Avenue
위치 만다린 오리엔탈 방콕 내, 사톤 선착장에서 호텔 전용 보트 이용
운영 11:00~19:00 (애프터눈티 12:00~18:00)
요금 차 390B~, 커피 240B~, 애프터눈티 세트 1인 1,800B (Tax & SC 17%)
전화 02-659-9000
홈피 www.mandarinoriental.com/en/bangkok/chao-phraya-river

비터맨 Bitterman

이 인근에서 유명한 브런치 레스토랑 겸 카페로 인근의 직장인들도 많이 찾는 곳이다. 정원이 있는 일반 가정집을 레스토랑으로 사용하고 있어 공간 자체가 여유롭다. 낮에는 가벼운 서양식 음식이나 브런치 레스토랑으로 활약하지만, 저녁이면 와인을 곁들인 비스트로의 역할에도 충실하다. 파스타를 주문하는 사람들이 많고 육즙 가득한 수제버거 혹은 게살이 듬뿍 들어간 오 크랩! 반미도 추천 메뉴. 브런치는 오전 11시부터 오후 4시까지 주문할 수 있다. 저녁 시간에는 정원이 있는 야외 좌석도 운치가 있다.

주소 120/1 Saladaeng Road
위치 MRT 룸피니역 2번 출구로 나와 소 방콕 호텔 쪽으로 횡단보도를 건너 직진 후 첫 번째 골목에서 좌회전, 300m 전방 우측. 총 10분 거리
운영 11:00~23:00 (브런치 메뉴 11:00~16:00)
요금 파스타 320B~, 비터맨 수제버거 320B, 커피 100B~(Tax & SC 17%)
전화 063-846-2288
홈피 www.bittermanbkk.com

쪽 프린스 Jok Prince

우리나라 죽과 비슷한 쪽(粥, Congee) 전문점이다. 이 일대에서는 워낙
유명한 집이기도 한데다 미슐랭에 여러 차례 선정되면서 아침부터 줄을
서는 집으로 성업 중이다. 죽은 특이하게 불 맛이 약간 나고, 죽 안에 들
어가는 돼지고기 완자는 잘 만들어진 만두소 같은 느낌이다. 달걀과 내장
등을 옵션으로 선택할 수 있다.

주소 1391 Charoen Krung Road
위치 BTS 사판탁신역 3번 출구에서 길 건너 도보 5분.
      쁘라짝 뻿양 레스토랑 지나자마자 바로 위치
운영 06:00~13:00/15:00~23:00
요금 (달걀, 내장 등 추가 선택에 따라) 죽(쪽) 45~80B
전화 081-916-4390

쁘라짝 뻿양 Prachak Pet Yang

로스트 덕(뻿양)을 전문으로 하는
서민 식당으로 100년이 넘은 역사
를 간직하고 있다. 로스트 덕이 올
라간 덮밥이나 국수가 유명하다.
사람들이 가장 많이 주문하는 메
뉴는 오리고기, 돼지고기, 완톤 등
다양한 토핑이 올라간 바미 국수
이다. 토핑에 따라 금액이 조금 달
라지고 영어 메뉴판이 있어 주문
에는 어려움이 없다. 좌석은 매우
협소하니 참고로 하자.

주소 1415 Charoen Krung Road
위치 BTS 사판탁신역 3번 출구에서
      길 건너 도보 5분
운영 08:30~20:00
요금 국수와 덮밥 60~110B,
      로스트 덕 160B
전화 02-234-3755
홈피 www.prachakrestaurant.
      com

하모니크 Harmonique

방콕의 대표적인 구시가지인 방
락Bangrak 지역에 있는 태국 식당.
100년이 넘은 개인 주택을 레스토
랑 건물로 사용하고 있다. '빈티지
처럼 꾸민' 식당이 아니라 리얼 앤
티크 자체이다. 식당 입구에 서 있
는 거대한 나무도 이곳의 트레이
드마크. 음식들은 대체로 무난하고
순해서 서양 여행자들 사이에서는
많이 알려져 있다. 교통이 좋지 않
은 단점이 있다.

주소 22 Charoen Krung 34 Alley,
      Bang Rak
위치 ❶ BTS 사판탁신역 3번 출구에서
      도보 20분
      ❷ 수상보트 오리엔탈 선착장에서
      도보 10분. 방락 우체국 가기
      직전의 짜런끄룽 34 골목 안
      오른쪽
운영 11:00~20:00
요금 포멜로 샐러드 120B,
      마사만 포크 250B,
      카오팟 뿌 150B
전화 02-237-8175

쏨땀 더 Somtam Der

멋진 카페 같은 분위기에서 이싼 음식을 즐길 수 있는 곳이다. 아기자기하게 꾸며진 실내는 아담하지만 경쾌한 분위기다. 쏨땀은 '쁠라라(곰삭은 생선 젓갈 같은 장류)'를 넣은 오리지널 이싼 스타일과 그렇지 않은 것으로 구분되어 있다. 고기의 부속물을 넣어 매콤하게 끓인 똠쌥 같은 국물 요리는 뚝배기에 나오고 소주도 판매한다. 세심한 메뉴 개발로 2012년에 문을 열어 2018부터 연속으로 미슐랭 가이드에 소개되고 있다.

주소   5, 5 Saladaeng Road
위치   BTS 살라댕역, MRT 실롬역에서 도보로 5분, 살라댕 로드 안쪽 약 150m
운영   11:00~23:00
요금   쏨땀 80B~, 까이턴 120B, 커무양 220B~(Tax & SC 17%)
전화   02-632-4499   홈피 www.somtumder.com

하이 쏨땀 콘벤트 Hai Somtam Convent

콘벤트 로드 인근에서 가장 유명한 이싼 식당. 전형적인 서민 식당이지만 포스만은 여느 고급 식당에 뒤지지 않는다. 여행자들이 무난하게 먹을 수 있는 일반적인 쏨땀 타이부터 게, 생선 절임 등 쏨땀에 넣는 부재료를 다양하게 선택할 수 있다. 쏨땀과 단짝인 까이양이나 커무양, 남똑무 등을 함께 주문하는 것은 필수. 간단한 덮밥 같은 것도 주문할 수 있고 가격도 저렴하다.

주소   2, 4-5 Convent Road
위치   BTS 살라댕역 2번 출구에서 뒤돌아 직진, 콘벤트 로드로 진입 후 약 70m 전방 우측
운영   월~금 10:00~21:00, 토 10:00~20:00 (휴무 일요일)
요금   쏨땀 70B~, 까이양 80~120B, 커무양 100B, 덮밥 95B~
전화   02-631-0216

반 쏨땀 Baan Somtum(사톤)

쏨땀 메뉴만 30여 종류를 갖춘 쏨땀 점문점. 방콕 곳곳에 지점을 운영 중이다. 그린망고, 당근, 사과, 옥수수 등 다양한 재료로 만든 쏨땀을 맛볼 수 있다. 우리가 흔히 접하는 쏨땀 메뉴는 17번을 선택하면 된다. 음식들은 다소 순한 편이니 매운 것을 좋아하면 별도의 주문이 필요하고 생선 요리가 저렴한 편이다.

주소   9, 1 Pramuan Road
위치   BTS 수라싹역 1번 출구에서 뒤돌아 직진 후 첫 번째 골목에서 우회전해서 직진하다가 첫 번째 사거리에서 우회전, 80m 전방 우측에 위치
운영   11:00~22:00
요금   쏨땀 85B~, 커무양 150B, 쁠라텃 395B(SC 10%)
전화   02-630-3485~6
홈피   www.baansomtum.com

사니스 카페 Sarnies Cafe

싱가포르에 본적을 둔 카페. 150년 이상 된 건물을 개조해 묵직하면서도 빈티지한 공간으로 멋지게 재탄생시켰다. 메뉴는 싱가포르 지점과 비슷한 호주식 브런치 메뉴와 커피 등이다. 입소문을 타고 사진을 찍으러 오거나 아침 식사를 위해 방문하는 서양 여행들이 꽤 있다. 저녁 시간에는 식사와 와인, 칵테일 등의 메뉴가 더 주를 이루고, 라이브 공연도 열린다.

주소 101-103 Charoen Krung Road 44 Alley
위치 BTS 사판탁신역 3번 출구에서 도보 10분. 로빈슨(방락) 지나 나오는 쏘이 짜런끄룽 44로 진입 후 150m 지점의 좌측. 샹그릴라 호텔 방콕과 가깝다
운영 08:00~22:00
요금 샌드위치 350B~, 아이스코코넛 롱블랙 150B, 칵테일 300B~(Tax & SC 17%)
전화 02-102-9407
홈피 sarnies.com/Bangkok

 노스이스트 Northeast

소 방콕 호텔에서 가까운 태국 식당 겸 이싼 식당. 방송과 여러 여행 안내서에 소개되면서 한국 여행자들에게 널리 알려진 곳이다. 음식들은 대체로 맛있고 가격도 합리적인 편이다. 이싼 메뉴 중 쏨땀 등의 종류는 다양하지만, 숯불을 이용한 구이 종류는 없다. 식사 시간에는 소문 듣고 찾아온 한국 여행자들로 인해 웨이팅이 상당하다.

주소 1010, 12-15 Rama IV Road
위치 MRT 룸피니역 2번 출구로 나와 소 방콕 호텔 쪽으로 건널목 건너 직진, 첫 번째 골목의 왼쪽 모퉁이에 위치
운영 11:00~21:00 (휴무 일요일)
요금 쏨땀 85B~, 똠얌꿍 220B, 팟타이 꿍 95B(Tax 7%)
전화 02-633-8947

 더 커먼스 theCOMMONS(살라댕)

통로에도 있는 복합 커뮤니티 몰로 카페와 레스토랑들이 입점해 있다. 뾰족뾰족한 붉은 박공지붕이 쉽게 눈에 띈다. 총 3층 건물로 루츠Roots 카페와 일식당, 분똥끼Boon Tong Kee(치킨라이스), 소호 피자와 사케 바, 펍 등이 있다. 3층은 파티룸이나 세미나 등을 위한 대여 공간으로 사용한다. 2층 중앙에 쉴 만한 공간이 있어 여행 중 잠시 숨을 고르기에도 적당하다.

주소 126 Saladaeng Road
위치 MRT 룸피니역 2번 출구로 나와 소 방콕 호텔 쪽으로 건널목 건너 직진 후 첫 번째 골목에서 좌회전, 400m 전방 우측. 총 12분 거리
운영 08:00~24:00(가게마다 상이)
요금 1인 예산 200~600B   전화 084-091-5421
홈피 www.thecommonsbkk.com/saladaeng

더 뱀부 바 The Bamboo Bar

만다린 오리엔탈 방콕에 자리한 재즈 바로 매일 밤 수준 높은 재즈 공연을 감상할 수 있다. 자자한 명성에 비해 내부는 아담한 편이니 겉모습만 보고 미리 실망하지 말자. 공연은 요일에 따라 조금씩 변동이 있지만 공통적인 시간은 저녁 9시부터 약 3시간 정도이다. 저녁 8시까지는 칵테일 등을 좀 더 저렴하게 즐길 수 있는 혜택이 있으니 잘 활용해보도록 하자. 드레스 코드가 있고, 워낙 잘 차려입은 사람들이 오는 곳이니 (자신을 위해서라도) 어느 정도 복장을 갖춰 입고 가는 것이 좋다.

주소 Mandarin Oriental Bangkok, 48 Oriental Avenue
위치 짜오프라야 강변, 만다린 오리엔탈 방콕 내, 사톤 선착장에서 호텔 전용 보트 이용
운영 17:00~01:00 (금~토 17:00~02:00)
요금 1인 예산 550B~(Tax & SC 17%)
전화 02-659-9000
홈피 www.mandarinoriental.com

쓰리식스티 라운지 Three Sixty Lounge

밀레니엄 힐튼 호텔 소속의 바로 31~32층에 자리하고 있다. 이름처럼 좌석 어디에서도 짜오프라야 강변과 방콕의 야경을 감상할 수 있다. 엘리베이터를 타고 31층에 내리면 왼쪽으로는 야외 좌석이 있고, 실내 좌석은 오른쪽으로 들어가 한 층 더 올라가면 된다. 모두 둘러보고 원하는 곳을 선택하면 되고, 음료만 마셔도 편안한 좌석에서 시간을 보낼 수 있다. 강 전망은 실내 좌석이 좀 더 화려한 편이다. 저녁에는 재즈나 밴드 공연이 있고 드레스 코드가 있어 반바지나 슬리퍼 차림은 입장할 수 없다.

주소 31~32F Millennium Hilton Bangkok, 123 Charoennakorn Road
위치 짜오프라야 강변, 만다린 오리엔탈 방콕 내, 사톤 선착장에서 호텔 전용 보트 이용
운영 17:00~01:00 (금~토 17:00~02:00)
요금 1인 예산 550B~(Tax & SC 17%)
전화 02-442-2000
홈피 www.bangkok.hilton.com

문 바 Moon Bar

반얀트리 호텔 61층에 자리한 바로 버티고^{Virtigo} 레스토랑과 나란히 있다.
문 바는 오후 5시경에 문을 여는데 완전히 해가 지기 전에 도착해 노을에
물들고 어둠이 깔리면서 변하는 방콕의 풍경을 모두 감상해보도록 하자.
반바지나 슬리퍼, 민소매 차림은 입장이 되지 않는다. 라이브 공연이나
재즈 공연 같은 것은 없어서 다소 심심할 수 있고 공간이 조금 협소한 편
이다.

주소 61F Banyan Tree Bangkok,
　　　21/100 South Sathon Road
위치 MRT 룸피니역 2번 출구에서
　　　사톤 로드 방면으로 도보 10분,
　　　반얀트리 호텔 61층
운영 17:00~01:00
요금 1인 예산 550B~(Tax & SC 17%)
전화 02-679-1200
홈피 www.banyantree.com

 스카이 바 Sky Bar

방콕 루프톱 바의 원조. 르부아 앳 스테이트 타워 63층에 자리해 전망 하
나는 방콕의 수많은 루프톱 바를 압도한다. 하지만 좌석도 없이 서서 음
료를 마셔야 하고 가격도 너무 과한데다. 더 비싼 레스토랑이나 바로 유
도하는 직원들도 많아 강력하게 추천하긴 어렵다. 64층에 내려 한 계단
더 내려가 둥근 바가 있는 곳까지 가면 된다. 직원에게 '스카이 바'라고 강
조해서 이야기할 것. 드레스 코드가 매우 엄격하고, 바람이 심하게 불거나
비가 오면 영업하지 않는다.

주소 63F lebua at State Tower,
　　　1055 Silom Road
위치 BTS 사판탁신역 3번 출구에서
　　　도보 10분. 르부아 앳 스테이트
　　　타워 63층
운영 18:00~01:00
　　　(마지막 주문 23:30)
요금 1인 음료 예산 1,200B~
　　　(Tax & SC 17%)
전화 02-624-9555
홈피 www.lebua.com/state-tower

디바나 버추 스파 Divana Virtue Spa

방콕의 고급 스파 브랜드인 디바나의 사톤 지점. 만족도가 상당히 높은 곳으로 손꼽힌다. 콜로니얼 스타일의 가정집을 개조해서 스파로 만들고 정원도 아름답게 꾸며 놓았다. 스파 전에는 충분한 상담을 통해 그날 컨디션이나 체질에 맞는 아로마오일이나 스크럽 등을 골라주고, 스파 후에도 차와 과일을 제공하는 등 서비스 또한 호텔 스파 부럽지 않다. 스파 트리트먼트는 리셉션과 연결된 별채에서 받게 된다. 직접 만든 오가닉 스파 제품도 판매하는데 품질이 상당히 좋다. 평소 스파 제품에 관심이 많은 여행자라면 지갑이 스르륵 열리게 될지도 모른다.

주소 10 Srivieng Silom
위치 BTS 수라싹역 3번 출구로 나와 뒤돌아 직진 후 나오는 첫 번째 골목Pramuan Road으로 진입 후 약 150m 직진, 첫 번째 골목에서 다시 좌회전 90m 정도 직진해서 우측
운영 11:00~23:00
요금 Siamese Sense 1,950B(100분), Aromatic Relaxing Massage 2,150B(90분)
전화 02-236-6788
홈피 www.divanaspa.com

코모 샴발라 Como Shambhala

코모 메트로폴리탄 호텔Como Metropolitan Hotel의 부속 스파. 전 세계 코모 계열 숙소들은 그 어디라도 스파를 매우 중요한 덕목으로 생각한다. 방콕의 코모 숙소인 이곳도 역시 스파 운영에 상당히 공을 들이고 있다. 특히 시그니처 메뉴인 코모 샴발라 마사지는 코모 그룹 내에서 자체 고안한 독특한 기술에 아시아 스파의 특성을 살려 최고의 트리트먼트라는 평을 받고 있다. 총 20개의 트리트먼트룸을 운영하고 있는데 샤워 시설 및 스팀룸, 자쿠지 등의 편의시설도 잘 갖추어져 있다. 어린이와 청소년을 위한 프로그램도 별도로 운영 중이다.

주소 Como Metropolitan Hotel, 27 South Sathon Road
위치 MRT 룸피니역 2번 출구에서 사톤 로드 방면으로 도보로 10분, 반얀트리 호텔 지나 코모 메트로폴리탄 호텔 내
운영 09:00~21:00
요금 코모 샴발라 마사지 3,600B(90분), 타이 마사지 2,900B(90분)(Tax & SC 17%)
전화 02-625-3355　　**홈피** www.comohotels.com

운찬 헬스 마사지 Unchan Health Massage

20년이 넘은 타이 마사지 숍. 현지인들의 방문이 많은 곳이다. 전통 타이 마사지를 표방하지만, 한국의 경락 마사지처럼 근육을 깊게 문지르는 스킬도 구사한다. 현지인들은 타이 마사지 2시간을 가장 많이 이용하고, 마사지 베드가 몇 개 없어 예약하고 가는 것이 좋다. 마사지 압력이 센 편이라 이곳에서 매일 마사지를 받으면 무리가 올 수 있으니 주의!

주소 (L3)C.P.Tower, 313 Silom Road
위치 BTS 살라댕역 2번 출구에서 뒤돌아 직진, 콘벤트 로드 지나자마자 있는 C.P 타워 빌딩 3층. 상행선 엘리베이터 오른쪽
운영 10:00~21:00
요금 발 마사지 300B(60분), 타이 마사지 500B(120분)
전화 02-638-2020

부아 사바이 타이 마사지 Bua Sabai Thai Massage(사톤)

킹 파워 마하나콘 King Power Mahanakhon 뒤편의 작은 숙소인 사바이 사톤 Sabai Sathorn Exclusive Hotel 에서 운영하는 마사지 숍. 발 마사지용 의자 3개, 타이 마사지용 베드 4개 밖에 없는 작은 규모다. 하지만 단골들만 이용하는 조용한 곳으로 직원들이 친절하고 마사지도 잘하는 편이다. 마사지 숍은 숙소 9층 옥상에 있어 1층 리셉션에서 먼저 안내받으면 된다.

주소 57 Sathon Soi 10
위치 BTS 세인트루이스 1번 출구로 나와 뒤돌아 직진 후 첫 번째 골목에서 우회전 후 약 250m 직진, 오른쪽에 세븐일레븐 끼고 우회전해서 전방 약 200m. 사바이 사톤 Sabai Sathorn Exclusive Hotel 9층
운영 09:00~21:00
요금 발 마사지 350B(60분), 타이 마사지 350B(60분)
전화 063-445-5969
홈피 www.buasabai.com

포레스트 마사지 팔러 Forest massage parlour

콘벤트 로드의 BNH 병원 앞에 자리한 마사지 숍. 노란색 외관이 금방 눈에 띈다. 1층은 발 마사지를 위한 공간이고 그 2층은 타이 마사지나 오일 마사지를 위한 공간이다. 마사지사들의 실력도 대체로 안정된 편이다. 사톤 로드와는 육교로 연결되어 있어 수코타이, 반얀트리 호텔에 묵는 여행자들도 쉽게 이용할 수 있다. 다만 BTS 살라댕역에서는 꽤 걸어야 한다.

주소 44 Convent Road
위치 BTS 살라댕역 2번 출구에서 뒤돌아 직진, 콘벤트 로드로 진입 후 약 450m 전방 우측, BNH 병원 앞
운영 10:00~23:00
요금 발 마사지 300B(60분), 타이 마사지 450B(90분)
전화 02-632-0278

아이콘 씨암 Icon Siam

짜오프라야 강 건너에 2018년 혜성처럼 나타난 멀티플렉스 쇼핑센터. 매그놀리아 워터프론트 레지던스Magnolias Waterfront Residences(현재 태국에서 가장 높은 빌딩) & 만다린 오리엔탈 레지던스The Residences at Mandarin Oriental와 나란히 서서 강변의 풍경을 완전히 바꾸어 놓았다. 쇼핑센터는 명품관이라 할 수 있는 아이콘럭스ICONLUXE, 태국 디자인 제품들이 모인 아이콘크래프트ICONCRAFT, 일본 백화점 브랜드인 씨암 다카시마야Siam Takashimaya 구역으로 크게 나눌 수 있다.

규모 면에서는 센트럴 월드와 비슷한 방대한 규모다. 쇼핑뿐 아니라 다양한 먹을거리와 즐길 거리를 제공하는 역할을 톡톡히 하고 있다. 짜오프라야 강변 쪽으로 조성된 공원에서는 화려한 분수 쇼도 열려 저녁 시간이면 이 앞이 인산인해를 이룬다. 사톤 선착장까지 무료 셔틀을 운영하지만 이용하는 사람이 매우 많다. 택시나 BTS 골드 라인을 이용하고 싶을 때는 7번 게이트 쪽으로 가면 된다.

주소 299 Charoen Nakhon 5 Alley, Khlong Ton Sai

위치 ❶ BTS 사판탁신역 2번 출구에서 사톤 선착장까지 이동 후, 가장 안쪽에 있는 아이콘 씨암 무료 셔틀보트 이용 (09:00~23:00/약 15분 간격)
❷ BTS 짜런나컨역 (골드 라인)에서 아이콘 씨암 7번 게이트와 바로 연결
❸ 리버 시티 방콕 쇼핑몰 바로 옆의 씨프라야Si Phraya 선착장에서 아이콘 씨암 전용 무료 셔틀보트 이용 (09:00~23:00/약 30분 간격)
❹ 택시 7번 게이트 앞에서 이용 (강변과 반대 방향)

운영 10:00~22:00

전화 02-495-7000

홈피 www.iconsiam.com

more & more **아이콘 씨암에 간다면, 이곳만은 꼭!**

❶ **쑥 씨암**Sook Siam (G층)

태국 수상 시장의 모습을 그대로 재현한 푸드코트인 쑥 씨암은 야시장에서 볼 수 있었던 스트리트 푸드와 수공예품들이 가득하다. 이곳에서만 판매하는 건망고, 망고 젤리 등도 인기고 앙증맞은 액세서리에도 손이 가는 물건들이 많다. 다만 매장 간격이 너무 좁고 사람들은 많아 상당히 복잡하다.

❷ **아이콘 에듀케이션**ICON Education (5층)

어린이를 동반한 가족 여행자라면, 5층의 키즈존인 아이콘 에듀케이션ICON Education을 기억해두자. 어린이들을 위한 다양한 놀이 시설과 실내 기차 등도 있어 잠시나마 엄마와 아빠도 쉬어 갈 수 있다. 바람이 많이 불거나 비가 와서 야외 활동이 적합하지 않을 때도 이곳을 떠올려보자!

❸ **포토존**

1층의 퍼센트 아라비카% Arabica 매장이 유난히 크고 멋지게 들어서 있다. 커피도 마시고 인증샷도 남겨보자. 그 위에 자리한 2층의 애플스토어, 6층의 레스토랑과 타사나 나콘 테라스 바Tasana Nakorn Terrace, 7층의 스타벅스 리저브Starbucks Reserve™ 매장 등에는 모두 외부 테라스가 있다. 시원한 강 전망을 즐기며 멋진 사진을 남길 수 있는 곳들이다. 지하의 푸드코트인 쑥 씨암Sook Siam의 화장실도 숨겨둔 셀피 포토존.

 ## 아시아티크 Asiatique

짜오프라야 강변 남쪽에 자리한 야시장. 라마 5세 시절, 무역의 중심지였던 항구를 콘셉트로 만들었다. 각각의 테마를 가진 네 구역에 나누어 쇼핑과 식사, 오락, 쇼 등을 즐길 수 있다. 하지만 팬데믹 기간에 문을 닫은 상점들이 꽤 되고, 예전의 활기찬 모습은 아니다. 그래도 방콕의 야경을 관람할 수 있는 대형 관람차 Asiatique Sky(성인 500B, 키 120cm 미만 어린이 200B)는 여전히 인기다.

주소 2194 Charoenkrung Road
위치 BTS 사판탁신역에서 2번 출구로 나와 사톤 선착장으로 이동, 아시아티크의 무료 셔틀보트 이용(16:00~23:30/15분 간격)
운영 17:00~24:00   **전화** 092-246-0812
홈피 www.asiatiquethailand.com

 ## 짐톰슨 Jim Thompson Surawong(수라웡 본점)

방콕에서 가장 큰 짐톰슨 숍. 다른 매장보다 제품 구성도 다양하고 가구나 홈웨어 관련 제품들도 많아서 주부들에게 특히 인기가 높다. 2층에 짐톰슨 카페도 겸하고 있어서 간단한 간식이나 음료를 즐길 수도 있다. 씨암에 자리한 짐톰슨 헤리티지 쿼터 Jim Thompson Heritage Quarter 지점(p165)까지 하루 5회 무료 셔틀을 운영한다.

주소 9 Surawong Road
위치 BTS 살라댕역 혹은 MRT 실롬역에서 도보 5분
운영 09:00~20:00
전화 02-632-8100
홈피 www.jimthompson.com

 ## 로빈슨 Robinson(방락)

로빈슨 백화점의 방락 지점. 복잡하고 비슷비슷해 보이는 주변에서 길을 찾을 수 있게 도와주는 이정표의 역할도 톡톡히 해주고 있다. 지하에 톱스 마켓(08:00~22:00)이 자리한다. 인근에 숙소들은 즐비한데 이렇다 할 식료품 마트가 없어 요긴하게 이용할 수 있다. 백화점 위로는 센터포인트 실롬 호텔이 있다.

주소 1522 Charoen Krung Road
위치 BTS 사판탁신역 3번 출구에서 도보로 5분
운영 10:30~21:30
전화 02-238-0052

포시즌스 호텔 방콕 앳 짜오프라야 리버
Four Seasons Hotel Bangkok At Chao Phraya River

2020년 짜오프라야 강변에 들어선 최고급 호텔로, 방콕의 모든 숙소를 압도할 만큼 남다른 시설과 서비스를 자랑한다. '어반 리조트Urban Resort'라는 콘셉트 아래 도심 속의 휴양지처럼 꾸며 놓았다. 공간과 공간을 띄우고 그 간격을 아름다운 조경과 예술품들로 채워 두었다. 덕분에 숙소에만 머물러도 답답하지 않고 충분한 휴식을 취할 수 있다는 것이 가장 큰 장점이다. 수영장은 총 2개로, 짜오프라야 강변 전망이 멋진 인피니티 풀과 Gym 옆에 자리한 랩 풀이 있다. 총 300개 정도의 객실은 전망에 따라 나누어지고, 객실 내부도 흠잡을 곳 없이 최고급 제품들로 세팅되어 있다. 미슐랭 셰프가 이끄는 중식당인 Yu Ting Yuan을 비롯해 이탈리안 레스토랑 Riva Del Fiume, 월드 베스트 바 50에 선정된 BKK Social Club 등 F&B도 가히 방콕 최고 수준이다. 교통은 좀 불편하지만 사톤 선착장까지는 10분 간격, 아이콘 씨암까지는 1시간 간격으로 무료 셔틀을 운행한다.

주소 300/1 Charoen Krung Road
위치 짜오프라야 강변,
사톤 선착장에서 호텔 전용
보트 이용. BTS 사판탁신역
2번 출구에서 도보로 약 15분
요금 디럭스 팜코트 16,000B~,
디럭스 리버뷰 19,000B~
전화 02-032-0888
홈피 www.fourseasons.com/
bangkok

만다린 오리엔탈 호텔 Mandarin Oriental Hotel

1876년 오픈하여 150년 가까이 방콕 최고의 호텔 자리를 지켜온 이곳은 방콕과 태국의 근대사 자체이다. 찰리 채플린, 마크 트웨인 등 세계적인 유명인들이 이 호텔에 묵고 또 사랑에 빠지면서, 많은 하이쏘(상류 계층을 뜻하는 영어 'High Society'의 태국식 발음)들의 사랑을 받으며 호텔 자체가 살아 있는 레전드가 되었다. 객실은 아담한 편이지만 꾸준한 리노베이션을 통해 관리하고 층마다 전담 버틀러가 있다.

수영장은 총 2개로, 라버 윙과 가든 윙 사이의 수영장이 메인 풀이다. 프렌치 레스토랑인 르 노르망디Le Normandie와 티 라운지인 오터스 라운지Authors' Lounge(p206), 방콕 최고의 재즈 바인 더 뱀부 바The Bamboo Bar(p210) 등 F&B 수준도 전설적이다.

주소 48 Oriental Avenue
위치 짜오프라야 강변, 수상보트 오리엔탈 선착장에서 도보 5분
요금 디럭스 16,000B~, 디럭스 발코니 21,500B~
전화 02-659-9000
홈피 www.mandarinoriental. com/en/bangkok/chao- phraya-river

수코타이 호텔 Sukhothai Hotel

방콕 최고급 숙소 중의 하나로 휴양형 일정을 계획하는 여행자들에게 적극 추천하고 싶은 호텔이다. 시원하고 큰 수영장과 여유로운 정원, 시내에 있으면서도 차 소음 하나 들리지 않는 조용한 분위기는 방콕에서 찾기 힘든 환경을 갖고 있다. 객실의 럭셔리함과 수준 높은 아침 식사, 군더더기 없는 서비스 등이 더해져 눈 높은 여행자들에게도 만족을 줄 것이다. '태국의 베스트 레스토랑Thailand's Best Restaurants'에 여러 번 이름을 올린 적이 있는 타이 레스토랑인 셀라돈Celadon과 모던한 감각의 이탈리아 레스토랑인 라 스칼라La Scala도 수코타이의 자부심이다.

주소 13/3 South Sathon Road
위치 사톤 로드, MRT 룸피니역 2번 출구에서 도보로 10분
요금 슈피리어 7,100B~, 디럭스 7,700B~
전화 02-344-8888
홈피 sukhothai.com

샹그릴라 호텔 방콕 Shangri-La Hotel Bangkok

고급스럽고 럭셔리하지만 사람을 주눅 들게 하지 않고, 마치 친구의 집에 놀러 온 것 같은 편안함을 주는 숙소. 그것이 샹그릴라의 가장 큰 매력이다. 객실에서 전화하면 마치 오래전부터 잘 아는 사람처럼 "헬로 미스 000(혹은 미스터 000)"이라고 이름을 불러주거나 두 번째 방문부터는 다시 투숙을 해주어서 고맙다는 반가운 편지도 받게 된다. 기존의 고풍스러운 모습에 현대적인 느낌을 더한 지속적인 리노베이션으로 새로운 샹그릴라를 만나볼 수 있다. 강변의 전망이 멋지니 되도록 리버뷰 객실을 이용하길 추천한다.

주소 89 Soi Wat Suan Plu New Road
위치 짜오프라야 강변, BTS 사판탁신역
1번 출구에서 도보로 5분 거리
요금 디럭스 5,900B~,
디럭스 리버뷰 6,400B~,
디럭스 발코니 7,400B~
전화 02-236-7777
홈피 www.shangri-la.com

이스틴 그랜드 사톤 Eastin Grand Sathon

가격 대비 만족도가 높은 숙소 중 하나이다. 이스틴 호텔의 상위 버전 호텔로 2012년 5월, 수라싹에 오픈하였다. 수라싹역 4번 출구와 호텔 3층이 바로 연결되어 있어 일단 위치가 합격점이다. 총 390여 개의 객실은 모두 대동소이하고 다만 층수에 따라 금액이 약간 달라진다. 방콕의 도심을 바라볼 수 있게 설계한 인피니티 스타일의 수영장은 웬만한 5성급 숙소 부럽지 않게 잘 만들어 놓았다. 메인 레스토랑인 The Glass House를 비롯해 중식당인 Chef Man은 최고의 인기 레스토랑이다. 고급 태국 레스토랑인 블루 엘리펀트 Blue Elephant가 바로 옆에 있다.

주소 33/1 South Sathon Road
위치 BTS 수라싹역 4번 출구에서 호텔 전용 통로 이용
요금 슈피리어 3,900B~, 슈피리어 스카이 4,200B~
전화 02-210-81002   **홈피** www.eastingrandsathorn.com

더 페닌슐라 방콕 The Peninsula Bangkok

체크인 후 짜오프라야 강변이 바라보이는 창가에 앉아 전망을 음미할 때, 페닌슐라의 가치를 느끼게 될 것이다. 객실 내부는 티크를 많이 이용한 클래식한 스타일로 이곳의 품격을 느낄 수 있다. 충분한 수납 시설과 투숙객의 편의를 고려한 동선 등은 페닌슐라만의 장점이다. 길게 뻗은 공용 수영장은 이곳의 트레이드 마크.

주소 333 Charoen Nakhon Road
위치 짜오프라야 강변, 오리엔탈 선착장 맞은편
요금 디럭스 8,800B~
전화 02-020-2888
홈피 www.peninsula.com/Bangkok

밀레니엄 힐튼 방콕 Millennium Hilton Bangkok

강변에 자리한 특급 호텔들이 대부분 역사가 오래되어 클래식한 분위기인데 반해 밀레니엄 힐튼은 현대적인 분위기를 갖고 있다. 모든 객실과 부대시설에서 강 전망을 감상할 수 있고 특히 32층의 바 쓰리식스티 라운지Three Sixty Lounge(p210)는 멀리서도 일부러 찾아오는 곳이다. 최근 몇 년 사이 아이콘 씨암 등 방콕의 핫 스폿이 주변에 들어서면서 예약하기 힘든 호텔 중의 하나가 되었다.

주소 123 Charoen Nakhon Road
위치 짜오프라야 강변, 로열 오키드 쉐라톤 호텔 맞은편
요금 디럭스 리버뷰 5,400B~, 프리미엄 리버뷰 5,800B~
전화 02-442-2000
홈피 www.bangkok.hilton.com

아난타라 리버사이드 방콕 리조트 Anantara Riverside Bangkok Resort

방콕에서 가장 리조트다운 숙소를 찾는다면 이곳이 정답이다. 연식이 느껴지지만 그만큼 고풍스러운 분위기를 간직하고 있고 11ac에 달하는 넓은 부지 전체가 아름다운 정원으로 가꾸어져 있다. 강변의 남쪽, 강 건너에 자리해 위치는 불편하다. 사톤 선착장에서 배로 15분 정도 소요되고 숙소에서 제공하는 무료 셔틀을 이용할 수 있다.

주소 257 1-3 Charoen Nakhon Road
위치 짜오프라야 강변, 사톤 선착장에서 호텔 셔틀보트로 15분
요금 디럭스 4,600B~, 디럭스 주니어 스위트 5,700B~
전화 02-476-0022
홈피 www.anantara.com

5성급

소 방콕 SO/Bangkok

태국 최고의 건축가들과 세계적 인 디자이너 크리스티앙 라크루아 Christian Lacroix의 공동 작업으로 태 어난 숙소. 객실은 'So Cosy, So Comfy' 등 총 8가지 타입으로 나 뉘는데 5가지 요소(물, 지구, 나무, 금속, 불) 중 불을 제외한 4가지 요 소를 모티브로 하고 있다. 화이트 로 형상화된 메탈룸이 단연 인기. 룸피니 공원이 한눈에 들어오는 수영장은 중요한 슈팅 포인트!

주소 2 North Sathon Road
위치 라마 4세 로드와 사톤 로드가 만나는 삼거리, 룸피니 공원 맞은편. BTS 살라댕역과 MRT 룸피니역에서 도보로 5~10분 거리
요금 So Cosy 6,100B~, So Comfy 7,400B~
전화 02-624-0000
홈피 www.so-bangkok.com

5성급

코모 메트로폴리탄 방콕 Como Metropolitan Bangkok

보는 것만으로는 가치를 알기 힘든 호텔이다. 코모 그룹의 창업자인 크리 스티나Christina는 전 세계를 여행하면서 단순하지만 고급스럽고 스타일리 시한 숙소들을 만나기 어려웠고 그것은 코모 숙소들이 탄생하는 주요 모 티브로 작용하였다. 미니멀 콘셉트의 디자인이지만 시간이 지날수록 휴식 에 집중할 수 있는 이 숙소의 가치가 드러난다. 다만 시티룸은 객실이 작 고 답답한 편이라 스튜디오룸나 메트로폴리탄룸을 추천한다.

주소 27 South Sathon Road
위치 MRT 룸피니역에서 사톤 로드 방면 도보로 10분
요금 시티룸 4,600B~, 스튜디오룸 5,200B~, 메트로폴리탄룸 5,500B~
전화 02-625-3333
홈피 www.comohotels.com/metropolitanbangkok

4성급

유 사톤 방콕 U Sathorn Bangkok

외진 위치에 있다는 단점에도 꾸준히 인기를 끌고 있 는 숙소. 체크인 시간을 기준으로 24시간 후 체크아웃 을 할 수 있고 원하는 장소에서 원하는 시간에 자유롭 게 조식을 즐길 수 있다. 고풍스러운 콜로니얼 스타일 의 건물과 탁 트인 넓은 야외 수영장도 큰 장점. 베개, 비누, 티Tea 등을 취향에 맞게 선택할 수 있다.

주소 105, 105/1 Ngam Duphli Alley, Thung Maha Mek
위치 MRT 룸피니역에서 도보로 15분
요금 슈페리어 3,900B~, 테라스 가든뷰 5,200B~
전화 02-119-4888
홈피 www.uhotelsresorts.com

China Town

차이나타운

방콕의 차이나타운은 조금 특별하다. 전 세계 차이나타운 중 규모가 제일 크고 역사도 가장 오래되었기 때문이다. 태국 인구의 10% 정도 되는 타이-차이니즈의 중심지이기도 한데, 그 어느 나라의 화교보다도 태국 사회에 자연스럽게 융화된 모습을 보인다. 방콕 최초의 차이나타운은 원래 현재 올드시티의 왕궁이 있던 자리였다. 라마 1세가 이 터를 왕궁 건립에 이용하면서 중국인들에게 하사한 땅이 '삼펭'이라는 지역이다. 18세기 후반부터 이곳을 중심으로 화교들이 자리를 잡고 점점 발전하여 지금의 모습을 갖추게 되었다. 많은 금방과 한약방, 제기용품점, 식당, 시장이 밀집해 있어 특유의 열기를 만들어낸다. 방콕에서도 가장 이국적이고 복잡한 지역인 차이나타운. 이곳만의 매력으로 들어가보자.

차이나타운 돌아다니기

차이나타운은 택시로 움직이기 힘든 곳 중의 하나이다. '진짜' 차이나타운을 경험해보려면 저녁 시간에 방문하는 것이 좋은데, 동 시간대의 차량 정체는 상상을 초월한다. 다른 곳은 몰라도 차이나타운만큼은 지하철인 MRT를 이용하는 것이 가장 빠르고 편리하다. 다만 월~화요일에 문을 닫는 식당들이 꽤 있으니 방문 전에 체크는 필수! 또한 위생에 민감한 사람은 화장실 등이 문제가 될 수 있으므로, 아예 숙소를 이곳으로 잡고 느긋하게 여행을 즐기는 것도 좋은 방법이다.

✚MRT 훨람퐁 Hua Lamphong
왓 뜨라이밋 / 차이나타운 게이트 / 차이딤 티하우스 / 댕 라차 허이텃 / 청키 무사테

✚MRT 왓 망꼰 Wat Mangkon
야오와랏 로드 / 아사이 방콕 차이나타운 호텔 / 아임차이나타운

✚MRT 쌈욧 Sam Yot Station
클렁옹앙 보행자 거리

주요 거리

❶ 야오와랏 로드 Yaowarat Road
차이나타운의 중심이 되는 도로. 차이나 게이트 인근부터 옹앙 운하가 있는 곳까지 약 1.5km 정도 된다. 시간이 없는 여행자라면, 우선 이곳부터 공략해보자.

야오와랏 로드

❷ 짜런끄룽 로드 Charoen Krung Road
야오와랏 로드의 북쪽에서 수평을 이루는 도로이자 MRT가 지나가는 도로이기도 하다. 최근 들어 신규 숙소와 쇼핑몰 등이 속속 들어서고 있다.

짜런끄룽 로드

❸ 쏘이 와닛 2 Soi Wanit 2
딸랏 노이Talat Noi라 부르는 시장이 있던 거리. 예부터 이민자들이 모여 정착했던 곳으로 방콕의 무역과 상업의 중심지였던 곳이다. 지금도 옛 모습을 간직한 채로 여행자들을 불러 모으고 있다.(p238)

쏘이 와닛 2

❹ 쏘이 이싸라누팝 Soi Issaranuphap
쏘이 야오와랏 16과 6, 도로 건너 11까지 하나처럼 이어져 있는 시장 골목이다. 채소와 과일, 해산물, 육류 등을 판매하는 재래시장으로, 좁디좁은 골목이지만 현지의 느낌은 생생한 곳이다. 쏘이 야오와랏 11은 저녁에는 노점 거리로 변모한다.

쏘이 이싸라누팝

차이나타운

N

후아람퐁
Hua Lamphong

뎅 라차 하이밋
청키무서세
차이남
티하우스
왓 뽀라이밋
벨랑 노이 (p.238)

차이나타운 게이트 (오련 사롱)
오디안
차이나타운

T&K 시푸드
짱하이 맨션
방콕 호텔
켄톤 하우스
엘밍푸끼
차이 스페셜티 커피
반245와 헤리티지 부티크 호텔

이이싸이 방콕 차이나타운
크롱이폰 리아아이 (2호점)

나우웅 롯첸빨라
왓 망꼰
Wat Mangkon

피시 몬지
쌍떠
왓 망꼰 카말라왓
크롱이폰 리아아이 (1호점)
룽르앙 방죽
나이에 롤 누들
이오리안 토스트 반

후아셍 홍

그랜드 차이나
프린세스 호텔
쌈뼁 시장

라차웡
Ratchawong

N5

짜오프라야 강

타 라차웡
Rachawong

쌈욧
Sam Yot

홀렁웡 보향자 거리

빡크렁 시장 (250m)
라마 세 동상
쌔판풋 아시장

메모리얼 브리지 (사판풋)

📷 ★★★★
야오와랏 로드 Yaowarat Road

차이나타운을 관통하는 중심 거리로 차이나타운의 정체성을 보여주는 곳이기도 하다. 유난히 금방이 많아 'Golden Street'이라고 부르기도 한다. 화려한 간판들과 도로를 가득 메운 차량, 어디라고 할 것도 없이 빼곡히 들어서 있는 노점들, 그 사이로 쏟아져 나오는 인파들로 인해 북새통을 이루는 곳이다. 복잡하기 그지없지만, 이 에너지 넘치는 분위기야말로 차이나타운의 진짜 매력이다. 가장 번잡한 지역은 캔톤 하우스 인근 사거리부터 그랜드 차이나 호텔 근처까지 약 500m 정도이다. 여기에서 파생된 많은 골목 중에 파둥다오 로드(쏘이 텍사스), 야오와랏 쏘이 11, 야오와랏 쏘이 6 등이 핵심이다. 시간을 두고 천천히 걸어야만 제대로 구경하고 느낄 수 있다. 단, 방콕에서 가장 복잡하고 시끄러운 거리이니 미리 각오는 좀 하고, 짐을 줄이고 지갑 등을 잘 관리해야 한다.

주소 Yaowarat Road, Khwaeng Samphanthawong
위치 차이나 게이트부터 판누판 다리 Phanuphan Bridge까지 약 1.5km

★★★
왓 뜨라이밋 Wat Traimit

차이나타운 동쪽에 있는 사원으로 세계에서 가장 큰 황금 불상을 모신다. 무려 5.5톤의 순금으로 만들어진 3m의 불상은 돈으로 환산하면 무려 1,400만US$ 정도나 된다. 13~14세기 수코타이 양식으로 만들어진 불상은 웅장한 사원 안에 모셔져 있다. 입장권은 두 종류로 황금 불상만 둘러보는 경우는 40B, 차이나타운과 황금 불상의 역사 등을 소개하는 전시실 관람은 100B이다. 왓 뜨라이밋 맞은편의 작은 골목인 쏘이 수콘Soi Sukon과 그 주변에 맛집들이 많아 연계해서 일정을 짜면 좋다.

주소 661 Charoen Krung Road, Samphanthawong District
위치 MRT 훨람퐁역에서 서쪽 (차이나타운 방면)으로 도보로 10분
운영 08:00~17:00 (4층 황금 불상-매일/2~3층 전시실-화~일)
요금 황금 불상 40B, 전시실 100B
전화 089-002-2700

★★
빡크롱 시장 Pak Khlong Market

방콕 최대의 농수산물 시장이자 꽃시장이다. 방콕 시내의 많은 식당과 호텔, 사원에 사용되는 꽃 장식과 채소들이 모두 이곳에서 출발한다고 봐도 무방하다. 약 200m에 이르는 거리 양쪽이 전부 도매 시장처럼 형성되어 여행자들이 구매할 만한 품목은 많지 않다. 하지만 여행 중 특별한 이벤트를 준비할 때는 방문해볼 만하다. 꽃시장 쪽은 소량 구매도 가능하고 꽃다발이나 푸앙말라이Phuang Malai도 저렴하게 구매할 수 있다. 푸앙말라이는 재스민 꽃으로 만든 태국식 꽃 장식으로 행운과 존경의 의미를 담아 상대에게 선사한다.

주소 Pak Khlong Talat-Wat Kanlayanamit, Khwaeng Wang Burapha Phirom
위치 MRT 싸남차이역 4번 출구, 뒤돌아 직진하다가 좌회전 후 운하 건너 직진
운영 09:00~17:00(가게마다 상이)

재스민 꽃으로 만든 푸앙말라이

📷 ★ 차이나타운 게이트 Chinatown Gate

차이나타운의 입구를 알려주는 랜드마크. 1999년 라마 9세 국왕의 72세 탄신을 기념하기 위해 태국 정부와 화교들이 공동으로 건립한 중국식 패루(牌樓)이다. 앞 현판에는 국왕의 72세 탄신을 축하하는 출입문이라는 글이 적혀 있고, 반대편에는 시린톤 공주가 직접 쓴 '성수무강(圣寿无疆)'이라는 글자가 있다. 패루를 빙 둘러 차이나타운의 역사를 기록한 동판도 볼 수 있다.

주소 322 Tri Mit Road
위치 오던 서클에 위치. MRT 훨람퐁역에서 서쪽(차이나타운 방면)으로 도보로 10분, 왓 뜨라이밋과 가깝다

📷 ★★ 클렁옹앙 보행자 거리 Klong Ong Ang Walking Street

야오와랏 로드의 서쪽 끝에 자리한 옹앙 운하를 따라 만들어진 산책로로 길이는 약 1.5km 정도 된다. 운하 양쪽으로 벽화가 그려져 있고 주말 저녁 시간이면 소박한 야시장이 열리기도 한다. 아기자기하지만 큰 구경거리는 없는 편이다. MRT 쌈욧Sam Yot역과 가까워 오가는 길에 잠시 둘러보는 것으로 충분하다.

주소 Klong Ong Ang, Damrong Sathit bridge
위치 MRT 쌈욧Sam Yot역에서 도보로 1분, 담롱 싸팃 다리 근처

📷 ★★ 왓 망꼰 카말라왓 Wat Mangkon Kamalawat 龍蓮寺

중국 이민자들이 태국으로 대거 들어오기 시작한 1871~1872년 사이에 지어진 중국식 사원. 사원의 이름(용연사龍蓮寺)은 쭐라롱꼰 대왕(라마 5세)으로부터 받은 것으로, 망꼰Mangkon은 '용', 카말라왓Kamalawat은 '연꽃'을 의미한다. 불교 외로 도교, 유교 신들과 다양한 종교적 인물을 모시는 사당이 있으며, 중국인뿐 아니라 태국인들도 소원을 기원하기 위해 많이 찾는다.

주소 423 Charoen Krung Road
위치 MRT 왓 망꼰역 3번 출구에서 도보 5분
요금 무료

운영 08:00~16:00
전화 02-222-3975

★★ 삼펭 시장 Sampheng Market

화교들이 차이나타운에서 초창기에 자리 잡았던 거리로, 쏘이 와닛 1Vanich 1 Road이라 부르기도 한다. 좁고 긴 골목 전체가 시장처럼 형성되어 있다. 의류나 신발, 가방부터 문구나 팬시용품, 액세서리, 기념품 등이 주를 이룬다. 물건들이 다소 조악한 대신 금액은 상당히 저렴하다. 1km가 넘는 긴 시장이지만 차이나타운 여기저기로 나갈 수 있는 통로가 많아 구경하는 데 큰 부담은 없다.

주소 Vanich 1 Road, Chakkrawat
위치 야오와랏 로드에서 남쪽으로 한 블록 아래
운영 09:00~17:00/23:00~05:30
      (일요일 08:00~14:00), 가게마다 상이

★★ MRT 쌈욧역 Sam Yot Station

왕궁과 가까운 싸남차이역Sanam Chai station과 함께 방콕의 아름다운 역 중의 하나로 손꼽히는 곳이다. 역 건물이 19세기 태국에 유행했던 시노–포르투갈 양식으로 지어져 이국적이면서 고풍스러운 분위기를 갖고 있다. 현재 차이나타운이 속한 구시가지 분위기와 하나가 되어 자연스럽게 녹아든 느낌이다. 클렁옹앙 보행자 거리(p228)가 가깝게 있다.

주소 Wang Burapha Phirom, Phra Nakhon
위치 MRT 왓 망꼰역과 MRT 싸남차이역 사이

★ 메모리얼 브리지 Memorial Bridge

태국어로 '사판풋Saphan Phut'이라 불리는 다리로 라마 1세 기념 대교라고도 한다. 1932년에 개통된 방콕 최초의 도개교로, 예스러운 정감을 느낄 수 있다. 다리 북단에는 라마 1세 동상과 공원이 조성되어 있다. 월요일을 제외한 저녁 시간에는 다리 주변으로 벼룩시장이 형성되기도 한다.

주소 Saphan Phut Road
위치 차이나타운 남쪽에서 강 건너인
      톤부리 지역을 연결

니우은용 룩친쁠라 New Yuen Yong นิวยิ่นยง 永昇麵

1939년부터 이어져 온 차이나타운의 대표 어묵국숫
집. 고급 생선을 사용하고 함량도 높아 담백하면서 식
감이 좋은 것이 특징이다. 국물이 있는 '남'과 비빔면
인 '행' 중에 선택할 수 있다. 돼지 뼈와 어묵으로 만든
육수가 별미이니 이곳에서라면 '남'을 선택해보자. 보
통을 주문하면 고명으로 어묵과 새우볼이 들어가고,
스페셜을 주문하면 장어튀김 등이 추가된다. 면 없이
즐기는 '까오라오'도 주문할 수 있다. 국화 향이 가득
한 수제 국화차도 별미. 가게는 아담하지만 깔끔하게
관리하고 있고 간판은 태국어와 한자로만 표기되어
있다.

주소 515 Phlap Phla Chai Road
위치 MRT 왓 망꼰역 1번 출구 사거리에서 북쪽으로
(산티팝 로드 방면) 도보 5분
운영 09:30~19:30
요금 어묵국수(룩친쁠라) 60~100B,
까오라오 80/100B, 국화차 20B
전화 02-224-4212

야오와랏 토스트 번 Yaowarat Toasted Buns

야오와랏 로드에서 손님 많기로 두 번째 가라면 서러운 곳. 숯불에 구운
두툼한 카놈빵에 밀크, 초콜릿, 커스터드, 파인애플 등의 잼으로 속을 채
운 번을 판매한다. 단순한 메뉴 같지만 한 번 맛보면 잊을 수 없는 달콤함
과 고소함에 늘 구름 떼 같은 사람들로 둘러싸여 있다. 주문은 종이에 원
하는 잼 종류와 수량, 주문자 이름을 적어 내는 것으로 한다. 노점식의 점
포라 찾을 때 헷갈린다면, GSB 은행의 분홍색 간판을 먼저 찾으면 된다.
포장하지 않고 현장에서 먹으려면 물티슈는 필수! 씨암 파라곤과 엠쿼티
어 등 시내 백화점에도 매장들이 있지만 본점인 이곳에서 먹어야 제맛
이다.

주소 452 Yaowarat Road
위치 야오와랏 로드, 야오와랏 로드와
쏘이 파둥다오가 만나는
사거리의 GSB 은행
(분홍색 간판) 앞
운영 18:00~23:30
요금 토스트 번 25B~
전화 065-553-3635

나이엑 롤 누들 Nai Ek Roll Noodle ร้านก๋วยจั๊บนายเอ๊ก

1960년부터 영업해 온 야오와랏의 인기 식당. 돼지고기를 이용한 덮밥과 꾸어이짭 국수를 전문으로 하는 곳이다. 꾸어이짭은 돼지 뼈와 후추를 우린 진한 육수에 둥근 롤 형태의 짧은 면을 넣고 돼지고기와 내장을 고명으로 올려준다. 후추 맛이 진한 낯선 국수지만 중독성이 있는 맛이다. 메뉴판에는 고명으로 사용하는 내장 부위가 영어로도 표기되어 있다. 늘 대기 줄이 긴 곳이라 어느 정도의 기다림은 감수해야 하고 현금만 가능하다. 이곳과 가까이에 있는 꾸어이짭 우언 포차나ก๋วยจั๊บอ้วนโภชนา도 꾸어이짭으로 유명하다.

주소	442 Yaowarat Road
위치	야오와랏 로드, 파둥다오 로드에서 길 건너 오른쪽으로 50m
운영	08:00~24:00
요금	꾸어이짭(롤 누들) 70/100B, 덮밥 80/100B~,
전화	02-226-4651

 ## 댕 라차 허이텃 Daeng Racha Hoi Tod

허이텃은 달걀을 듬뿍 넣고 지진 우리나라 홍합전과 비슷한 음식이다. 홍합 대신 굴과 숙주 등을 넣으면 어쑤언이라 한다. 이곳은 차이나타운의 대표적인 허이텃. 어쑤언 전문점으로 100년이 넘는 역사를 간직하고 있다. 식당은 에어컨도 없이 허름한 모습이지만 무더운 날씨에 불 앞에서 묵묵히 요리를 만들고 있는 셰프에게선 장인의 포스가 풍기기도 한다. 취향에 따라 부드럽게(어쑤언), 혹은 바삭하게(어루어) 주문할 수 있다. 하지만 워낙 인기가 좋아 대기 시간이 길거나 준비한 재료가 일찍 소진되는 경우가 많아 아쉽기도 하다. 매주 금요일은 휴무이다.

주소	342 Sukon 1 Alley, Talat Noi
위치	왓 뜨라이밋 맞은편의 작은 골목인 쏘이 수콘 1Soi Sukon 1 입구. MRT 휠람퐁역에서 서쪽 (차이나타운 방면)으로 도보 7분
운영	09:00~14:00 (휴무 금요일)
요금	허이텃 60~80B, 랑롬 어쑤언 80~120B, 랑롬 어루어 80~120B
전화	081-345-2466

231

차이딤 티하우스 Chaidim Teahouse

태국의 오가닉 티 브랜드인 차이딤Chaidim에서 운영하는 티하우스. 방콕의 파크 하얏트, 월도프 아스토리아, 로즈우드, 포시즌스 등 이름만 들어도 쟁쟁한 럭셔리 호텔들의 객실용 차를 담당하고 있는 곳이기도 하다. 레몬그라스, 생강, 카밀러 등의 허브차와 녹차, 홍차, 우롱차 등 이곳에서 제공하는 모든 차는 엄격한 유기농 농법을 거쳐 생산한다. 선택이 어렵다면 티 마스터에게 추천받을 수도 있고, 여러 가지 차를 맛볼 수 있는 티 오마카세를 이용해도 좋다. 선물용으로 좋은 차도 한쪽에 준비되어 있어 관심 있다면 찬찬히 둘러보도록 하자.

주소 292, 5 Tri Mit Road
위치 왓 뜨라이밋 맞은편의 작은 골목인 쏘이 수콘 2Soi Sukon 2 중간. MRT 훨람퐁역에서 서쪽 (차이나타운 방면)으로 도보 7분
운영 10:00~17:00 (휴무 월요일)
요금 오가닉 티 149~349B~, 티 오마카세 350B~, 선물용 차 99B~(Tax 7%)
전화 081-110-5655
홈피 www.chaidim.com/pages/ chaidim-tea-house

차타 스페셜티 커피 CHATA Specialty Coffee

차이나타운의 숨은 보석 같은 카페로 반2459 헤리티지 부티크 호텔 내에 자리하고 있다. 복잡한 차이나타운에서 잠시나마 마음의 평화를 찾을 수 있는 곳이다. 안으로 들어서면 아름드리나무와 정원이 먼저 나오는데 정면으로 보이는 노란색 건물은 호텔 건물이고, 오른쪽으로 자리한 작은 건물이 음료를 주문하는 공간이다. 스페셜티 원두를 이용한 드립 커피와 콜드브루가 시그니처 메뉴이고 창의적인 음료들도 다양하게 준비되어 있다. 호텔 뒤편의 온실처럼 생긴 공간과 야외 좌석 이용도 가능하다.

주소 98 Thanon Phat Sai
위치 야오와랏 로드와 쏭싸왓 Song Sawat 로드가 만나는 사거리에서 도보로 1분. 캔톤 하우스 바로 뒤편의 반2459 헤리티지 부티크 호텔 내
운영 09:00~18:00 (휴무 월요일)
요금 드립 커피 140B, 콜드브루 135B, 레몬아이스티 120B
전화 084-625-2324

청키 무사테 Chong Kee Pork Satay

80년이 넘는 역사를 간직한 무사테Pork Satay 집. 태국 왕실에서도 이 집의 무사테를 공수해서 사용한다고 한다. 유난히 부드러운 식감을 가진 사테에는 코코넛 향이 향긋하게 배어 있다. 이 집의 비밀 병기라 할 수 있는 땅콩 소스도 아주 고소하다. 숯불에 구운 두툼한 식빵을 함께 주문해서 샌드위치처럼 즐기는 것도 팁!

주소 84-88 Sukon 1 Alley, Talat Noi
위치 왓 뜨라이밋 맞은편의 작은
     골목인 쏘이 수콘 1Soi Sukon 1
     70m 안쪽. MRT 훨람퐁역에서
     서쪽(차이나타운 방면)으로
     도보 7분
운영 09:00~17:30
요금 무사테 100B(10 sticks),
     토스트 10B, 라임 주스 35B
전화 02-236-1171

쏭떠 ZONGTER ซงเต่อ 松德

맛있는 딤섬을 저렴하게 즐길 수 있는 딤섬 전문 레스토랑. 정신없는 시장 골목 초입에 있지만 내부는 매우 조용하고 고풍스럽게 꾸며져 있다. 30여 가지의 딤섬과 차이니즈 번을 즐길 수 있다. 음식들은 모두 정성스럽게 담겨져 나오고 직원들 서비스도 꽤 정중하다. 티팟에 나오는 따뜻한 차도 저렴하니 딤섬과 함께 즐겨 보도록 하자. 2층에도 좌석이 있다.

주소 111 Charoen Krung Road
위치 야오와랏 로드와 짜런끄룽 로드를 잇는
     야오와랏 쏘이 16 입구
운영 09:00~18:30
요금 딤섬 32~59B~, 간단한 식사 95B~, 차 100B
전화 02-222-4490

엑뗑푸끼 Ek Teng Phu Ki 益生甫記

홍콩식 차찬텡(茶餐廳)을 경험할 수 있는 카페 겸 브런치 식당. 1919년부터 대를 이어 운영하고 있다. 전통방식으로 뽑은 커피와 홍차, 밀크티 등을 즐길 수 있으며 달걀과 소시지, 베이컨 등이 제공되는 서양식 아침 식사도 제공한다. 100년 전 레시피 대로 만드는 토스트도 추천 메뉴. 1층은 개방형이지만 2층에는 에어컨이 있는 좌석이 있다. 간판에는 한문으로 '익생(益生)'이라고 표기되어 있다.

주소 163 Thanon Phat Sai
위치 야오와랏 로드와 쏭싸왓Song Sawat 로드가 만나는
     사거리에서 도보로 1분.
     캔톤 하우스 바로 뒤편
운영 05:00~19:00
요금 커피 40B~, 토스트 20B~,
     아침식사 세트 65~75B,
     딤섬 30B~
전화 02-221-4484

오디얀 Odean Crab Wonton Noodle

호키엔미 전문점. 꼬들꼬들한 바미를 국물이 있는 '남'이나 비빔면인 '행' 중에 골라 즐길 수 있다. 육수는 마른 새우를 베이스로 만들어 담백하다. 이곳이 유명한 이유는 차별화된 고명에 있는데 게살과 집게발이 통째로 올라간 것도 있다. 새우 완톤을 튀긴 17번 메뉴도 인기 메뉴. 식당 내부에는 에어컨이 있고 요리하는 곳과 분리되어 있어 쾌적하게 식사할 수 있다.

주소　724 Charoen Krung Road
위치　차이나 게이트에서 짜런끄룽 로드를 따라 북쪽으로 약 200m
운영　08:30~19:30 (휴무 2번째, 4번째 주 화요일)
요금　바미 55B~, 새우 완톤 튀김 70/130B, 주스 20B
전화　086-888-2341

피시 콘지 Fish Congee

중국식 태국 음식을 전문으로 하는 식당. 한국의 국밥과 비슷한 카오똠쁠라를 전문으로 한다. 생선이나 해산물 육수에 밥을 넣어 끓이고 생선 살이 고명으로 올라가는 음식이다. 생선 대신 새우나 오징어를 선택할 수도 있다. 금액이 조금 비싼 감이 있지만 들어가는 재료가 상당히 싱싱하고 실하다. 전날 과음했다면, 해장으로도 그만이다. 야오와랏 로드와 조금 떨어져 있어 조용하게 식사할 수 있는 것도 장점.

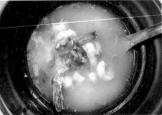

주소　492 Phlap Phla Chai Road
위치　MRT 왓 망꼰역 1번 출구 사거리에서 북쪽으로(산티팝 로드 방면) 도보 5분
운영　13:00~23:00
요금　카오똠쁠라 150~200B, 똠얌꿍 300B, 게살오믈렛 300/500B
전화　081-840-2819

후어쎙 홍 Hua Seng Hong

차이나타운에 차고 넘치는 것이 샥스핀 전문점이지만 믿을 만한 곳은 생각보다 많지 않다. 후어쎙 홍은 60여 년 전통의 샥스핀 전문점으로 차이나타운에서 가장 믿을 만하다. 그 외로 로스트 덕, 딤섬도 판매하고 여느 태국 레스토랑에서 판매하는 국수나 볶음밥 등의 음식들도 취급한다.

주소　371-373 Yaowarat Road
위치　야오와랏 로드, MRT 왓 망꼰역 1번 출구에서 도보 3분. 쏘이 6과 쁠랭남 로드Plaeng Nam Road 중간
운영　08:30~24:00
요금　샥스핀+게살 수프 495/900/1,350B, 국수 85B~, 볶음밥 165B~
전화　02-222-7053　　홈피 www.huasenghong.co.th

크루아폰 라마이 Kruaporn Lamai

MRT 왓 망꼰역에서 야오와랏 로드로 가는 길목인 쁠랭남 로드Plaeng Nam Road에 가득한 노점 중의 하나. 한국 방송에 소개된 뒤로 한국인의 발길이 잦은 곳이기도 하다. 어쑤언이나 수키 등의 음식을 뜨거운 철판에 제공한다. 금액은 저렴하지만, 소문에 비해 맛은 평범한 편. 위생도 다소 열악하다. 아임차이나타운 쇼핑몰 맞은편에 2호점(11:00~23:00)이 있다

주소 62 Plaeng Nam Road
위치 MRT 왓 망꼰역 1번 출구로 나와 야오와랏 로드
      방면으로 약 130m 직진, 호텔 로열 방콕과 가깝다
운영 17:00~02:00
요금 어쑤언 130B, 랏나탈레 110B, 수키남 110B
전화 099-249-5414

캔톤 하우스 Canton House

저렴한 가격에 딤섬과 중국 음식을 즐길 수 있는 곳. 에어컨이 있는 식당이 드문 차이나타운에서 무난하게 이용할 수 있는 식당이다. 깔끔한 식당 내부도 합격점이다. 볶음국수나 볶음밥 같은 단품 식사 메뉴도 있어 간단하게 한 끼 해결하는 데도 문제없다. 종류는 많지 않지만, 딤섬도 즐길 수 있다.

주소 530 Yaowarat Road
위치 야오와랏 로드, 상하이 맨션 방콕 부티크 호텔 맞은편
운영 11:00~22:00
요금 딤섬 55B~, 간단한 식사 메뉴 120B~
전화 092-249-8299

T&K 시푸드 T&K Seafood

파둥다오 로드Phadung Dao Road라는 정식 이름이 있지만 쏘이 텍사스라는 이름으로 더 알려진 골목에 위치한다. 식당들과 노점, 마사지 숍들이 즐비한데 연두색 티셔츠를 입은 T&K 시푸드가 손님이 가장 많다. 방콕 시내 유명 해산물 식당보다 훨씬 저렴하고 재료들도 신선해서 소문 듣고 온 손님들로 언제나 만원사례. 오후 4시에 열어 자정쯤까지 영업한다.

주소 49, 51 Phadung Dao Road
위치 MRT 왓 망꼰역 1번 출구에서
      도보 5분. 야오와랏 로드와
      파둥다오 로드가 만나는 삼거리

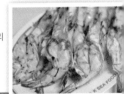

운영 16:00~24:00
요금 1인 예산 400B~
전화 02-223-4519

4성급

아사이 방콕 차이나타운 ASAI Bangkok Chinatown

태국의 고급 호텔 브랜드인 두짓에서 신규 런칭한 체인 호텔. 'Live Local'이라는 콘셉트 아래 첫 번째 오픈 장소로 차이나타운을 선택했다. 단순히 숙박만 하는 호텔의 기능을 넘어 지역 커뮤니티의 중심이 되고자 하는 기획이 숙소 곳곳에 녹아 있다. 휴양을 위한 수영장 대신 코트야드를 들이고, 레스토랑과 리셉션, 코워킹 스페이스까지 자연스럽게 연결해두었다. 지상 9층 건물로 3층까지는 아임차이나타운 쇼핑몰이 자리하고 있고 4층부터가 호텔 건물이다. 가장 낮은 카테고리인 Comfy 객실은 조금 좁은 편이라 금액 차이가 크게 나지 않는다면 Roomy 이상 객실을 선택하는 것이 좋다. MRT 왓 망꼰역과 야오와랏 로드가 지척에 있어 차이나타운 여행의 베이스캠프로도 최적의 위치라 할 수 있다.

주소 531 Charoen Krung Road
위치 짜런끄룽 로드, MRT 왓 망꼰역 1번 출구에서 길 건너 도보 5분
요금 Comfy 코트야드뷰 2,400B~, Roomy 시티뷰 2,600B~
전화 02-220-8999
홈피 www.asaihotels.com

---

more & more 아임차이나타운 I'm Chinatown

아사이 방콕 차이나타운 아래에 자리한 쇼핑몰. '쇼핑몰'의 이름을 붙였지만 실상 구입할 만한 것은 없고, 태국의 프랜차이즈 레스토랑과 편의점, 스타벅스, 드러그스토어 등을 이용하는 것에 만족해야 한다. 3층에는 체인 스파인 렛츠 릴랙스가 입점해 있다.

홈피 www.iamchinatownbkk.com

4성급

반2459 헤리티지 부티크 호텔 Baan2459 Heritage Boutique Hotel

단 4개의 객실을 가진 고풍스러운 숙소. 1916년에 지어진 개인 주택을 숙소로 활용하고 있다. 각 객실은 닮은 듯 다른 모습을 품고 있으며 어느 객실이라도 반2459의 정제된 아름다움은 그대로 녹아 있다. 특별한 부대시설은 없지만, 객실 비품들도 고급스럽고 관리도 잘 되어 있어 머물기에 부족함이 없다. 아침 식사는 주문식으로, 원하는 시간과 메뉴에 체크를 하면 공용 거실이나 카페 공간에 차려준다. 이곳에서 운영하는 차타 스페셜티 커피CHATA Specialty Coffee(p232)도 매력이 넘치는 곳이다.

주소 98 Thanon Phat Sai
위치 MRT 왓 망꼰역 1번 출구에서 도보 7분. 캔톤 하우스 바로 뒤편
요금 3,500B~
전화 082-393-2459
홈피 baan2459.business.site

4성급

상하이 맨션 방콕 호텔 Shanghai Mansion Bangkok Hotel

차이나타운의 야오와랏 로드 중심부에 위치한 부티크 호텔이다. 1930년대의 상하이를 모티브로 삼아 마치 옛 상하이의 주택처럼 꾸며 놓았다. 객실이 있는 건물은 'ㅁ'자형으로 가운데는 시냇가처럼 물소리가 들리고 새장을 닮은 조명으로 장식하여 이국적인 아름다움을 자아낸다. 로맨틱한 침구와 조명, 앤티크 가구들은 스타일리시하고 감각적으로 꾸며져 있다. 특히 체크인 시 주는 주변 맛집 지도를 챙겨두면 아주 유용하다. 로비는 건물 2층에 위치한다.

주소 479-481 Yaowarat Road
위치 야오와랏 로드, MRT 왓 망꼰역 1번 출구에서 도보 5분
요금 3,500B~
전화 02-221-2121
홈피 www.shanghaimansion.com

딸랏 노이 Talat Noi

방콕의 첫 번째 항구였던 이곳은 유서가 깊은 지역으로, 200년 전부터 중국인과 포르투갈, 베트남과 크메르인 등의 이민자들이 정착해 살던 곳이다. 역사적인 건축물들이 곳곳에 남아 있어 그 흔적을 짚어볼 수 있으며 메인 도로(Soi Wanit 2)에서 파생된 좁은 골목까지도 저마다 개성이 가득하다. 1km 남짓한 거리로 2~3시간 정도면 충분히 둘러볼 수 있고 골목 입구마다 안내판이 있으니 길을 헤맬 걱정은 하지 않아도 된다. 오후 4시경 리버 시티 방콕에서 출발하여 딸랏 노이를 구경하고 강변의 찻집에서 선셋도 감상한 후에 차이나타운으로 나와 저녁 식사를 즐기는 일정으로 구성하면 Best Fit!

주소 987 Soi Wanit 2, Talat Noi, Samphanthawong(Holy Rosary Church)
위치 리버 시티 방콕 쇼핑몰과 차이나 게이트 사이

✚딸랏 노이 워킹 투어

시작은 리버 시티 방콕(p202)을 기준으로 한다. 리버 시티 방콕 1층에 자리한 자전거 투어 회사인 코반 케셀Co van Kessel 간판을 찾았다면 빙고! 이곳을 등지고 왼쪽으로 2분 거리에 있는 홀리 로자리 교회부터 둘러보면서 딸랏 노이 거리를 감상해보자.

❶ 홀리 로자리 교회

Holy Rosary Church (Kalawar Church)

딸랏 노이에 가장 먼저 정착한 포르투갈 상인들이 1786년에 세운 가톨릭교회. 아담하지만 아름다운 고딕 양식으로 지어졌다. 스테인드글라스로 장식한 창문과 돔형의 천장 등 내부도 상당히 정교하게 장식되어 있다. 현지인들은 까라와 교회 Kalawar Church(골고다 언덕을 상징하는 포르투갈어 깔봐리Calvary에서 유래)라고 한다.

❷ 씨암 상업 은행 (딸랏 노이점)
Siam Commercial Bank (SCB-Talat Noi)

아마도 방콕에서 가장 아름다운 은행일 것이다. 20세기 초반에 지어진 태국 최초의 자국 은행으로, 이탈리아 건축가에 의해 보자르Beaux-Arts 스타일로 만들어졌다. 현재도 실제 은행 업무를 보고 있으며 건축물도 잘 보존되어 있다. 안쪽으로 들어가면 넓은 정원과 강 전망도 있으니 지나치지 말고 꼭 들러보도록 하자.

❸ 딸랏 노이 스트리트 아트 Talat Noi Street Art
지금부터가 딸랏 노이의 핵심이다. 재치 있는 벽화가 가득한 골목으로 이국적인 느낌이 짙다. 골목 한가운데에 수준 높은 핸드드립 커피를 마실 수 있는 마더 로스터 카페Mother Roaster(10:00〜18:00, 월요일 휴무)가 자리한다. 창고처럼 생긴 1층을 지나 2층에 자리하고 있으니 주의! 이곳을 나와 오른쪽으로 가면 오래된 중국식 저택인 소행타이 맨션Ban So Heng Tai이 나온다. 아름다운 고택이지만 관리가 되고 있지 않아 아쉬움이 남는 곳이다.

❹ 클래식 카 스폿 Antique Turtle Car
크게 볼거리는 없지만 딸랏 노이에서 가장 인기 있는 사진 스폿이다. 낡은 클래식 차량이 마치 촬영 소품처럼 서 있는 공간이다. 소행타이 맨션과 가까워 지나가는 길에 쉽게 찾을 수 있다.

❺ 홍씨엥꽁 Hong Sieng Kong
여기까지 걸으면서 딸랏 노이를 구경했다면, 커피 수혈이 시급할 것이다. 200년 된 건물을 카페로 개조한 이곳을 방문해보자. 규모가 큰 박물관처럼 여러 구역으로 나뉘어 있고 강변 전망이 있는 야외 좌석도 있다. 입구에서 음료를 먼저 주문해야 입장할 수 있다. 한낮보다는 저녁 무렵의 시간이 더 운치가 있다.

주소 734,736 Soi Wanit 2, Talat Noi
위치 10:00~20:00 (휴무 월요일)

Old City

올드시티

올드시티 지역은 1782년 짜끄리 왕조(랏따나꼬신 왕조)의 라마 1세가 처음 방콕을 수도로 건설한 왕궁을 중심으로 한 랏따나꼬신 일대와 시청 주변의 구시가지, 배낭여행자 거리가 있는 카오산 일대, 강 건너인 톤부리 지역을 모두 포함하고 있다. 왕궁, 왓 포, 왓 수탓 등 방콕 초기의 화려한 유적지와 사원들이 몰려 있기 때문에 방콕 관광의 1번지로 불리는 곳이기도 하다. 이제 옛 모습은 희미하게 남아 있지만 방콕 전체에서 옛 도시의 정취와 현지인들의 꾸밈없는 삶을 가장 가까이서 느낄 수 있는 지역이기도 하다. 일정이 짧은 여행자라도 한 번은 꼭 방문해볼 것을 추천한다.

올드시티 돌아다니기

지상철과 지하철 사각지대였던 이곳에 2019년 9월, MRT 싸남차이^{Sanam Chai}역이 새로 개통되면서 이 지역의 접근이 한결 쉬워졌다. 교통 체증을 피해 수상보트를 이용해서 움직이는 방법도 적극적으로 추천한다. 카오산 로드에서 가까운 파아팃 선착장, 왕궁에서 가까운 창 선착장, 왓 포에서 가까운 티엔 선착장 등을 이용하면 저렴하고 손쉽게 다른 지역에서 올드시티까지 이동할 수 있다.

✚MRT

MRT 싸남차이^{Sanam Chai}역을 이용하면 된다. 역에서 왕궁까지는 약 1km, 왓 포까지는 약 500m 정도 거리다.

수상보트(파아팃 선착장)

MRT 싸남차이역

✚수상보트

왕궁을 포함해 이 주변을 갈 때는 창 선착장^{Tha Chang}, 왓 포나 왓 아룬을 갈 때는 티엔 선착장^{Tha Tien}을 이용하면 편리하고, 카오산이 목적지라면 파아팃 선착장^{Tha Phra Arthit}을 이용하면 된다.

✚도보

올드시티를 제대로 느끼고 싶은 여행자들에게 가장 추천하고 싶은 방법은 바로 걷는 것이다. 지도와 튼튼한 체력이 필수기는 하지만 차를 타고 지나가 버리면 놓치기 쉬운 것들을 걸으면서 보고, 생각하고, 느낄 수 있기 때문이다. 왕궁, 카오산 주변은 물론, 『방콕 셀프트래블』에서 워킹 투어로 추천하는 지역은 시청 주변의 구시가지 지역이다. 이곳들을 천천히 걸으면서 옛 정취가 남아 있는 방콕의 모습을 마음에 담으면 콩깍지가 제대로 씌워질지도 모른다.

`more & more`

올드시티를 베이스캠프로!

올드시티 탐방을 제대로 해보고 싶은 여행자라면, 일정 중 어느 정도는 올드시티에 묵을 것을 추천한다. 그 후에는 튼튼한 두 다리에 의지하면 되니 여유롭게 올드시티를 여행할 수 있을 것이다.

I ♥ KHAOSAN
www.buddygroupthailand.com

주요 지역

✛왕궁과 그 주변 지역
현재 왕조의 이름을 딴 랏따나꼬신Rattanakosin이라 불리는 지역으로 왕궁과 왓 포, 왓 아룬 등으로 대변되는 방콕의 관광 1번지와 같은 지역이다. 이 지역만 둘러보아도 방콕 관광의 절반은 끝난 것이라 보아도 무방하다.

✛시청 주변
방콕 시청과 인근의 구시가지 지역으로 방콕의 옛 도심이라 할 수 있다. 현재도 지어진 지 100년이 넘은 가옥들이 그대로 남아 있고, 골목 곳곳에 역사와 전통을 가진 맛집들이 산재한다. 옛 도심의 정취를 흠뻑 느낄 수 있으므로 민주 기념탑을 시작으로 반드시 걸어서 구경해볼 것을 추천한다.

✛카오산과 방람푸
카오산은 원래 방콕 방람푸 지역에 위치한 약 300m 길이의 도로 이름이다. 하지만 지금은 여행자 대상 숙소와 시설이 모여 있는 주변 일대를 모두 포함하는 이름이 되었다. 저렴한 숙소와 여행사는 물론 다양한 여행 인프라를 갖추고 있다.

주요 거리

❶ 카오산 로드와 람부뜨리 로드
Khao San Road & Rambuttri Road

마담 무써 / 룸 191 카오산 / 더 원 앳 카오산 / 빠이 스파 / 찰리 마사지 / 프리핸드

❷ 파아팃 로드 Phra Arthit Road
프라쑤멘 요새 / 파아팃 선착장 / 쿤 댕 꾸어이짭 유언 / 푸아끼 / 헴록

❸ 딘소 로드 Dinso Road
민주 기념탑 / 방콕 시청 / 싸오 칭차 / 진저브레드 하우스 / 몬놈솟

❹ 마하랏 로드 Maharat Road
왕궁 / 왓 포 / 창 선착장 / 티엔 선착장 / 살라 랏따나꼬신 루프톱 바

카오산과 방람푸

왕궁과 그 주변 지역

파아팃 로드

시청 주변

딘소 로드

더 씨암 (700m)

위만멕 궁전
Vimanmek Palace(공사중)

두짓 정
Dusit Gard

아피섹 두짓 궁전 박물관
Abhisek Dusit Throne Hall

아난따 싸마콤 궁전
Anata Smakom Palace

라마 5세
동상

타 테웻
Thewet

N15

씨 아유타야 로드 Si Ayuttaya Road

타 사판 팔람 벳
Rama 8 Bridge

프라나콘 런넨 H

N14

긴롬촘사판

Charansnitwong Road

타 프라아팃
(Banglamphu)
Phra Arthit

N13

7

타 사판 삔까오
Phra Pin Klao Bridge

N12

프라쑤멘 요새

카오산(p245)

누보 시티 호텔 H

타 롯파이
Rot Fai
(Thonburi Railway)

N11

M 헬스 랜드

쿤 뎅
꾸어이짭
유언

Phra Arthit Road

왓 보원니웻

왓 차나 쏭크람

국립미술관

국립박물관

왓 마하탓

싸남루앙

로열 호텔

방콕
0km
마크

민주 기념탑

M

Phrasumane Road

Sam Sen Road

Khaosan Road

Ratchadamnoen Klang Road

Prachathipatai Road

Nakhon Sawan Road

Ratchadamnoen Nok Road

로열 프린스
란루앙

프린스 팰리스 호텔

란루앙 로드 Lan Luang Road

퀸즈 갤러리

타이항공

마하깐 요새

왓 랏차낫다람과 라마 3세 공원
Wat Ratchanatda & Rama III P
วัดราชนัดดา

푸 카오 텅과 왓 사켓
Phu Khao Thong & Wat Saket
ภูเขาทอง

타 왕랑
Wang Lang

N10

탐마삿 대학

마하랏 시장

타 마하랏 쇼핑몰 S

타 마하랏

실라빠콘
대학

밋꼬 유안 R

반 팟타이 R

몬농솟 R

크루아 압쏜 R

중국
사원

레드도어
타이퀴진

안야 어센틱
타이퀴진

락무앙

더 부톤 H

진저브레드
하우스 R H

씨청차 R

팁 사마이

칭차 방콕 호스텔 R

N 스윙 바

타창
Tha Chang

N9

왕궁과 에메랄드 사원
The Grand Palace &
Temple of the
Emerald Buddha
พระบรมมหาราชวัง

내무부

사란롬
파크

왓 수탓
Wat Suthat
วัดสุทัศน์

뜨롱 모
시장

Soi
Samranrat

Bamrung Muang Road

Boriphat Road

Maha Chai Road

Bamrung Muang 로드

타 티엔
Tha Tien

N8

살라 랏따나꼬신 방콕 H

살라 랏따나꼬신 루프톱 바 N

왓 아룬
Wat Arun
วัดอรุณ

왓 포 Wat Pho
วัดโพธิ์

씨암 박물관 M

짜런크롱 로드 Charoenkrung Road

싸얏
Sam Yot

M

왓 망꼰
Wat Mangkon

7월 22
회전교

Sanam Chai Road

Thai Wang 로드 Maharat Road

Na Phra Lan Road

Chetuphone
Road

싸남차이
Sanam Chai

아사이 방콕
차이나타운 H

타 사판풋
Memorial Bridge

빡크롱 시장

삼펭 시장

타이항공

N7

N6

타 라차웡
Rachawong

N5

차이나타운
China Town

왓 뜨라이밋

차이나 게이트

N
올드시티

타 끄롱짜오프라(하바)
Harbour Dept

N4

카오산

N

핫츠 갤러리
라마 3세 공원
무 카오 텁

방콕 0km 마크

민주 기념탑

시청
왓수탓

벤츠

Trok Sake

따나오 로드 Tanao Road

랏차담넌 끄랑 로드 Ratchadamnoen Klang Road

라차님누 우체국

교통 경찰

왓 보원니웻

따나오 로드 Tanao Road

KFC

서브웨이

소방서

케이 커피
은행

스웬슨

피자 컴퍼니

빠통꼬

마인 스파

빅씨 바

버디 로지

방람푸 우체국

잠부리 로드 Phra Arthit Road

램부뜨리 로드 Rambuttri Road

Susie Walking Street

마인 마사지

칠리 마사지

까사 위마야
리버사이드 호텔

방람푸 시장

재우 쪽
방람푸

홈프라야

쎄우 쪽
방람푸

마이
딸랏

츠차 스파

몰리 바

룸 191 카오산

샘센 로드
Sam Sen Road

7능뜨린
방부안

따니 로드 Tani Road

티아린타
마사지

방람푸 바

카오산 Khaosan Road

밀라 차차

방콕 바

더 원 엣
카오산

카오산
센터

은행

방향생 백화점

프리헨드

롯네빵 베이커리

짜리 엔터

아유타야

방람푸 바

댐범 호텔

D&D

반 차트

쏘이 롬 Soi Rom

안경점

안정점

왓 차나 쏭크람
Wat Chana Songkhram

람부뜨리 로드 Rambuttri Road

차크라퐁 로드 Chakraphong Road

차나쏭크람 경찰서

Soi Trok Ma Yom

로열 호텔

북부역

PPT
주유소

푸아끼

롯띠마따바

람부뜨리 발리지 인

국립미술관

프라쑤멘 요새

샘멩 어바웃 이스

마담 무세

메리 V

동대문

낸시
마사지

국립극장

나이 쏘이

쏘이 차나 쏭크람 Soi Chana Songkhram

프라쑤메인 로드 Phrasumane Road

국립박물관

핀 프라아팃
Phra Arthit
(Banglamphu)

쿤 쏘이

쿤 뱅
쿠아이쩝
유안

행운

리바

수르야

쏘이 짜오프라야

차오파 로드 Chaofa Road

빵까오
다리

★★★★

왕궁과 에메랄드 사원
The Grand Palace & Temple of the Emerald Buddha

방콕에 처음 발걸음을 내딛게 되면 가장 먼저 찾게 되는 왕궁은 담 둘레만 1,900m에 이르고 금박, 자기, 유리 등으로 장식한 더없이 화려하고 이국적인 궁전이다.

400여 년 넘게 이어온 위대한 왕조, 아유타야 왕국(1350~1767)이 버마(미얀마)에 의해 몰락하고 잿더미가 된 나라를 구하기 위해 봉기한 '딱신'의 왕조가 바로 톤부리 왕조다. 하지만 톤부리 왕조는 전쟁으로 피폐해진 혼란한 상황과 민심을 수습하지 못하고 겨우 15년 동안의 치세를 끝으로 그 운명을 다하게 된다. 톤부리 시대 말기의 가장 큰 군벌 세력이었던 '쏨뎃짜오프라야'의 가문의 일원으로 새로운 왕위에 오른 이가 바로 라마 1세. 현재까지도 이어져 오는 짜끄리 왕조의 서막이 열린 것이다. 라마 1세는 즉위하자마자 버마의 침공을 방어하기에 유리하고 넓은 평지를 보유해 계속 확장하기에 무리가 없는 톤부리의 강 동쪽인 '방꺽(방콕)'으로 수도를 천도하게 된다. 1782년, 왕궁의 건축을 시작하였고, 아유타야 시대의 화려했던 왕궁을 모델로 삼아 흩어진 민심을 수습하는 데 심혈을 기울였다. 왕궁이 완공되자마자 라마 1세는 이곳에서 성대한 즉위식을 거행하였다.

왕궁과 함께 '왓 프라깨우'라는 이름으로 더 알려진 에메랄드 사원은 왕궁과 따로 있는 것이 아니라 왕궁 안에 포함되어 있다고 보면 무방하다. 에메랄드 사원은 왕궁 관광에 있어 하이라이트라고 할 수 있다. 그 외에도 많은 궁전과 건물, 탑, 조각상 등이 왕궁 구내에 모여 있다.

주소 Na Phra Lan Road
위치 ❶ 창 선착장Tha Chang에서
     걸어서 5분
     ❷ MRT 싸남차이역 1번
     출구에서 1.3km
운영 08:30~15:30
요금 입장료 500B
     (살라 짜런끄룽 왕립극장 공연,
     왕립 박물관 포함, 7일 이내 사용)
홈피 www.royalgrandpalace.th

more & more 왕궁 자세히 둘러보기

에메랄드 사원(왓 프라깨우) 구역 Temple of the Emerald Buddha Area

티켓을 구입하고 입장하면 먼저 에메랄드 사원 구역에 도착
하게 된다. 입구 안쪽에는 칼을 든 2개의 거인상을 만날 수 있
다. 에메랄드 사원은 테라스, 에메랄드 사원, 갤러리의 세 구
역으로 크게 나누어진다.

❶ 테라스 The Upper Terrace

테라스에는 서로 다른 모양의 탑 3개와 앙코르와트의 모형이
있다. 가장 크게 눈에 띄는 종 모양의 황금 탑은 '프라 씨 라따
나 체디Phra Si Ratana Chedi'라고 부르는데 스리랑카 양식의 체
디(불탑)로 부처님의 가슴뼈가 보관되어 있다고 한다. 체디 바
로 오른쪽에 있는 곳은 '프라 몬돕Phra Mondop'이라 불리고 왕
실 도서관으로 사용되었다. 이곳에 불교 서적들이 보관되어
있다. 프라 몬돕 오른쪽에 있는 건물은 크메르 양식이 가미된
옥수수 모양의 불탑이 지붕을 장식하고 있다. 이 건물 주변의
탑은 사람과 새를 합친(반인반조半人半鳥) 낀날리의 조각들이
수호신처럼 조형물을 떠받들고 있다. 햇빛을 받으면 가장 화
려하게 빛나는 조각들로 수많은 사진 속에 등장하는 주인공
들이다. 3개의 탑 모두 내부 입장은 허용이 안 되고 밖에서 지
켜보는 것만으로 만족해야 한다. 캄보디아의 대표 유적지인
앙코르와트 모형은 탑 뒤쪽에 전시되어 있다.

❷ 에메랄드 사원(왓 프라깨우) Temple of the Emerald Buddha

왕궁 안에 있는 왕실 전용 사원으로 태국에서 가장 신성하게
여기는 '프라깨우 불상(에메랄드 불상)'이 있는 곳이다. 프라
깨우 불상은 봇Bot이라 불리는 본당에 모셔져 있고 크기는 약
60cm 정도다. 실제로는 옥으로 만들어진 이 불상은 왕실에
번영과 행운을 가져다준다는 믿음 때문에 매우 신성시된다.
우기와 여름, 겨울에 해당하는 절기에 국왕이 손수 옷을 갈아
입힌다. 보통 때는 일반인들도 에메랄드 사원에 입장이 가능
하고 사원 안과 밖에서 경건한 모습으로 기도를 드리는 현지
인들의 모습도 많이 볼 수 있다.

❸ 갤러리 The Galleries

에메랄드 사원 주위에는 '라마끼안Ramakian' 갤러리가 있고
178개의 대형 그림이 벽을 장식하고 있다. '라마끼안'이란 고
대 힌두 서사시 중 하나인 '라마야나'를 가리키는 태국어다.
신이 인간의 모습으로 분해 권선징악을 구현하는 라마끼안
이야기의 핵심이 담겨 있는 그림들로 현재의 짜끄리 왕조 국
왕들을 모두 '라마Rama'라고 부르는 것과도 일맥상통한다.

왕궁 구역The Grand Palace Area

에메랄드 사원 구역을 벗어나면 바로 왕궁 구역이다. 이제부터는 알록달록한 탑이나 사원 건물 대신 서구 영향을 많이 받은 건물들이 등장한다. 왕궁 구역에는 많은 건물이 있어 더위를 식히며 천천히 둘러보는 것이 좋다.

❶ 보롬피만 홀Borom Phiman Hall

유럽 스타일에 가장 가깝게 지어진 건물로 라마 4세가 지어 라마 8세까지 이곳에 자리했다. 라마 8세가 궁전 안 침실에서 주검으로 발견된 비운의 사건 이후 현재의 국왕은 '칫뜨라다 궁전Chitralada Palace'으로 옮겨졌다. 관광객들은 입장이 되지 않아 멀리서 바라보는 것으로 만족해야 한다.

❷ 프라 마하 몬티안Phra Maha Monthien

라마 1세 때 지어진 궁전으로 3개의 건물을 합쳐서 부른다. 왕위 즉위식이나 탄신일 등 중요한 행사에 쓰인다.

❸ 짜끄리 마하 프라삿 홀Chakri Maha Prasat Hall

왕조 100주년을 기념하기 위해 라마 5세가 건축한 건물이다. 라마 5세가 유럽 순방 후에 지은 건물로 태국 양식과 유럽 양식이 혼합되어 있다.

❹ 두짓 마하 프라삿 홀Dusit Maha Prasat Hall

왕궁 내에서 가장 오래된 궁전이자 전형적인 태국 양식의 건물로 하얀 십자형 구조로 되어 있다. 겹겹이 올린 지붕과 왕관 모양의 첨탑이 상당히 아름답다. 왕실의 장례에 사용되기도 한다.

Tip | 왕궁 관광에 필요한 정보

❶ 왕궁은 365일, 점심 시간 없이 문을 연다(단, 국왕과 왕비의 탄신일에만 왕궁을 개방하지 않기도 한다).

❷ 방콕에서 여행자를 대상으로 사기를 치는 사기꾼들이 가장 많은 곳이 왕궁 주변이다. 가장 흔한 수법은 '왕궁이 오늘 문을 닫았다'고 하거나 '저렴하게 툭툭으로 방콕 구경을 시켜준다'고 유혹하여 보석상 등으로 유인하는 것이다. 이런 사람을 만나면 반드시 대응하지 말고 무심하게 지나가자. 이런 호객꾼에게 유인당한 후에는 사기 보석 강매를 당할 수도 있으니 꼭 조심하자.

❸ 왕궁은 무척 더워서 오후보다는 오전에 둘러보는 것이 좋다. 숙소에서 나올 때 숙소의 명함을 하나 챙기면 나중에 숙소로 돌아올 때 요긴하다.

❹ 왕궁 입장 시 반바지나 미니스커트, 민소매 상의, 노출이 심한 옷, 슬리퍼 차림은 입장이 허용되지 않는다. 예치금을 내면 옷과 신발을 빌릴 수 있지만 복잡하고 시간이 많이 걸린다. 잔돈이 없으면 내는 금액이 그대로 예치금이 되기도 한다. 그렇게 빌려주는 사롱도 무척 두꺼워 오히려 더위를 자극한다. 긴 바지, 운동화 차림 등 복장 규정을 지키는 것이 좋다.

❺ 왕궁 티켓에는 왕립극장 공연, 왕립 박물관 입장권도 함께 있다(7일 내 사용).

★★★★

왓 포 Wat Pho

방콕이 새로운 수도가 되기 전인 16세기에 지어진 곳으로 방콕에서 가장 오래되고 큰 사원이다. 거대한 와불상과 전통으로 인해 특별한 의미를 지니고 있다. 길이가 46m에 높이는 15m나 되는 와불상은 부처가 열반에 드는 모습을 형상화한 것으로 발바닥에는 108 번뇌를 묘사한 그림이 세밀하게 그려져 있다. 대법전과 와불상 사이에는 4개의 초대형 체디를 볼 수 있다. 이것은 버마와의 전쟁에서 방화를 당했던 아유타야의 프라씨싼펫 불상을 왓 포로 모셔와 안치하고 탑(녹색)을 세운 것으로, 후에 라마 3세가 흰색과 황색 탑을. 라마 4세는 청색 탑을 세움으로 동서남북에 각각 다른 색깔의 4개의 탑이 있게 되었다. 또한 왓 포의 또 다른 의미는 당시의 학자와 석학들이 모여 종교를 비롯한 의학, 문학 등 다양한 학문을 논하고 그 기록을 남겨 태국 최초의 대학으로도 불리는 것이다. 왕실의 전폭적인 지지 아래 명실공히 다양한 학문의 교육 중심지로서 발전해 왔고 현재까지도 마사지 스쿨 같은 태국 전통 의학의 총본부 역할을 하고 있다.

주소   2 Sanam Chai Road
위치   티엔 선착장Tha Tien이나
       왕궁에서 도보로 5~10분 거리
운영   08:00~18:30
요금   입장료 300B
       (키 120cm 미만 무료)
전화   02-226-0335
홈피   www.watpho.com

Tip 1 | 왓 포 마사지

왓 포 마사지 스쿨에서 운영하는 마사지 숍으로 많은 사람이 마사지를 받기 위해 왓 포를 방문한다. 관광을 하고 마사지도 받기 위해 왓 포를 방문하는 사람이 많은 만큼 그 인기가 대단해서 아침 일찍 가지 않으면 기다려야 한다.

Tip 2 | 왓 포 찾아가기

왓 포의 입구는 두 군데로 쩨뚜폰 로드Chetuphone Road와 타이왕 로드Thai Wang Road에 각각 있다.
❶ 왕궁 쪽에서 걸어올 때는 왕궁 입구에서 나와 오른쪽으로 걷는다. 길모퉁이가 나오면 ⋯ 우회전 ⋯ 직진 ⋯ 우회전하여 타이왕 로드로 접근하는 것이 가깝고 이 쪽으로 들어오면 와불상을 먼저 만나게 된다.
❷ 티엔 선착장에서 찾아갈 때는 오른쪽 길인 마하랏 로드Maharat Road로 일단 길을 잡고 길모퉁이가 나오면 좌회전하여 쩨뚜폰 로드로 접근하는 것이 가깝다.

왓 아룬 Wat Arun

★★★★

새벽 사원Temple of Dawn이라는 이름으로도 잘 알려진 왓 아룬은 짜오프라야강 톤부리 쪽에 위치하고 있다. 10B 동전과 태국 관광청 로고에 사용된 사원으로 짜오프라야 강의 전경과 함께 태국을 알리는 엽서나 광고 사진에도 많이 등장한다. 사원 가운데 가장 높은 탑은 왓 아룬의 상징으로 크메르 양식의 건축 기법의 영향을 받았다. 힌두교에서 우주의 중심인 수미산Mount Meru을 의미한다. 해가 질 무렵이나 밤에는 조명이 들어오기 때문에 강 건너나 디너 크루즈에서 선셋이나 야경으로 왓 아룬을 즐기는 것도 한 방법이다.

주소 158 Thanon Wang Doem
위치 짜오프라야 강 톤부리 쪽.
왓 포 근처의 티엔 선착장에서
르어 깜팍(크로스 리버 페리)을
타고 강을 건너면
도보로 2~3분 거리
운영 08:00~18:00
요금 입장료 100B(2024년 2월 기준)

사란롬 파크 Saranrom Palace Park

★★★

국왕의 형제들이 자신의 궁전으로 옮기기 전 일시적으로 머물기도 했으며 왕실의 중요한 손님의 접대에도 사용되었다. 1932년 쿠데타 이후 정부 청사로 사용되다가 1960년대에 들어서 공원으로 일반인에게 개방되기 시작했다. 개방 초기에는 방콕 최초의 식물원이기도 했으며 식물원으로 사용한 건물이 공원의 한쪽에 아직 남아 있다. 많은 나무와 꽃들이 잘 가꾸어져 있고 고풍스러운 건물들, 연못, 클래식한 벤치까지 올드시티와 딱 매치되는 사랑스러운 공원이다. 왕궁, 왓 포와 가까워 연계해 둘러보기에도 적당하다.

주소 Between the intersection of New Road and Rajini Road Phra Nakhon
위치 ❶ 티엔 선착장에서 타이왕 로드Thai Wang Road 쪽으로 직진 후 큰 사거리가 나오면 길 건너 직진, 티엔 선착장에서 도보로 10분 거리
❷ MRT 싸남차이Sanam Chai역에서 도보로 500m
운영 05:00~21:00　　요금 무료
전화 02-221-0195

★★

📷 씨암 박물관 Siam Museum

2008년 오픈한 박물관이다. 기존의 박물관처럼 유적이나 유물을 전시하는 곳이 아니고 태국의 역사와 전통문화를 체험하고 공부할 수 있도록 구성되어 있다. 정부 청사로 사용되던 유럽풍의 건물로 들어서면 동남아시아 전 지역의 고대 역사를 다룬 '수완나폼(황금의 땅이라는 의미)' 전시실, 시청각 교육실 등이 있다. 1층에 있는 시청각 교육실에서 짧은 역사 영화를 본 뒤 3층, 2층 순서대로 둘러보는 것이 좋다. 태국이 지나온 역사를 체험할 수 있는 장으로 가족 단위 현지인들이 많이 찾는다.

주소 4 Sanam Chai Road
위치 ❶ 왓 포 남쪽. 티엔 선착장에서 마하랏 로드 오른쪽 길을 따라 도보 10분.
  왓 포 지나서 위치
  ❷ MRT 싸남차이역 1번 출구에서 바로 연결
운영 10:00~18:00 (휴무 월요일)　　　요금 성인 100B
전화 02-225-2777　　　　　　　　　　홈피 www.museumsiam.org

 ★

락무앙 Lak Muang(Bangkok City Pillar Shrine)

도시의 탄생을 기념하고 도시의 안녕을 기원하는 기둥으로 태국의 대부분 도시에는 락무앙이 하나씩 있다. 방콕의 락무앙은 라마 1세가 수도를 이전하는 기념으로 1782년에 세웠다. 높이는 4m이고 연꽃 모양으로 만들어졌다.

주소 2 Lak Muang Road
위치 창 선착장에서 도보로 10분. 왕궁 입구를 지나
  락무앙 로드Lak Muang Road 쪽으로 진입
운영 06:30~18:30　　　요금 무료
전화 02-222-9876

 ★★

왓 마하탓 Wat Mahathat

아유타야 시대에 만들어진 사원. 1887년, 승려들을 위한 학교가 에메랄드 사원인 왓 프라깨우에서 왓 마하탓으로 이전하면서 현재까지도 태국 불교 교육의 산실로 자리매김하고 있다. 태국의 제2 불교대학이라 할 수 있는 마하 쫄라롱꼰 불교대학의 스님들이 불교를 연구하기 위해 살고 있고 수많은 승려들이 수행을 하고 있다. 외국인들도 일정 기부금을 내면 템플 스테이를 경험할 수 있고 명상 수련에도 참여할 수 있다.

주소 3 Maharat Road
위치 창 선착장에서 내려 큰길이
  나오면 마하랏 로드 왼쪽 길을
  따라 도보로 10분(후문으로
  접근), 정문은 싸남루앙 왼쪽 편
운영 09:00~17:00
요금 무료

📷 ★ 마하랏 시장 Talat Maharat

일명 부적 시장. '프라 크르앙Phra Khreuang(불상이 새겨진 작은 조각으로 악운을 물리치는 부적과 같은 것)'이나 불교용품 등을 파는 상점과 노점 밀집 지역이다. 방콕의 다른 시장에서는 볼 수 없는 이국적이고 독특한 분위기로, 현지인들 틈에서 함께 부적을 골라보는 것도 여행의 한 재미!

주소 Maharat Road
위치 창 선착장과 프라짠 선착장 사이의 마하랏 로드
운영 09:00~18:00(보통 낮 시간)

📷 ★ 싸남루앙 Sanam Luang

싸남루앙은 '왕실 공원'이라는 뜻으로 카오산 부근부터 왕궁 입구 쪽까지 방대하게 펼쳐져 있는 광장이자 운동장이다. 왕의 생일 기념식이나 신년 행사 등 국가적인 행사가 이곳에서 열린다. 왕궁이나 주변 관광지 때문에 낮 시간에 이곳을 한 번쯤 지나치게 되므로 기념사진 한 장 정도 찍는 정도로만 둘러보면 무방하다.

주소 Ratchadamnoen Avenue, Phra Borom Maha Ratchawang
위치 왕궁 입구 건너편 혹은 카오산 쪽에서는 도보로 5분
운영 05:00~22:00   요금 무료

📷 ★★★ 퀸즈 갤러리 Queen's Gallery

라마 9세의 왕비인 시리킷 여왕Queen Sirikit의 지원으로 2003년 오픈한 갤러리. 태국 예술의 홍보와 태국 예술가들의 판로를 열어주는 역할을 하고 있다. 작품의 다양성이나 그 수준이 높아 추천할 만하다. 총 5층 건물로 오피스가 있는 맨 위층을 제외하고 나머지 공간은 전시 공간으로 이용되고 있다. 갤러리 입구에 아담한 카페와 화가 지망생들이 실제 습작을 구입할 수 있는 숍이 함께 있다.

주소 101 Ratchadamnoen Klang Road
위치 민주 기념탑에서 라마 3세 공원 방면으로 도보로 5분
운영 10:00~19:00 (휴무 수요일)
요금 50B
전화 02-281-5360

★★★
국립박물관 The National Museum Bangkok

태국에서 가장 크고 유서 깊은 박물관으로 1887년 개장하였다. 라마 1세 때 지어진 국립박물관 건물은 태국 전통 양식으로 고풍스러운 박물관 건물 자체가 볼거리이기도 하다. 건물은 크게 역사관, 본관, 별관, 레드하우스 등으로 태국 역사 개요, 왕실 생활용품, 태국 역대 왕조의 미술품과 조각, 불상 등을 전시하고 있다. 매주 수요일과 목요일 오전 9시 30분에 영어 무료 가이드 서비스를 받을 수 있다.

주소 Na Phrathat Road, Grand Palace Sub district
위치 카오산 로드에서 도보로 10분. 싸남루앙 서쪽의 탐마쌋 대학교와 국립극장 사이
운영 08:30~16:00 (티켓 판매는 15:30까지) (휴무 월~화요일, 국경일)
요금 200B
전화 02-224-1370

★★
국립극장 National Theater

토요일과 휴일에만 태국 전통의 라마야나를 극화한 가면극 '콘Khon'과 무용극 '라콘Lakhon'을 공연하는 극장이다. 공연이 없는 날은 학생들이 전통 공연을 배우는 모습을 볼 수도 있다. 장내에서 펼쳐지는 공연의 수준이 높은 편이다.

주소 4 Soi Rachini Somdet Phra Pin Klao Road
위치 카오산 로드에서 도보로 5분. 국립미술관 맞은편. 국립박물관 옆
운영 토, 공휴일(공연 시간에 따라 상이)
요금 좌석에 따라 100~200B   전화 02-221-0171

★
국립미술관 National Gallery

20세기 초반의 고풍스러운 아름다움이 남아 있는 미술관 건물은 처음 화폐주조소로 지었다가 후에 미술관으로 다시 개관하였다. 태국 작가들의 그림이나 조각 등의 작품을 전시한다. 1층에는 현대적인 작품을, 2층에는 태국 전통 예술 작품을 주로 전시한다. 관리가 허술한 면이 있어 국가에서 운영하는 미술관으로는 다소 실망스러움이 느껴지는 미술관이다.

주소 4 Chao Fa Road
위치 카오산 로드에서 삔까오 다리 쪽으로 도보로 5분. 차오파 로드Chao Fa Road에 위치
운영 09:00~16:00(티켓 판매는 15:30까지) (휴무 월~화요일, 국경일)
요금 200B
전화 02-281-2224

📷 ★★★ 왓 사켓 Wat Saket (The Golden Mount)

황금의 언덕(푸 카오 텅)으로 불리는 인공 언덕 위에 있는 사원. 빌딩을 제외하고 방콕에서 가장 높은 곳이다. 곡선을 그리는 계단을 오르면(머리 조심) 황금색 탑이 있는 옥상이 나온다. 평소에 운동과 담을 쌓고 지냈다면 계단을 오르는 일이 만만치 않을 것이다. 그러나 여기서 보는 방콕의 전망으로 보답이 될 것이다.

주소	344 Chakkraphatdi Phong Road
위치	민주 기념탑에서 동쪽으로 도보로 약 10분. 운하 건너자마자 위치
운영	07:00~19:00
요금	100B

📷 ★ 방콕 0km 마크 THE 0 KILOMETER MARKER

방콕의 모든 길은 이곳으로 통한다. 각 나라에서 지도를 그릴 때나 도로 거리를 측정할 때 쓰는 기준점, '도로원표Zero Kilometer Point'가 되는 장소이다. 태국 전 지역의 각 지방까지 거리는 이곳을 기준으로 한다. 바로 옆에는 태국 전체의 도로가 나와 있는 지도가 함께 있고 특별한 안내문 같은 것은 없다.

주소 149 Prachathipatai Road
위치 민주 기념탑 맞은편. 민주 기념탑 서클에 있는 맥도날드에서 퀸즈 갤러리 방면
운영 24시간
요금 무료

📷 ★ 민주 기념탑 Democracy Monument

1932년 6월 24일, 절대 왕정이 붕괴되고 헌법을 제정한 민주 혁명을 기념하기 위해 만든 탑. 두짓 지역과 시청 지역, 왕궁 지역, 카오산을 잇는 교통 요지 가운데 위치해 있다. 올드시티의 중요한 랜드마크로, 지도에서 위치를 미리 파악해 두는 것이 중요하다.

주소 Corner Ratchadamnoen Klang Road & Dinso Road
위치 카오산 로드에서 남동쪽으로 걸어서 10분. 랏차담넌 끌랑 로드Ratchadamnoen Klang Road에서 딘소 로드Dinso Road로 가는 코너
운영 24시간   요금 무료

★★★★

왓 랏차낫다람과 라마 3세 공원 Wat Ratchanatdaram & Rama III Park

민주 기념탑과 인접해 있는 사원과 공원으로 모두 라마 3세와 관련이 있다. 왓 랏차낫다람은 라마 3세가 그의 어머니를 위해 지은 사원으로 철의 사원(Metal Castle)이라 불리는 로하 프라삿(Loha Prasat)으로 더 유명하다. 해탈의 길로 가는 과정을 형상화한 37개의 뾰족한 탑이 매우 독특하면서 강인한 느낌이다. 나선형 계단을 통해 꼭대기까지 올라갈 수 있다. 왓 랏차낫다람 앞쪽으로 라마 3세 공원이 있고 제법 깔끔해 현지인들이 휴식을 취하는 모습이 종종 눈에 띈다. 공원 앞쪽으로 라마 3세 동상이 자리하고 있다.

주소 2 Maha Chai Road
위치 민주 기념탑에서 동쪽으로
　　 도보로 5~7분.
　　 퀸즈 갤러리 맞은편
운영 09:00~17:00
요금 무료

★★★★

왓 수탓 Wat Sutat

왕궁과 에메랄드 사원이 관광객으로 넘쳐나 선뜻 내키지 않는다면, 방콕의 수많은 사원 중에 딱 하나만 둘러보고 싶다면 왓 수탓을 추천한다. 방콕에서도 아름답고 우아한 사원으로 손꼽힌다. 내부에는 8m 높이의 불상이 안치돼 있다. 14세기 수코타이에서 만들어진 불상으로 아유타야의 왓 마하탓에서 옮겨왔다. 법당은 2단 기둥으로 만들어졌는데 방콕에 있는 사원 중 가장 높다. 화려하면서도 그윽한 기품에 누구라도 매료당하게 된다. 사원을 나오기 전, 내벽에 안치된 150여 개의 불상도 꼭 둘러볼 것.

주소 146 Bamrung Muang Road
위치 싸오 칭차를 사이에 두고 시청과
　　 마주 보고 있다
운영 08:30~17:30
요금 100B

📷 ★★ 뜨록 모 시장 Trok Mor Market

왓 수탓 근처에 자리한 전형적인 현지인 시장. 테사 시장Thesa Market이라
고도 한다. 육류와 생선, 해산물, 채소, 과일 등을 구입할 수 있고 어묵이
나 두부, 튀김 등 반찬의 종류도 다양하게 취급한다. 현지인들의 생생한
삶의 현장으로 들어가 보고 싶다면, 아침 일찍 방문할 것을 추천한다.

주소 Soi Thesa Ratchabophit
  Road
위치 왓 수탓에서 도보로 약 5분.
  왓 수탓 입구를 등지고 왼쪽 편
  큰 사거리를 건넌 뒤, 두 번째
  골목 쏘이 테사Soi Thesa로 진입
운영 05:00~10:00

📷 ★ 시청 City Hall

올드시티 한가운데 위치한 방콕 시청은 주변을 활용
하는 데 있어 중요한 길라잡이가 되어 주고 있다. 방
콕 시청이 위치한 사거리를 중심으로 주요 관광지가
연결되어 있고 주변으로 오래된 로컬 식당들이 상당
히 많은 편이다. 시청은 일부 건물을 제외하곤 관광객
들도 들어갈 수 있고 시청 중앙부에는 오픈된 녹지 공
간이 있다. 딘댕 지역에 제2 청사가 있다.

주소 173 Dinso Road, Sao Chin Cha
위치 민주 기념탑에서 딘소 로드를 따라 노보로 5~10분
전화 02-221-2141

📷 ★ 싸오 칭차 Giant Swing

짜끄리 왕조 때인 1784년 이후 힌두교 행사로 쓰이던
대형 그네로 자이언트 스윙Giant Swing이라고도 한다.
그네를 타고 하는 묘기도 행사의 일부였는데 사고가
자주 일어나면서 절대왕권이 끝나는 1932년을 마지막
으로 행사가 중단되었다. 지금은 그네 없이 붉은 기둥
만 남아 있다.

주소 Bamrung
  Muang
  Road
위치 왓 수탓과
  시청 사이
요금 무료

★★★

왓 보원니웻 Wat Bowonniwet

태국인들에게 특별한 의미가 있는 사원이다. 라마 4세가 가장 위대한 왕으로 추앙받는 라마 5세(쭐라롱꼰왕)의 부왕으로 즉위할 때까지 무려 27년간이나 수행을 한 사원이다. 당시 비합리적인 면이 많았던 불교 개혁을 선도했고 미국에서 온 선교사들에게서 영어와 신학문을 익히기도 하였다. 태국의 근대화와 발전을 위한 초석이 마련된 사원인 것이다. 라마 4세뿐 아니라 라마 6세, 라마 7세, 라마 9세가 왕이 되기 전 머물면서 수행했던 곳으로 이런 역사적인 배경 때문에 태국인들은 이 사원을 매우 소중히 여기고 있다.

주소 248 Phrasumane Road
위치 카오산 로드에서 도보로 5~7분.
     방람푸 우체국 맞은편
운영 08:00~17:00
요금 무료

★★★

프라쑤멘 요새 Phrasumane Fort

1782년 라마 1세가 수도를 톤부리에서 방콕으로 옮기면서 만든 요새. 정찰을 위해 외벽 가운데는 전망대처럼 높게 만들어져 있다. 싼띠차이 쁘라깐 공원Santichai Prakan Park 안에 위치하고 있어 마치 공원의 상징물 같은 역할을 하기도 한다. 짜오프라야 강과 라마 8세 대교의 전망이 좋고 깨끗하게 꾸며져 있다. 곳곳에 벤치가 있고 잔디밭도 마음껏 이용할 수 있어서 쉬기도 편하다.

주소 Corner Phra Arthit Road & Phrasumane Road
위치 파아팃 로드의 북쪽 끝과 프라쑤멘 로드 코너.
     수상보트를 타고 이동할 때는 파아팃 선착장에 내려
     왼쪽 길로 2~3분 거리
운영 08:00~21:00
요금 무료

마하깐 요새 Mahakan Fort

★

프라쑤멘 요새와 더불어 방콕에 남아 있는 2개의 요새 중 하나. 요새 가까이에는 방콕의 성벽과 도시 외곽을 연결하던 판파 다리Phan Fa Bridge가 있다. 이 다리 밑을 지나는 운하가 방콕 초기의 도시 경계선이기도 했다. 라마 3세 공원과 인접해 있다.

주소 Corner Ratchadamnoen Klang Road & Maha
　　　Chai Road
위치 민주 기념탑에서 동쪽으로 400m 판파 다리
　　　건너기 직전, 왼쪽
운영 24시간　　　　　　요금 무료

왓 차나 쏭크람 Wat Chana Songkhram

★

카오산에 온 사람이라면, 누구라도 이 앞을 여러 번 지나치게 되는 사원이다. 그만큼 카오산 지역의 지리를 파악하는 데 매우 중요한 역할을 하는 사원이라 할 수 있다. 큰 볼거리는 없지만 사원 내부를 통해 후문으로 길이 연결돼 있어 낮 시간에는 지름길로 이용되기도 한다.

주소 77 Chakraphong Road
위치 카오산 로드에서 도보로 1분. 경찰서 맞은편
운영 08:00~17:00　　　　요금 무료

위만멕 궁전 Vimanmek Palace (공사 중, 입장 불가)

★★★

'세계에서 가장 큰 티크 건물'이라고 할 정도로 많은 고급 티크 나무로 축조했고 공간과 실용성을 강조한 서구식 궁전이다. 1901년 완공된 후 1910년까지 라마 5세가 이 궁전에서 지냈다고 하며 1982년부터는 박물관으로 거듭났다. 건물 내부에는 예전 왕족들의 삶을 느낄 수 있는 왕실 관련 생활용품과 상아, 본차이나, 크리스털, 티파니 등 외국에서 들여온 진귀한 보물들을 볼 수 있다.

주소 5/1 Ratchawithi Road, Dusit
위치 카오산에서 북쪽으로 약 2km. 미터 택시로
　　　이동하는 것이 가장 편하다

🍴 마담 무써 Madame Musur

람부뜨리 로드에 자리한 태국 식당 겸 바. 태국 전통 양식의 목조 주택과 지붕을 가득 메운 넝쿨 식물들이 인상적인 곳이다. '무써Musur'는 태국 고산족 중의 하나인 라후족의 태국식 이름으로, 태국 음식들도 북부 음식에 특화되어 있다. 이곳에 방문한다면, 카우쏘이나 마사만 커리, 랍 무 등의 메뉴를 추천한다. 낮에는 람부뜨리 도로를 바라보고 있는 좌석에 앉아 간단히 맥주 한잔하면서 망중한을 즐기기에도 좋다. 내부는 에어컨은 없지만 편안한 좌석이 있고, 좌식으로 된 곳도 있어서 어린이를 동반한 여행자들에게도 적당하다.

주소 41 Rambuttri Road
위치 람부뜨리 로드, 왓 차나 쏭크람 뒤편
운영 08:00~24:00
요금 사테 140B, 똠얌꿍 150B, 카우쏘이 160B,
      맥주 100B(Tax 7%)
전화 02-281-4238

🍴 쿤 댕 꾸어이짭 유언 Khun Dang Guay Jub Yuan

영어 간판은 없지만 상큼한 연두색 문들로 멀리서도 금방 찾을 수 있다. 이름은 '댕 아저씨의 베트남 국수' 정도의 의미로 해석할 수 있다. 꾸어이짭 유언은 즉석에서 끓여주는 베트남식 국수로 면발이 쫄깃하고 후추 맛이 진한 걸쭉한 국물이 특징이다. 시원한 태국식 쌀국수 국물에 익숙한 사람이라면 처음에는 '아, 이게 뭐지?' 하고 고개를 갸우뚱할 수도 있다. 하지만 일단 한 번 맛을 보고 나면 강한 중독성 때문에 2~3일만 지나도 이 집 문 앞을 서성거리는 자신을 발견하게 될지도 모른다. 양에 따라 보통과 곱빼기(피쎗)로 주문할 수 있고 취향에 따라 달걀을 추가해서 국물에 넣어 먹을 수도 있다.

주소 68-70 Phra Arthit Road
위치 파아팃 로드와 쏘이 차나 쏭크람
      Soi Chana Songkhram이 만나는
      삼거리에서 남쪽으로 약 30m
운영 09:30~20:30
요금 국수 60B~70B, 계란 추가 10B
전화 085-246-0111

푸아끼 Phua Ki 潘記

카오산에서 가성비와 가심비, 두 가지 모두 만족할 만한 식당이다. 세월을 오래 함께한 것 같은 테이블과 실내 장식 또한 이 식당의 역사를 말해주는 대변인처럼 느껴진다. 가장 인기 있는 메뉴는 옌타포를 포함한 국수 종류. 벽에는 가장 인기 있는 메뉴 사진과 영어 메뉴판도 있어 선택에는 어려움이 없다. 영어 간판은 없고 한문으로 '반기潘記'라고 적혀 있다.

주소 28 30 Phrasumen Road
위치 프라쑤멘 로드, 방람푸 박물관 맞은편
운영 09:00~16:00 (휴무 일요일)
요금 국수 55~120B, 팟타이 90B, 똠얌꿍 100~140B
전화 02-281-4673

카놈찐 반푸깐 Khanom Chin Ban Phu Kan

카오산 No. 1 카놈찐 전문점. 카놈찐은 우리나라 소면과 비슷한 흰 국수에 커리와 코코넛 밀크, 젓갈 등을 넣고 만든 소스와 채소를 올려 비벼 먹는 것으로 태국의 국민 국수라 할 수 있다. 이곳의 카놈찐은 없던 입맛도 돌아오게 할 만큼 맛있는 매운맛과 풍미를 자랑한다. 오후 4시 경이면 문을 닫고 저녁 장사는 하지 않으니 낮에 방문하도록 하자. 가게 위층은 RM(Ruen Mok) 게스트하우스가 자리한다.

주소 147 20-22 Soi Kraisi
위치 방람푸 우체국을 등지고 왼쪽 골목Soi Kraisi으로 약 70m
운영 10:00~16:00 (휴무 월요일)
요금 카놈찐 국수 80B~, 그린커리 80B, 카우쏘이 80B
전화 02-280-7111

룸 191 카오산 ROOM 191 Khaosan

카오산 한복판에 자리한 태국 식당. 주방이 카오산 로드 쪽으로 오픈되어 있어 노점처럼 보이지만 안쪽에 좌석이 마련되어 있다. 주로 간단한 일품요리를 전문으로 하지만 똠얌꿍이나 볶음 요리도 맛볼 수 있다. 금액은 80~120B 수준으로 저렴한 편. 다만 얼음을 주문하면 50B의 요금이 별도로 추가된다. 위치가 좋아 언제나 손님들로 북적이는 편이다.

주소 191 Khaosan Road
위치 카오산 로드 중간, 버디 비어를 바라보고 왼쪽
운영 11:00~02:00
요금 팟타이 80~120B~, 카오팟 80~120B, 맥주 80B~, 소주 200B

헴록 Hemlock

실내에 흐르는 재즈 음악과 가지런히 걸린 그림과 와인들. 정갈한 테이블과 은은한 조명이 마치 갤러리를 연상하게 한다. 식당의 분위기로 봐서는 웨스턴 푸드를 취급할 것 같지만 주메뉴는 태국 요리이다. 메뉴판에 가장 인기 있는 메뉴가 가지런히 정리되어 있어 선택이 한결 쉽다. 영업시간 변경이 잦은 편이고, 간판이 출입구 맨 위에 작게 붙어 있으니 참고하자.

주소 56 Phra Arthit Road
위치 파아팃 로드와 쏘이 차나 쏭크람이 만나는 삼거리에서 남쪽으로 약 60m, 리바수르야 호텔 맞은편
운영 14:00~23:00 (휴무 일요일)
요금 미앙캄 150B, 팟타이 160B, 카오팟 180B, 맥주 80B
전화 02-282-7507

찌라 옌타포 Jira Yentafo

어묵 국수 전문집으로 태국의 매거진에도 자주 소개되고 있다. 그 비결은 뭘까? 국수 고명으로 나오는 어묵의 식감이 차지면서 쫄깃하고 풍미가 있는 데다가 국물은 시원하고 담백하니 단골이 많을 수밖에 없다. 식당 이름처럼 옌타포 국물도 선택할 수 있다. 오전 중에는 햇빛을 가리기 위해 파란 천막으로 가게 전체를 가려 놓을 때가 많아 바로 옆에 있는 안경점Top Charoen Optical을 찾았으면 빙고!

주소 121 Chakraphong Road
위치 짜크라퐁 로드와 타니 로드가 만나는 삼거리. 안경점 바로 옆
운영 08:00~15:00 (휴무 화~수요일)
요금 국수 60B~80B, 어묵만 70B
전화 02-282-2496

나이 쏘이 Nai Soi

이미 한국 여행자들 사이에서 유명한 '소고기 국수(느어뚠)'집이다. 마늘과 간장을 넣고 소고기를 푹 우려낸 국물로 한국인의 입맛을 사로잡고 있다. 국수의 종류를 고르고, 원하는 토핑을 설명해 놓은 영어 메뉴판이 있어 이것을 보고 주문하면 된다. 현지인들은 국과 밥을 함께 먹는 까오라오도 많이 주문한다. 나이 쏘이라고 한글 간판도 있어 쉽게 찾을 수 있다.

주소 100/4-5 Phra Athit Road
위치 파아팃 로드, 파아팃 선착장 입구 건너편, 타라 하우스 바로 옆
운영 07:00~21:00
요금 소고기 국수(느어뚠) 100B/120B, 까오라오 110B/130B
전화 062-064-3934

찌우 쪽 방람푸 Jiew Joke Bang Lamphu

람부뜨리 로드에서 왓 보원니웻 방면에 있는 회전 교차로 인근은 야식을 위한 천국이다. 밤이 되면 다양한 먹을거리들을 파는 노점들이 들어서지만, 그중에서도 가장 눈에 띄고 사람이 많은 집은 바로 쪽(죽)집이다. 잘게 썬 파와 채 썬 생강을 듬뿍 올려 먹으면 한국인의 입맛에도 착착 감긴다. 오후 7시경에 문을 열어 새벽 2~3시 정도까지 영업한다.

주소 182 Tani Road
위치 람부뜨리 로드에서 왓 보원니웻 방면의 회전 교차로, 스웬센 아이스크림 맞은편
운영 18:30~02:45 (휴무 월요일)
요금 쪽(죽) 30~60B
전화 081-629-5801

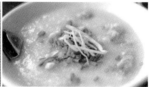

케이 커피 KAYY COFFEE

카오산에서 보기 드물게 현대적이면서 에어컨 바람을 쐴 수 있는 커피 전문점. 화이트+우드 인테리어에 노출 콘크리트 한 스푼 더해 감각적이면서 편안한 분위기다. 오렌지를 활용한 오렌지 커피나 초콜릿 오렌지 등이 시그니처 메뉴이다. 별도로 판매하는 오렌지 주스는 양도 많고 가격도 저렴해서 인기. 뒤편으로 '가든'이라고 이름 붙인 공간이 별도로 있다.

주소 239/4 Phra Nakhon Road
위치 프라쑤멘 로드와 보원니웻 로드가 만나는 삼거리의 까시콘 은행(녹색 은행)을 바라보고 오른쪽 골목 안
운영 08:00~17:00 (휴무 월요일)
요금 블랙오렌지(오렌지커피) 70B, 오렌지 주스 55B, 아이스라떼 55B
전화 096-615-1964

곤니찌빵 베이커리 Konnichipan Bakery

카오산에 은근히 찾아보기 힘든 것이 베이커리 전문점이다. 만약 방콕 시내에 자리했다면 평범한 빵집 중의 하나였겠지만, 카오산에서는 조금 특별하다. 일본인 오너가 운영하는 이곳의 대표 메뉴는 크루아상과 데니쉬, 타르트 종류이다. 아침 일찍부터 이곳의 빵을 사려는 현지인들과 아침 식사를 하러 오는 서양 여행자들이 많아서 오후에는 품절되는 품목들도 많다.

주소 183 Chakrabongse Road   위치 짜크라퐁 로드의 북쪽
운영 08:00~18:00 (휴무 일요일)
요금 크루아상 37B~, 데니쉬 32B~, 타르트 33B~
전화 02-629-3270

팁 사마이 Thip Samai(본점)

팟타이 하나로 승부를 걸다! 각종 매거진과 방송 등에 방콕 최고의 팟타이로 소개되면서 늘 문전성시를 이루는 팟타이 전문점이다. 일반 팟타이에 비해 달달한 맛으로 호불호가 갈리기도 하는 곳이다. 1번부터 8번까지 메뉴 중에 가장 인기 있는 메뉴는 오리지널인 4번 메뉴이다. 7번 메뉴(썽크룽)는 오징어와 게살, 그린 망고가 올라가 있어 금액은 비싸지만, 재료들의 궁합이 상당히 신선하다. 오렌지 주스만큼은 이견이 없이 최고라는 평을 받고 있다. 매장 식사는 오후 5시부터 가능하고 그 이전에는 포장만 가능하다. 아이콘 씨암, 씨암 파라곤 등에 지점이 있다.

팟타이 썽크룽 　팟타이 오리지널

주소 313-315 Mahachai Road, Samranrat Sub-District
위치 카오산의 민주 기념탑을 기준으로 도보로 약 10분 정도 소요. 민주 기념탑에서 동쪽(시내 쪽)으로 약 500m 직진 후 라마 3세 공원을 끼고 우회전 후 약 300m 직진
운영 17:00~24:00 (10:00~17:00 포장만 가능)
요금 팟타이 오리지널(4번) 150B, 팟타이 썽크룽(7번) 500B (SC 10%)
전화 02-226-6666

안야 어센틱 타이퀴진 Anya Authentic Thai Cuisine

방콕의 구시가지에서 경험할 수 있는 고급 태국 레스토랑이다. 미슐랭 가이드에 등재된 방콕의 고급 레스토랑들과 견주어도 손색이 없을 만큼 훌륭한 음식들을 제공한다.
모든 음식은 철저한 고증을 통해 전통 방식으로 재현되었으며 아름다운 플레이팅도 만족스럽다. 5가지 요리를 담은 애피타이저 모둠, 재스민을 우린 향긋한 물에 밥을 말아 먹는 카오채. 태국 대표 국수 요리인 카놈찐, 국민 반찬인 남프릭 까삐 등 다양한 메뉴 중에 선택할 수 있다. 나오는 음식들의 퀄리티에 비해 가격은 매우 합리적이다. 현지인들도 많이 찾는 곳이고, 테이블이 몇 개 없어 예약은 필수.

주소 35 Bamrungmuang Road
위치 구시가지 내, 싸오 칭차와 일직선 도로인 밤룽무앙 로드. 내무부 맞은편
운영 월~금 08:30~22:30 　　토 10:30~22:30 (휴무 일요일)
요금 애피타이저 모둠 180B, 　카오채 380B, 남프릭 까삐 250B
전화 02-221-1330
홈피 www.anyathaicuisine.com

반 팟타이 Baan Pad Thai

작지만 알찬 식당이다. 줄을 서서 하염없이 기다려야 하는 팁 사마이나 비슷한 식당들에 지쳤다면, 이곳을 떠올려 보자. 좋은 재료를 아끼지 않고 만드는 팟타이는 유명한 그 어떤 식당들과 견주어도 손색이 없다. 일반 쌀국수면 대신 당면이나 마카로니 등의 재료로도 주문할 수 있다. 새우 페이스트를 넣고 밥을 볶아 여러 가지 채소나 반찬을 섞어 먹는, 우리나라 비빔밥과 비슷한 '카오 끌룩까삐Fried Rice with Shrimp Paste'도 추천 메뉴. 직접 만드는 착즙 주스도 별미다.

주소 105 Thanon Mahannop
위치 시청 가까이에 있는 마한놉 로드. 몬놈솟을 등지고 오른쪽으로 100m, 사거리에서 우회전 후 약 30m
운영 08:00~19:00
요금 팟타이 65~120B, 카오 끌룩까삐 65B, 착즙 주스 20B~
전화 02-226-2079

진저브레드 하우스 Ginger Bread House

올드시티의 정취와 딱 어울리는 디저트 카페. 1913년에 지어진 목조 주택을 카페 건물로 사용하고 있다. 그 당시에 장식했던 가구와 조명, 그림과 사진까지 고스란히 남아 고풍스러운 아름다움을 간직하고 있다. 메뉴는 망고 혹은 망고 밥, 타이 스타일의 디저트들이 주를 이루고, 마치 애프터눈티처럼 화려한 트레이에 나와 SNS 인증샷을 찍으려는 현지 여성들의 방문이 많다. 생망고와 망고 밥, 8가지 타이 디저트, 차와 음료 2가지로 구성된 세트 메뉴가 가장 인기가 좋다. 2층에 포토존이 많고, 아름드리 망고나무가 멋진 1층의 마당도 좋은 사진을 찍을 수 있는 곳이다.

주소 47 Dinso Road
위치 시청과 나란히 있는 딘소 로드에서 파생된 쏘이 랑봇프람Soi Lang Bot Phram 안, 숙소인 레드도어 헤리티지 옆
운영 11:00~20:00 (토~일 09:00~20:00)
요금 디저트 세트 메뉴 429~999B, 망고소다 159B, 아이스커피 159B
전화 097-229-7021

밋꼬 유안 Mit Ko Yuan

시청 근처에서 가장 오래된 식당으로, 대부분 음식이 100~120B 내외로 저렴해서 식사 시간에는 늘 줄을 서거나 합석해야 할 만큼 많은 사람으로 붐빈다. 새콤하면서도 시원한 맛이 일품인 똠얌꿍을 비롯해 팟타이, 프라이드 라이스 등이 인기다. 브레이크타임이 있고 간판이 작아 유심히 보지 않으면 지나치기 쉽다. 몬놈솟과 이웃하고 있다.

주소 186 Dinso Road
위치 시청 옆에 있는 딘소 로드, 몬놈솟 옆에 위치
운영 11:00~13:30/16:00~21:30
요금 1인 예산 100~120B　　　전화 092-434-9996

크루아 압손 Krua Apsorn

시청 주변에 자리한 무난한 서민 식당 중의 하나였지만 꾸준히 여행 안내서와 방송에 노출되고, 최근 미슐랭에 연속 등재되면서 그 존재감이 특별해진 곳. 에어컨이 있는 넓은 내부에 가격이 비교적 합리적이다. 양은 많지 않아 여러 명이서 이것저것 주문해 나눠 먹기도 좋은데, 가장 인기 있는 메뉴는 마사만과 게살 오믈렛, 연꽃 뿌리를 넣은 옐로우 커리 등이다. 전체적으로 맛이 순한 편이다.

주소 169 Dinso Road
위치 딘소 로드, 민주 기념탑과 시청 사이
운영 10:30~19:30 (휴무 일요일)
요금 게살 오믈렛 120B, 옐로우 커리 150B, 뿌팟퐁커리 530B
전화 080-550-0310

몬놈솟 Mont Nom Sod(본점)

1964년부터 운영해온 디저트(빵) 전문점. 몬놈솟의 빵과 우유를 한 번이라도 맛보게 된다면 당장 팬이 될 만큼 그 맛이 특별하다. 두꺼운 식빵인 카놈빵은 달콤한 연유와 짝꿍이고, 토스트(카놈빵삥)는 원하는 토핑을 골라 주문하면 된다. 잘 구운 토스트에 설탕만 뿌린 것을 기본으로 초콜릿, 연유, 땅콩버터 등 다양한 토핑을 선택할 수 있다. 방콕 쌈얀 지역과 치앙마이에 분점이 있다.

주소 160/1-3 Dinso Road　　　위치 시청 옆에 있는 딘소 로드
운영 13:00~22:00
요금 토스트 25~30B, 카놈빵 35B~, 우유 40B~
전화 02-224-1147　　　홈피 www.mont-nomsod.com

☪ 살라 랏따나꼬신 루프톱 바 Sala Rattanakosin Rooftop Bar

숙소인 살라 랏따나꼬신 방콕Sala Rattanakosin Bangkok의 루프톱 바. 경쟁적으로 생기고 있는 왓 아룬 전망의 루프톱 바 중에 가장 세련된 분위기를 갖고 있다. 해가 지기 시작하는 오후 5~6시경은 자리를 찾기가 힘들 정도로 인기가 좋다. 칵테일과 와인 리스트가 충실하고 금액도 과하지 않아 관심 둘 만하다. 은은한 맛을 가진 수제 맥주도 있다.

주소 39 Maharat Road
위치 왓 포 맞은편, 마하랏 로드
쏘이 타 티엔Soi Tha Tian 맨 안쪽
운영 16:00~22:30
요금 주류 300B~,
안주나 스낵 120B~485B
(Tax & SC 17%)
전화 02-622-1388
홈피 www.salahospitality.com/
rattanakosin/dine/rooftop-
bar

☪ 스윙 바 Swing Bar by ChingCha

칭차 방콕 호스텔ChingCha Bangkok Hostel 옥상에 자리한 바. 합판으로 만든 테이블과 딱딱한 나무 의자가 전부인 소박한 곳이지만 이국적인 정취만큼은 다른 곳 부럽지 않다. 노을과 어둠이 내려앉고 조명이 하나둘씩 켜지는 왓 수탓과 시청 주변의 풍경을 바라보고 있노라면 저절로 방콕과 사랑에 빠지게 될지도 모른다. 바는 2층 구조로 되어 있고, 투숙객용 엘리베이터가 있어 눈치껏 이용하면 편리하다. 결제는 현금만 가능.

주소 Rooftop ChingCha Hostel, 88/4-89,
Siri Phong Road
위치 시청을 바라보고 오른쪽, 칭차 방콕 호스텔 6층
운영 17:00~24:00
요금 칵테일 160B~, 탭비어 160B~260B,
가벼운 식사나 안주 140B~160B
전화 063-187-8980

☪ 코코 짜오프라야 Coco Chao Phraya

카오산 강변에 자리한 펍 겸 레스토랑. 카오산에 머물며 멀리 가지 않아도 강변의 정취를 느끼며 선셋이나 야경을 즐기기에도 좋은 곳이다. 실내석과 실외석으로 나누어져 있는데, 실외석 쪽에선 라마 8세 다리가 한눈에 보인다. 음식들은 퓨전 요리와 웨스턴이 주를 이룬다. 반 짜오프라야 아트 갤러리를 바라보고 옆으로 난 길로 들어가면 된다.

주소 49, 1 Phra Sumen Road
위치 카오산의 프라쑤멘 로드,
반 짜오프라야 아트 갤러리 뒤편
운영 10:00~23:00
요금 칵테일 230B~, 생맥주 100B~750B,
피자 240B~
전화 02-281-9918
홈피 www.cocochaophraya.com

카오산의 나이트 라이프 Nightlife in Khaosan

카오산은 굳이 어느 바를 지정하지 않더라도 거리 전체가 술과 음악과 사람들로 들썩인다. 길거리 어느 곳에나 주저앉아 술을 마시며 이야기를 나누고, 어디선가 흘러나오는 음악에 맞춰 춤을 추는 일도 모두 자연스러운 곳이다. 버디 호텔에서 운영하는 브릭 바Brick Bar는 카오산 로드에서 가장 세련된 분위기를 가진 바 중 하나로, 매일 저녁 흥겨운 라이브 연주가 있다. 더 원 앳 카오산 The ONE at Khaosan은 카오산에서 가장 핫한 바로, 계단식 좌석에 카오산 거리를 구경하며 음악을 즐기기에 그만이다. 하지만 이 지역의 대세는 역시 람부뜨리 로드라고 할 수 있다. 낮이면 식당이었다가 밤이면 술집으로 변하는 레스토랑 겸 바가 많고 24시간 운영하는 곳도 많다. 그중 가장 손님이 많은 곳은 방콕 바Bangkok Bar, 몰리 바Molly Bar 등이 대표적이다. 특히 방콕 바에서는 매일 밤 수준 높은 라이브 음악을 즐길 수 있다. 마이 달링My

Darling은 람부뜨리 로드에서도 가장 눈에 띄고 사람 많은 식당 겸 술집이라 할 수 있다. 화려한 외양만큼이나 메뉴판 리스트도 길고 다양하다. 저녁 시간이면 레스토랑 앞에서는 숯불에 해산물까지 구워 판매하기 때문에 지나가는 사람들은 모두 한 번씩 발걸음을 멈추게 된다. 음식 가격은 인근의 다른 식당들에 비해서는 조금 높은 편. 본격적인 식사보다는 2층의 호젓한 좌석에 앉아 가볍게 한잔하면서 람부뜨리 로드를 구경하는 것이 이 식당의 활용법이다. 파아팃에는 좀 더 조용한 분위기에서 술과 음식을 즐기는 현지 젊은이들이 많이 모이는 소규모 업소들이 모여 있다.

빠이 스파 Pai Spa

카오산에서는 보기 드문 고급 시설과 깔끔함을 갖추고 있다. 평소 카오산 마사지 숍들의 허름하고 개방적인 환경이 불만이었던 여행자라면 이곳을 기억해두는 것이 좋다. 운치 있는 티크 가옥을 스파 건물로 사용하고 있다. 총 3층으로 된 건물은 리셉션, 타이 마사지 공간, 아로마테라피 공간 등으로 분류해서 여유 있게 사용한다. 마사지 받는 공간도 밖에서 보는 것보다 훨씬 쾌적하고 고급스럽게 꾸며져 있다. 깨끗한 시설이나 환경에 비한다면 가격은 저렴한 편.

주소 156 Rambuttri Road
위치 람부뜨리 로드의 동쪽 끝,
롬프라야 사무소 옆
운영 11:00~23:00
요금 타이 마사지 580B(120분),
발 마사지 530B(90분),
발 마사지+허브볼 650B(90분),
아로마 오일 마사지 800B(60분)
전화 02-629-5155
홈피 www.pai-spa.com

찰리 마사지
Charlie Massage & Beauty Salon

카오산 인근에서 가장 큰 규모의 마사지 숍으로 뷰티 살롱을 겸하고 있다. 카오산 로드에서도 사람이 가장 많이 다니는 메인 도로 한복판에 위치해 오며 가며 가장 눈에 띄는 마사지 숍이기도 하다. 뷰티 살롱에도 집중하고 있어 왁싱이나 헤어 커트까지도 한 자리에서 해결할 수 있다.

주소 207 Khaosan Road
위치 카오산 메인로드 중간
운영 08:00~04:00
요금 발 마사지 150/250B(30분/60분),
타이 마사지150/250B(30분/60분)
전화 081-836-9823

치와 스파 Shewa Spa

대부분의 카오산 마사지 숍들이 미용실과 마사지 숍을 함께 운영하고 있는 데 반해 치와 스파는 마사지와 스파에 좀 더 집중하고 있는 곳이다. 해변에 있음직한 커다란 비치 의자를 발 마사지용 의자로 사용하고 있다. 직접 만든 아로마 제품도 판매하고 와이파이도 무료로 이용할 수 있다. 실내로 들어가면 에어컨이 나오는 타이 마사지룸이 별도로 있다.

주소 108, 1-3 Rambuttri Road
위치 람부뜨리 로드와 수지 워킹 스트리트Susie Walking Street
골목이 만나는 코너
운영 10:00~24:00
요금 발 마사지 150/250B(30분/60분),
타이 마사지 150/250B(30분/60분)
전화 02-629-0701   **홈피** www.shewaspa.com

피안 마사지 Pian Massage & Thai Massage School

카오산 지역에서는 비교적 관리가 잘되고 있는 마사지 숍이다. 직원들도 깨끗한 정복을 입고 마사지 실력도 괜찮은 편이다. 1층은 발 마사지, 2~3층을 타이 마사지와 스킨케어에 사용하고 있다. 얼굴 마사지Facial Treatment 9코스 패키지를 700B에 받을 수 있다. 중간에 비싼 마스크 등을 권할 때는 부드럽게 거절해주는 센스를!

주소	108/15 Khaosan Road
위치	수지 워킹 스트리트 골목 안
운영	08:00~24:00
요금	타이 마사지 150/250B (30분/60분), 페이셜 미라클(9코스 패키지) 700B
전화	02-629-0924

헬스 랜드 Health Land (삔까오)

호텔 스파와 길거리 마사지 숍의 중간인 스파 전문점. 태국 내 여러 브랜치 가운데 카오산에서 가장 가까운 지역은 삔까오 지점이다. 카오산에서 차로 10분 거리에 있다. 고급스러운 시설에서 합리적인 가격으로 마사지를 받고 싶다면 한 번쯤 방문해도 좋겠다. 방콕의 다른 지점들은 보통 자정까지 하지만 삔까오 지점은 밤 10시까지 영업한다.

주소	142, 6 Charan Sanitwong Road
위치	카오산에서 삔까오 다리 건너 택시로 10분, 파타 백화점 인근
운영	09:00~22:00
요금	타이 마사지 650B(120분), 발 마사지 400B(60분)
전화	02-882-4888
홈피	www.healthlandspa.com

타이란타 마사지 Thailanta massage

카오산에서 꽤 쾌적한 환경을 갖춘 신상 마사지 숍. 한태 부부가 운영하는 곳으로, 한국인 손님 비율이 높아 압력이 센 편이다. 기본적인 마사지에 등이나 목, 어깨 마사지, 허브 오일을 이용한 마사지 등이 있고 각 마사지를 결합한 콤비네이션 프로그램이 많다. 화려한 외관의 데완 호텔 1층을 사용하고 있어 인근에서도 금방 찾을 수 있다. 결제는 현금만 가능.

주소	110 Tani Road
위치	타니 로드, 왓 보원니웻 방면의 회전 교차로와 가깝다
운영	11:00~24:00
요금	타이 마사지 350B(90분)
전화	083-172-0641

타 마하랏 쇼핑몰 Tha Maharaj Shopping Mall

마하랏 피어에 자리한 아담한 쇼핑몰. 아기자기한 액세서리와 옷을 판매하는 숍 등이 자리하고 있다. 사보이, S&P 레스토랑과 스타벅스, 애프터유, 커피클럽 등 유명 카페들이 입점해 있어 왕궁 관람 후 식사를 하거나 커피 한잔하며 쉬어가기에도 그만이다. 이곳을 방문했다면 3층의 야외 데크는 꼭 올라가 보도록. 리버사이드 레스토랑에서 느낄 수 있는 분위기를 무료로 즐길 수 있을 것이다.

주소 1/11 Maharat Road
위치 마하랏 선착장과 연결.
　　　왕궁에서 도보로 약 5분
운영 10:00~21:00
전화 02-024-1393
홈피 www.thamaharaj.com

썸띵 어바웃 어스 something about us

괜찮은 편집숍이 없는 카오산에 숨어 있는 보석 같은 곳. 한국의 연남동에 있을 법한 아담하고 정갈한 셀렉트숍으로, 선택과 집중의 미덕을 갖고 있다. 가짓수는 많지 않지만 유니크한 장신구와 뉴트럴 컬러의 의류, 앙증맞은 문구류와 엽서 등 시간 들여 찬찬히 들여다볼 수밖에 없는 제품들로 채워져 있다. 수~일요일까지는 19시까지 영업하고 월요일과 화요일은 휴무다.

주소 101 Phra Sumen Road
위치 프라쑤멘 로드, 방람푸 플레이스 맞은편
운영 12:00~19:00 (휴무 월~화요일)　　　　**전화** 093-120-4189

프리핸드 FreeHand

카오산에서는 보기 드물게 품질 좋은 의류와 장신구, 가방 등을 판매하는 숍이다. 금액은 카오산 로드의 노점에서 판매하는 옷들보다는 높은 편이지만, 구매 만족도 또한 비례할 것이다. 발리풍의 맥시 드레스가 주를 이루고 개성 있는 핸드메이드 에코백들도 꽤 있는 편. 라탄 백이나 홈 데코레이션 제품들도 있어 구경하는 재미도 쏠쏠하다.

주소 94 Rambuttri Road
위치 람부뜨리 로드, 이비스 스타일
　　　방콕 맞은편
운영 일~목 10:00~24:00,
　　　금~토 10:00~01:00
전화 02-629-3701
홈피 freehandboutiques.com

🛏 3.5성급

더 부톤 The Bhuthorn

올드시티의 정취와 꼭 닮은 숙소. 방콕에서 홈스테이 같은 숙소를 경험해 보고 싶다면 추천하고픈 곳이다. 더 부톤은 100년 이상 된 가옥을 숙소로 개조한 것으로 태국 목조 가옥의 아름다움을 간직하고 있다. 이 자그마한 숙소의 입구로 들어서는 순간부터 진심 어린 따뜻한 환대에 마음이 훈훈해질 것이다. 마치 오래된 친구 집에 놀러온 것처럼 말이다. 가족들이 직접 운영하고 관리도 상당히 철저해서 침구나 수건 같은 것들도 아주 정갈하다. 꽃과 나무도 숙소 곳곳에 아름답게 장식되어 있다. 이곳에서 지내다 보면 낡은 것은 무조건 허물고 새로 짓는 것에만 집착하게 되는 마음을 반성하게 된다. 예약은 직접 홈페이지를 통해서만 가능하고 택시 기사들이 찾기 어려운 위치에 있으므로 밤룽무앙 로드의 내무부 건물을 랜드마크로 먼저 찾는 것이 현명하다. 내무부 건물 바로 길 건너 위치한다.

주소 96-98 Phraeng Bhuthorn Road
위치 구시가지 내, 싸오 칭차와 일직선 도로인 밤룽무앙 로드, 내무부 맞은편
요금 룸 3,500B~
전화 02-622-2270
홈피 www.thebhuthorn.com

271

4성급

리바 수르야 Riva Surya

2012년 말에 오픈한 호텔로 빈티지하면서 모던한 콘셉트의 부티크 호텔이다. 객실은 전망과 크기에 따라 어반룸, 리바, 디럭스 리바, 프리미엄 리바룸 등 크게 4개로 나뉜다. 프리미엄 리바룸은 작은 리빙룸이 있는 미니 스위트 구조의 객실 구조이자 강이 보이는 리버뷰 객실이다. 객실 컨디션이 좋은 대신 수영장은 아담하고 조식이 부실한 편. 파아팃 선착장으로 이동 시 호텔 뒤쪽 산책로를 따라 걸으면 훨씬 편리하게 이동 가능하다(100m 정도 거리).

주소 23 Phra Arthit Road
위치 파아팃 로드 남쪽, 헴록 맞은편.
　　　 파아팃 선착장에서 도보로 5분
요금 어반 4,500B, 리바 4,600B~
전화 02-633-5000
홈피 www.nexthotels.com/hotel/riva-surya-bangkok

5성급

더 씨암 The Siam

지금까지의 럭셔리한 숙소들과는 차별을 원한다. 그것이 더 씨암이다. 세계적인 건축가 빌 벤슬리 Bill Bensley가 디자인한 총 28개의 객실은 라마 5세 시대를 모티브로 지난 태국의 모습을 그대로 담고 있다. 두짓 지역에 자리하고 있어 시내를 드나들기에는 교통이 불편한 데다 숙박 비용 또한 만만치 않다. 하지만 방콕 여행에서 특별한 경험을 해보고 싶다면, 더 씨암은 좋은 선택이 될 것이다. 객실은 일반 스위트 객실부터 풀빌라까지 갖추고 있다.

주소 3, 2 Khao Road, Wachira
　　　 Phayaban Road
위치 두짓 지역, 라차위티 다리 옆
요금 씨암 스위트 18,000B~
전화 02-206-6999
홈피 www.thesiamhotel.com

4성급

살라 랏따나꼬신 방콕 Sala Rattanakosin Bangkok

전 객실 17개의 아담한 숙소. 일부 객실의 왓 아룬 전망 때문에 인기가 많다. 다만 4층 건물에 엘리베이터가 없어 계단으로 다녀야 하는 점. 수영장을 포함해 이렇다 할 부대시설이 없는 점은 예약 시 참고해야 할 사항이다. 투숙객보다 레스토랑과 루프톱 바를 찾아오는 외부 손님이 더 많은 편. 티엔 선착장이 가까워 수상보트를 타고 이동하거나 올드타운 관광에 집중하려는 여행자들에게 적합하다.

주소 39 Maharat Road
위치 왓 포 맞은편, 마하랏 로드 쏘이 티엔 선착장 맨 안쪽
요금 왓 아룬 리버뷰 3,500B~
전화 02-622-1388
홈피 www.salarattanakosin.com

3성급

프라나콘 런넨 Phranakorn Nornlen

친환경 마인드를 가진 귀여운 숙소. 본래 학교로 쓰였던 건물을 숙소로 개조하여 아기자기하고 컬러풀한 감성을 곳곳에서 느낄 수 있다. 객실에 TV는 따로 없고 CD 플레이어가 그 자리를 대신한다. 루프톱에 올라가면 주변이 한눈에 펼쳐지는 멋진 전망이 기다리고 있다. 레스토랑에서는 오가닉 재료를 이용해서 만든 슬로 푸드를 즐길 수 있다. 숙소에서 제공하는 다양한 워크숍(천연 염색, 비누 만들기, 쿠킹 클래스 등)에도 참여해보자. 두짓 지역에 위치해 카오산에서는 차로 약 10~15분 정도 소요된다.

주소 46 Krung Kasem Road
위치 두짓 지역, 왓 삼 프라야 Wat Sam Phara 근처에 위치
요금 싱글 1,190B, 더블/트윈 1,610B~
전화 02-628-8188
홈피 www.phranakorn-nornlen.com

반 차트 Baan Chart

짜끄라퐁 거리의 중심인 왓 차나 쏭크람 바로 맞은편에 위치해 편리한 위치를 자랑한다. 건물은 'ㄷ'자 모양으로 입구에는 스타벅스가 있는 푸른 건물이 있어 길을 지나가도 금방 눈에 띈다. 객실 내부는 중국풍의 앤티크 디자인으로 되어 있으며 각각 블루, 레드, 블랙의 컬러로 다르게 꾸며져 있다. 단, 카오산 중심에 위치한 만큼 밤 시간의 소음은 감수해야 할 부분이다.

주소 98 Chakraphong Road
위치 왓 차나 쏭크람 바로 맞은편
요금 디럭스 3,000B~
전화 02-629-0113
홈피 www.baanchart.com

레드도어 헤리티지 호텔
Red Door Heritage Hotel

2성급

'호텔'이라 이름 붙였지만, 에어컨과 온수가 나오는 고급 게스트하우스라 생각하면 된다. 객실은 상당히 좁은 편. 다만 천장이 높아 답답함을 조금 덜었고, 침구와 수건도 청결하게 관리하고 있다. 1층 리셉션 뒤 정원 쪽에 정수기와 커피용품, 전자레인지 등이 있어 공동으로 사용할 수 있다.

주소 43/7 Soi Lang Bot Phram, Sao Chingcha
위치 시청과 나란히 있는 딘소 로드에서 파생된 쏘이 랑봇프람
　　　 Soi Lang Bot Phram 안, 진저브레드 하우스 옆
요금 도미토리 500B~, 더블 1,000B~
전화 095-495-8282　**홈피** www.reddoorheritage.com

누보 시티 호텔 Nouvo City Hotel

4성급

2011년 1월 오픈한 4성급 숙소로 한동안 카오산 인근에서 가장 고급 숙소로 손꼽혀 왔다. 쌈센 로드 초입에 위치해 조용하고 110여 개의 객실은 부티크 호텔처럼 꾸며져 있다. 객실의 크기에 여유가 있는 편이며 각 객실에서 무료로 와이파이를 사용할 수 있다. 옥상에는 루프톱 수영장이 있다. 태국어로는 '롱램 누오 시띠'라고 한다.

주소 2 Samsen Road
위치 방람푸 운하 건너 쏘이 쌈센 2 100m 안
요금 슈피리어 클래식 2,000B~
전화 02-282-7500
홈피 www.nouvocityhotel.com

3성급

빌라 차차 방람푸 Villa Cha-Cha Banglumphu

오리엔탈리즘을 강조한 부티크형 게스트하우스. 람부뜨리 로드와 바로 위도로인 타니 로드Tani Road 사이에 있다. 입구로 들어서면 작은 수영장과 그 주변을 둘러싸고 있는 조형물들이 가장 먼저 눈에 띤다. 총 6층 건물로 엘리베이터가 있고 와이파이를 무료로 사용할 수 있다.

주소 36 Tani Road
위치 람부뜨리 로드와 타니 로드 사이
요금 슈피리어 2,000B, 디럭스 2,500B~
전화 02-280-1025
홈피 www.villachacha.com

2성급

람푸 하우스 Lamphu House

람부뜨리 로드에 접해 있으나 골목 안쪽에 위치해 조용한 게스트하우스이다. 마당이 넓고 키 큰 나무들이 만드는 분위기가 그만이다. 4층 건물의 모든 객실에는 테라스가 있고 가장 저렴한 팬+공동욕실 객실부터 팬+개인욕실, 에어컨룸, 2~4인실까지 다양한 선택이 가능하다. 인기가 많아 1년 내내 예약이 쉽지 않으므로, 서둘러 예약해야 한다.

주소 75 Rambuttri Road
위치 람부뜨리 로드(아유타야 은행에서 도보 2분)
요금 팬+공동욕실 480B~, 에어컨룸 600B~
전화 02-629-5861　　　**홈피** www.lamphuhouse.com

2성급

람부뜨리 빌리지 인 Rambuttri Village Inn

4개의 동에 총 객실이 300개가 넘는 규모 있는 게스트하우스. 지금은 보편화되었지만, 카오산에서는 기대하기 어려웠던 수영장을 옥상에 만들어 신선한 바람을 일으켰던 숙소이다. 람부뜨리 로드 중심에 있는 위치도 큰 장점이다. 객실은 1인실부터 3인실까지 인원에 따라 선택할 수 있고, 홈페이지를 통해 예약할 수 있다. 1층에는 다양한 편의시설들이 들어서 있다.

주소 95 Soi Rambuttri
위치 람부뜨리 로드(아유타야 은행 바로 옆)
요금 스탠더드 싱글 930B~, 주니어 더블 1,350B~
전화 02-282-9162
홈피 www.rambuttrivillage.com

Pattaya

파타야

1960년대까지만 해도 촌부리 지역에서도 이름 없는 작은 어촌에 불과했던 파타야는 현재 방콕에서 가장 가깝고 편리하게 갈 수 있는 대규모 관광지로 성장했다. 파타야에 해변이 존재하지만, 그것이 파타야를 찾는 목적이라고 보기는 어렵다. 그 대신 유난히 관광지가 많고, 특히 나이트라이프에 관한 한은 타의 추종을 불허한다. 태국의 다른 휴양지에 비해 숙소 가격이나 현지 물가가 저렴한 편인 것도 여행자들을 행복하게 하는 곳이다. 현재의 파타야는 변신에 변신을 거듭하면서 다양한 목적을 가진 여행에 적합한 곳으로 거듭나고 있다.

파타야 드나들기

방콕에서 150km 동남쪽에 있는 파타야는 아직 직항은 없고 방콕을 거쳐 파타야로 이동하는 것이 가장 일반적이다. 방콕의 각 터미널이나 수완나폼 공항에서 출발하는 시외버스 개념의 차량을 이용할 수도 있고, 일행이 많다면 택시를 이용하거나 여행사의 맞춤 차량을 이용하는 것도 편리하다.

✚버스

방콕 시내 → 파타야 북부 터미널 North Pattaya Bus Terminal

방콕 시내에서 파타야까지 이동할 수 있는 가장 저렴한 방법이자 일반적인 방법이다. 방콕의 동부 터미널과 북부 터미널에서 파타야까지 가는 시외버스를 이용할 수 있고 소요 시간은 약 2~3시간 정도이다. BTS 에까마이역과 가깝고 출발 편이 많은 **동부 버스터미널**Eastern Bus Terminal-Ekkamai을 이용하는 것이 가장 편리하며 **요금은 131B(06:00~21:00/28번 창구)**. 캐리어 등의 짐은 추가 비용이 있다. 첫차는 아침 6시이고 다음 배차는 9시이다. 09:00~21:00 사이에는 거의 1시간 간격으로 다니지만 딱 지켜지는 것은 아니다. 한국의 쾌적한 고속버스를 기대해서는 안 되며, 중간에 다른 정류장에도 2~3회 정차해 시간 지체가 심한 편이다. 파타야 북부 터미널(pattayabus.com)에 내리면 예약한 숙소나 목적지까지는 택시나 썽태우(시내까지 1인 50B)를 이용해 이동하면 된다.

방콕 수완나폼 공항 → 파타야 좀티엔 Jomtien Bus Station

방콕 수완나폼 공항에서 파타야로 바로 이동할 수도 있다. **공항 1층의 8번 게이트 옆에서 표를 구매할 수 있다**. 요금은 **143B(07:00~21:00/1시간 간격)**. 역시 캐리어 등의 짐은 추가 비용은 내야 한다. 출발 이틀 전부터 홈페이지를 통해 예약도 가능하다(www.airportpattayabus.com). 다만 이 버스는 파타야 시내로 들어가지 않고 파타야 북부와 남부, 좀티엔(동탄 비치 인근)에 각각 정차한다.

---

more & more 벨 트래블 Bell Travel Services

방콕시내↔수완나폼 공항↔파타야를 운행하는 여행사 버스이다. 숙소의 픽업이 포함되어 있어 초보자들도 편리하게 이용할 수 있다. 다만 여러 숙소를 돌며 승객을 태우는 데 많은 시간이 걸리기 때문에 방콕-파타야 이동에만 반나절은 잡아야 하는 단점이 있다. 파타야에서 수완나폼 공항을 목적지로 하거나 1~2인 여행자일 때 가장 유용하다. 요금은 1인 300~400B 수준.

홈피 www.belltravelservice.com

✛택시나 여행사 맞춤 차량

일행이 3인 이상이라면, 택시나 여행사의 맞춤 차량을 이용하는 것이 편안하고 기동력이 있다. 방콕 숙소에서 무거운 짐 가방을 들고 터미널까지 가야하고, 또 파타야에 도착해서 숙소까지 개별 이동해야 하는 번거로움과 수고도 덜어줄 수도 있다. 세단 기준으로 택시는 약 1,400~1,500B 정도면 협상할 수 있다. 보통은 방콕에서 파타야에 가는 것보다 파타야에서 방콕으로 가는 택시비가 더 저렴하다. 여행사의 맞춤 차량은 세단 기준 1,600B 수준이고 인원이 많다면 승합차 등을 빌릴 수도 있다.

파타야 돌아다니기

✛썽태우

'두 줄 의자'라는 뜻의 썽태우는 픽업트럭처럼 생긴 차량으로, 파타야 시내를 돌아다닐 때 이용할 수 있는 버스 개념의 교통수단이다. 돌고래 상이 있는 파타야 시내 북쪽부터 워킹 스트리트가 있는 파타야 남쪽을 돌아 순환하면서 운행한다. 파타야 외곽으로 가는 썽태우도 있지만 여행자들이 알기는 어려우므로 파타야 시내를 잠깐씩 돌아다닐 때만 이용하는 것이 좋다. 다만 썽태우를 이용하려면 파타야 지리와 일방통행에 대해 어느 정도 파악해야 능숙하게 이용할 수 있다. 예전에는 아무데서나 손을 흔들어 세우고, 아무 데서나 하차할 수 있었지만, 요즘에는 정거장이 있으니 주의!

파타야 시내만 다닐 때 요금은 1인 10B이다. 하차 후에 앞쪽 조수석으로 가서 내면 된다. 썽태우 이용 전에 10B 짜리 동전을 미리 준비해두면 유용하다.

✛앱 택시

우리나라의 '카카오택시'나 '타다'와 비슷한 개념으로 볼트Bolt나 그랩Grab이 대표적이다. 애플리케이션으로 차량을 이용할 경우, 목적지와 경로, 가격을 미리 확인할 수 있어서 편안한 마음으로 이동할 수 있다. 신용카드를 입력해 놓으면 자동 결제되는 시스템이라 택시에서 내릴 때마다 계산해야 하는 번거로움도 없다. 원하는 차량 종류를 선택할 수 있고 취소 등의 일 처리도 꽤 신속하고 정확하다. 파타야에서는 볼트 차량이 많고 가격도 저렴하다.

✛택시

방콕처럼 미터 택시가 있긴 하지만 썽태우와 앱 택시에 밀려 많이 볼 수는 없다. 대신 오토바이 택시인 모토Moto는 여전히 많고 유용한 교통수단이다. 안전에 근본적인 위험이 있지만 최소한 방콕보다는 나은 편이다. 흥정으로 가격을 정해야 하고 가까운 거리는 40~50B 정도.

✛오토바이 렌트

100cc 오토바이의 1일 렌트 비용은 200B 수준이다. 기간에 따라 협상이 가능하다. 보통 여권을 맡겨야 하고, 보증금을 요구하기도 한다. 대용량의 모터사이클을 원한다면 로열 가든 플라자 주변의 파타야 비치 로드에서 찾으면 된다. 일반적인 모터사이클은 어디에서나 쉽게 빌릴 수 있다. 파타야는 워낙 차량이 많고 복잡해서 모터사이클을 처음 타는 사람에겐 위험할 수 있다. 본인의 안전을 위해서나 딱지를 떼여 경찰서 왔다 갔다 하는 일이 없게 헬멧은 꼭 착용해야 한다.

주요 거리와 지역

15km에 이르는 긴 해변은 언덕을 사이에 두고 북쪽은 파타야, 남쪽은 좀티엔이라고 한다. '파타야'라는 단어는 좀티엔의 북쪽에 있는 지역이기도 하면서 좀티엔과 파타야를 합친 개념이 되기도 한다.

파타야 거리는 그 규칙만 조금 알면 금세 익숙해질 수 있다. 해변을 마주 보고 있는 첫 번째 해안 도로는 파타야 비치 로드(타논 핫 파타야), 그 뒤에 있는 두 번째 도로는 파타야 2nd 로드(타논 파타야 싸이 썽), 다시 그 뒤에 있는 세 번째 도로는 파타야 3rd 로드(타논 파타야 싸이 쌈)이다. 해변과 평행을 이루며 이렇게 3개의 큰 도로가 있고, 이 3개의 도로와 수직을 이루며 동서로 이어진 3개의 도로는 북쪽부터 노스 파타야 로드(타논 파타야 느아), 중간은 센트럴 파타야 로드(타논 파타야 끄랑), 남쪽은 사우스 파타야 로드(타논 파타야 따이)라고 한다.

큰 도로는 무수히 많은 골목(쏘이[Soi])으로 이어져 있고, 북쪽에서 쏘이 1로 시작해서 남으로 갈수록 숫자가 커진다. 숫자 대신 고유 명사를 가진 골목도 있다.

❶ 파타야 비치 로드(타논 핫 파타야)Beach Road
파타야 해변 / 아마리 오션 파타야 / 힐튼 파타야 / 웨이브 호텔 / 센트럴 페스티벌 파타야 (2nd 로드와도 연결) / 홉스 브루 하우스

❷ 파타야 2nd 로드(타논 파타야 싸이 썽)Pattaya 2nd Road
그랑데 센터 포인트 파타야 / 터미널 21 파타야 / 아트 인 파라다이스 / 알카자 쇼 / 비피터 스테이크 하우스 / 아워 샷 / 킨 스파 & 마사지

❸ 노스 파타야 로드(타논 파타야 느아)North Pattaya Road
파타야 북부 터미널 / 쏨땀 나므엉 / 헬스 랜드

❹ 사우스 파타야 로드(타논 파타야 따이)South Pattaya Road
워킹 스트리트 / 파 파타야 / 왓 차이몽콘 시장

❺ 나끌루아 로드(타논 나끌루아)Naklua Road
진리의 성전 / 뭄 아러이 / 센타라 그랜드 미라지 비치 리조트

파타야 비치 로드

파타야 2nd 로드

노스 파타야 로드

쏘이(작은 골목)

알아두면 좋을 파타야의 교통 스폿

미리 알아두면 능숙한 여행자처럼 파타야를 돌아다닐 수 있는 교통 스폿 혹은 안내판들이다. 여행 전에 눈여겨 봐두면 길을 찾거나 썽태우, 택시 등을 탈 때 도움이 될 것이다.

╋파타야 북부 터미널 North Pattaya Bus Terminal

방콕에서 파타야를 잇는 고속도로 개념인 스쿰빗 로드 Sukhumvit Road와 노스 파타야 로드가 만나는 근처에 자리한다. 방콕의 동부 터미널(에까마이), 북부 터미널(모칫), 수완나폼 공항으로 가는 버스를 탈 수 있다 (자세한 정보는 p278). 후아힌으로 가는 버스도 있고 08:00/16:00 하루 2회, 요금은 473B 수준이다. 터미널 안쪽으로 벨 트래블 Bell Travel Services(p278)의 사무소가 자리한다. 직접 방문해 예약을 할 수도 있다.

파타야 북부 터미널

주소 6/14 North Pattaya Road

╋돌고래 상 교차로 Dolphin circle

파타야 북부 터미널

파타야 시내 북쪽에 자리한 중요한 회전 교차로이다. 이곳에서 파타야 비치 로드, 파타야 2nd 로드, 노스 파타야 로드, 나끌루아 로드 등으로 길이 나뉘게 된다. 통행하는 차량이 많고 복잡한 곳이니 길을 건널 때는 특별히 조심해야 한다. 파타야 2nd 로드의 남쪽에서 진행하던 차들이 이곳을 기점으로 다른 지역으로 향하게 된다.

돌고래 상 교차로

╋발리 하이 선착장 Bali Hai Pier

산호섬 Coral Island으로 출발하는 정규 선박이 다니는 선착장이다. 워킹 스트리트 남쪽 끝을 지나 자리한다. 자유 여행객뿐 아니라 단체 여행객들도 대부분 이곳에서 투어를 출발하기 때문에 이른 아침 시간에는 인산인해를 이룬다. 선착장과 마주 보고 있는 광장의 시계탑과 언덕 배경의 파타야 시티 사인은 기념 촬영 포인트!

발리 하이 선착장

╋골목(쏘이 Soi)과 썽태우 정류장 표지판

앞서 말한 바와 같이 파타야 시내에는 많은 쏘이들이 있다. 각 쏘이 안에도 술집, 식당, 마사지 숍들이 빼곡히 들어서 있고, 주요 도로를 연결해주는 통로가 되기도 한다. 썽태우를 타고자 한다면, 근처의 썽태우 정류장 표지판을 찾아 '아주 잠시만' 기다리면 된다.

썽태우 정류장 표지판

---

more & more **파타야의 일방통행**

파타야 비치 로드와 파타야 2nd 로드는 일방통행이다. 파타야 비치 로드는 북에서 남으로, 파타야 2nd 로드는 남에서 북으로만 진행할 수 있다. 파타야 시내에서 썽태우를 탈 때, 워킹 스트리트에서 갈라지는 경우가 많고 어디로 갈지 모르니 이 근처에서 내린 후, 가고자 하는 방향으로 길을 잡고 썽태우를 갈아타는 것이 요령이다.

파타야

방콕 ▲

카오
키여우
오픈 주 •

시라차
Sriracha

시라차
타이거 주 •

나끌루아 비치

뭄 아러이 Ⓡ

나끌란이 로드 Naklua Road

진리의 성전 •

Naklua Soi 12

Naklua Soi 16
Naklua Soi 18

Ⓗ 센타라 그랜드 미라지 비치 리조트
Ⓜ 센와리 스파

돌고래 상

헬스 랜드 Ⓜ

북파타야 로드 North Pattaya Road

파타야
북부 터미널
North Pattaya
Bus Terminal

Ⓗ 그랑데 센터 포인트 파타야
아마리 오션 파타야 Ⓗ   Ⓢ 터미널 21 파타야

나끌루아
Naklua

진리의 성전 •
• 미니 씨암   백만 년 바위 공원과
악어농장 •

파타야 비치

자스민스 카페 Ⓡ
센트럴 피타야 로드 Central Pattaya Road

▼ 산호섬   파타야
Pattaya

프라 땀낙 뷰포인트 •

힐튼 파타야 Ⓗ   Ⓢ 센트럴 페스티벌
파타야 비치

줌티엔
Jomtien

글라스 하우스 Ⓡ
케이브 비치클럽 Ⓡ

프리차 시푸드 Ⓡ—
림파 라핀 Ⓡ

Ⓢ 애비뉴 파타야

발리 하이
선착장   로열 가든 플라자 Ⓢ   Ⓗ 아바니 파타야 리조트

왓 차이몽콘
남파타야 로드 South Pattaya Road

파타야 시내(Ⓟ

프라 땀낙
뷰포인트 •
Ⓗ 인터콘티넨탈
파타야 리조트
Ⓗ 로열 클리프 비치 호텔

• 이지 카트

농눅 가든 •   • 왓 카오 치 찬

라마야나 워터파크 •

라용,
반페(코사멧) ▼

오아시스
스파
Ⓜ
텝프라싯 로드 Thepprasit Road
텝프라싯
야시장
아웃렛 빌리

사타힙
Sattahip

✈
우타파오 공항

줌티엔 ◄

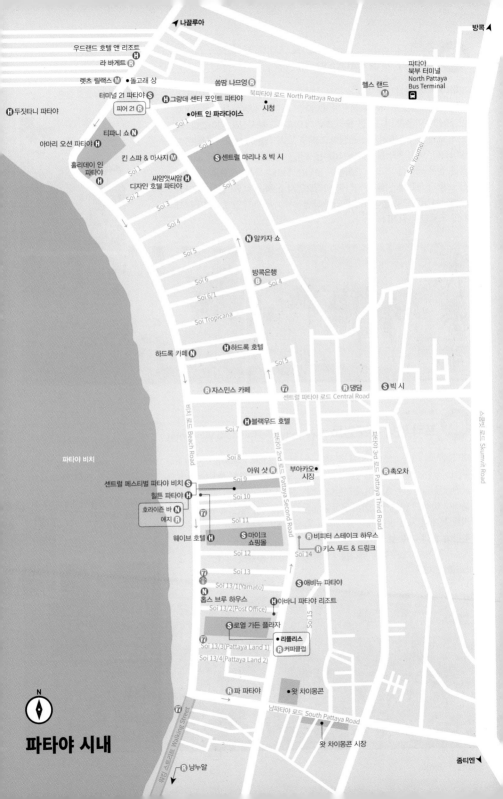

파타야 시내

★★★
📷 파타야 해변 Pattaya Beach

파타야 시내 중심가와 맞닿아 있는 해변으로 길이는 약 3km에 이른다. 남국의 에메랄드빛 바다를 꿈꾸며 파타야에 왔다면 실망하기에 십상이지만 팬데믹 이전과 비교하면 몰라보게 깨끗해지고 백사장도 넓어졌다. 덕분에 해변에서 수영하거나 선탠하고 책을 보러 해변에 나오는 사람들도 많아졌다. 비치 체어를 빌리는 비용은 1인당 100B 수준. 파타야 해변의 좋은 점은 바다를 가리는 건물들이 없다는 것이다. 해변 쪽으로 호텔 대신 보행자 도로를 만들어 바다를 바라보면서 산책을 할 수 있다. 파타야 해변에서 남쪽으로 넘어가면 좀티엔 해변Jomtien Beach이 있고, 좀 더 한적하고 조용한 분위기다.

위치 파타야 비치 로드 인근

★★★★
📷 프라 땀낙 뷰포인트 Phra Tamnak Mountain Viewpoint

파타야에서 가장 멋진 전망을 감상할 수 있는 곳으로 파타야의 전망대 (Pattaya Hill) 역할을 하고 있다. 파타야의 기념엽서나 여행 책자에 나온 사진들을 촬영하는 장소이기도 한데 낮에 보는 전망도 좋지만, 해질녘 모습이나 야경도 인기가 있어서 온종일 방문자가 끊이지 않는다. 워킹 스트리트 쪽에서 차로 5분 거리. 오토바이 택시나 쌩태우를 타고 가면 된다. 파타야 힐과 마주 보고 있는 언덕에는 빅 부다라 부르는 왓 프라야이Wat Phra Yai가 있다. 입구에는 부다를 지켜주던 전설의 동물인 나가Naga가 장식되어 있다.

주소 Pratumnak Hill, Nong Prue, Bang Lamung District
위치 파타야와 좀티엔 사이의 언덕, 워킹 스트리트 쪽에서 차로 5분 거리
운영 07:00~22:00
요금 무료

산호섬 Coral Island

파타야 해안으로부터 8km 정도 떨어진 섬으로 코 란Koh Lan이라 부른다. 남국의 에메랄드빛 바다를 상상하고 갔다가 파타야 비치에서 크게 실망한 사람들이 그나마 위안을 얻을 수 있는 섬이다. 모두 6개의 해변이 있는데, 건기에 날씨가 좋은 날이면 옥색의 바다가 보일 정도로 파타야 지역에서는 보석 같은 존재라 할 수 있다. 섬 내에서는 패러세일링, 제트스키와 바나나보트 등 다양한 해양 스포츠를 즐길 수 있다. 파타야 남쪽의 발리 하이 선착장Bali Hai Pier(p281)에서 정규 선박(페리나 스피드보트)을 이용해 단독으로 들어갈 수도 있지만 대부분 일일 투어로 들어가 오후 16시경 돌아오게 된다. 페리 요금은 편도 30B. 오전 7시, 10시, 12시, 14시, 15시 30분, 17시, 18시 30분에 파타야에서 출발하고 산호섬에서 나오는 마지막 배 시간은 오후 18시이다. 스피드보트 요금은 왕복 300~400B 수준으로 출발 시간이 딱 정해져 있지는 않고 어느 정도의 인원이 채워져야 출발한다. 투어는 반일 투어와 종일 투어로 나뉘는데, 온종일 있을 만한 섬은 아니므로 반일 투어를 이용할 것을 추천한다.

위치 발리 하이 선착장에서 스피드보트로 약 15분

★★★★

농눅 가든 Nong Nooch Garden

작은 개인 정원에서 시작해 지금은 파타야에서 가장 유명한 관광지가 된 열대 식물원 겸 공원. 인공적이긴 하지만 꽃과 나무들이 어우러진 멋진 풍경을 갖고 있다. 걸어서 구경하기에는 벅찰 정도로 부지가 상당히 넓고 현재도 계속 확장 중이다. 인원이 많다면 전동 차량(차 한 대당 2,000~2,500B 수준)을 빌려 돌아다니는 것도 방법이다. 200B 정도의 추가 요금을 내면 관람차를 이용할 수 있지만, 영어 안내가 부족해서 큰 도움이 되지 않는다. 걸으면서 구경할 때는 입구에 있는 지도를 먼저 살펴보고, 육교처럼 만들어 놓은 길Sky Walk을 따라 이동하면 된다. 가장 볼거리가 많은 곳은 프랑스 정원이고 민속 공연이 하루에 몇 차례 있어 시간을 잘 맞춰 방문하는 것이 좋다. 마땅한 대중교통 수단이 없으므로 여행사의 일일 투어 등을 이용하는 것이 가장 편리하다.

주소 34 Na Chom Thian
위치 파타야에서 사타힙 방면으로
차로 20분
운영 08:00~18:00
(민속 공연 10:30, 13:30, 15:00)
요금 입장권 성인 500B/어린이 400B
(공연 포함 성인 800B/
어린이 650B)
전화 081-919-2153
홈피 www.nongnoochpattaya.
com

★★★★
진리의 성전 The Sanctuary of Truth

'나무 궁전'이라고도 불리는 곳. 못을 하나도 사용하지 않고 만든 나무 조각들이 거대한 예술 작품처럼 다가오는 곳이다. 실제로 보면 조각의 정교함에 탄성이 절로 나오게 된다. 힌두교와 불교를 융합해 녹이고, 태국, 중국, 힌두, 크메르의 종교적 특색을 살려 꾸며 놓았다. 안타까운 점은 1981년 첫 공사를 시작한 이래 지금도 계속 보수 공사 중이다(나무로만 지어져 해풍에 나무들이 계속 부식하고 있기 때문이라고). 영어 투어 가이드는 하루 15회 정도로 자주 있고 한국어 투어 가이드는 매주 화요일에 4회 진행한다. 스케줄 변동이 있을 수 있으므로 홈페이지를 통해 미리 확인하고 방문할 것을 추천한다. 반바지나 짧은 치마 등을 입었을 때는 빌려주는 천으로 몸을 가리고 입장할 수 있다.

주소 206/2 Pattaya-Naklua
위치 파타야에서 차량으로 15~20분 정도 소요
운영 08:00~18:00 (티켓 판매는 17시까지)
요금 성인 500B, 어린이(키 110~140cm) 250B
전화 038-110-653
홈피 sanctuaryoftruthmuseum.com

★★★
카오 키여우 오픈 주 Khao Kheow Open Zoo

자유롭게 방목하고 있는 상태의 동물들을 만나볼 수 있는 동물원이다. 기린이나 사슴 등 비교적 온순한 동물들에게는 직접 먹이도 줄 수 있어 어린이가 있는 가족 여행자들에게는 더없이 좋은 장소로 추천한다. 100ac가 넘는 부지에 총 8,000여 종의 동물이 서식하고 있으며 구역에 따라 트램이나 전용 전동카트를 이용해 돌아다니면서 구경할 수 있다. 전용 전동카트를 따로 빌리면 4인승은 500B, 6인승은 700B 수준이며 보험 가입을 위해 여권을 지참해야 한다. 코끼리 쇼나 펭귄 쇼 등도 볼 수 있고 보통 오전 한 번, 오후 한 번, 하루 2회 진행한다. 대중교통으로는 이동이 힘들어 여행사의 투어 상품을 이용하는 것이 편리하다.

주소 235 Bang Phra, Si Racha District
위치 파타야에서 방콕으로 가는 길목인 촌부리에 위치, 차량으로 40분 거리
운영 08:00~17:00
요금 성인 350B, 어린이 120B
전화 038-318-444
홈피 www.kkopenzoo.com

★★★
라마야나 워터파크 Ramayana Water Park

왓 카오 치 찬 인근에 자리한 워터파크로 규모도 상당히 크고 여러 가지 시설도 잘 갖춰진 곳이다. 구역은 크게 3군데로 나뉘어 있고 유수풀, 파도 풀, 워터 슬라이드, 아쿠아 스플래시 등의 놀이 시설이 충분하다. 한국의 워터파크와 비교하면 기다리는 시간이 적어 모든 시설을 충분히 이용할 수 있다. 유료 로커가 있고 샤워 시설과 화장실 등도 비교적 깨끗하게 관리하고 있다. 시내에서 차로 30분 이상 가야 하는 거리라 워터파크 측의 유료 셔틀을 이용하는 것이 좋고, 홈페이지에서 예약하면 된다. 수영복은 필수로 착용해야 하며 외부 음식 반입은 불가하다.

주소 9 Moo 7, Ban Yen Road. Na Chom Thian
위치 파타야에서 사타힙 방면, 농눅 가든 지나 이정표를 따라 좌회전해서 6km,
운영 11:00~18:00 (휴무 수요일)
요금 성인 1,090B, 어린이 (키 106~140cm) 799B,
전화 033-005-929
홈피 www.ramayanawaterpark.com

★★★
아트 인 파라다이스 Art in Paradise

실제 3D로 느껴질 만큼 실감나게 그려진 그림들을 배경으로 재밌는 사진을 촬영할 수 있는 곳이다. 각 공간은 물Aqua, 동물원Zoo, 명화Classic Art, 아유타야Ayuttaya, 이집트Egyptian, 타이Thai, 초현실주의Surrealism, 공룡Dinosaur 등의 테마로 다양하게 나누어져 있다. 인근 동남아시아 국가들에 있는 3D 박물관에 비해 기발한 그림이 많고, 관리도 깨끗하게 하고 있다. 곳곳의 배경을 잘 활용하여 사진을 찍는 베스트 포토도 전시해 놓았다.

주소 78/34 Pattaya 2nd Road
위치 파타야 2nd 로드, Pattaya Sai Song 1 골목 안 왼쪽
운영 09:30~20:00 (마지막 입장 19:00)
요금 성인 400B, 어린이(키 100~130cm) 200B
전화 085-999-3374

★★★
📷 왓 카오 치 찬 Wat Khao Chi Chan

서거한 라마 9세 국왕의 즉위 50주년을 기념하고 장수를 기원하기 위해 1996년부터 7~8년간의 공사 기간을 거쳐 탄생한 곳이다. 돌로 된 산(사원) 정면에 14K 금으로 대형 부처를 그려 놓았는데 높이가 무려 130m에 가로는 70m에 육박한다. 멀리서 보면 꽤 장관을 이룬다. 사원 근처는 공원처럼 조성되어 있다.

주소 Soi Khao Chi Chan, Na Chom Thian, Sattahip District
위치 파타야에서 사타힙 방면, 농눅 가든 지나 이정표를 따라 좌회전해서 5km
운영 06:00~18:00　　　　　　　　　　요금 무료

★★
📷 리플리스 Ripley's

Believe It or Not! 믿거나 말거나! 리플리라는 이름의 모험심 강한 서양인이 세계를 여행하면서 수집한 세계의 물건들과 기이한 것들을 소개하는 박물관이다. 250여 가지의 전시물이 있다고 하는데 그중엔 엽기적인 것도 있고 과학적인 내용도 있다. 전시물들은 종류에 따라 9개의 갤러리로 나뉘어 전시되고 있다.

주소 Room no. C 20-21 Moo 10 Royal Garden Plaza, 218 Beach Road
위치 파타야 비치 로드, 로열 가든 플라자 2층
운영 11:00~22:00
요금 입장료 696B~ (관람 옵션에 따라 차등)
전화 038-710-294
홈피 ripleysthailand.com

★★
📷 이지 카트 Easy Kart

파타야 남쪽. 발리 하이 선착장 인근에 자리한 카트장이다. 일반 트랙(350m)과 레이싱용 트랙(800m)으로 나누어져 있어 개인의 수준에 맞춰 즐길 수 있다. 레이싱 트랙의 최고 속도는 70km/h로, 다 도는데 약 8분 정도 소요된다. 최고 속도 25km/h인 키즈 카트도 준비되어 있고, 7세 어린이부터 이용할 수 있다. 한국어 안내서가 있고 시내에서 가까운 점도 장점.

주소 61/83 Bang Lamung District
위치 발리 하이 선착장에서 좀티엔 방면으로 넘어가는 언덕 중간
운영 10:00~01:00
요금 1회 650B~
전화 033-005-009

프리차 시푸드 Preecha Seafood

저렴하고 맛있게 시푸드를 즐길 수 있는 식당이다. 파타야 시내에서 차로 30분 거리에 있는 좀티엔 지역에 시푸드 식당들이 몇 개 모여 있는데. 그 중에서도 손님이 가장 많고 인기가 좋은 곳이다. 바다를 접하고 있는 전형적인 태국 스타일의 레스토랑으로, 족히 100명은 수용할 수 있는 대형 식당이기도 하다. 쏨땀이나 똠얌꿍 등 기본적인 태국 음식들도 갖추고 있지만 인기 메뉴는 역시 시푸드. 수족관에서 직접 재료를 골라 주문하는 방식이다. 하지만 위생이 아주 좋은 편은 아니라 주의가 필요하다. 좀티엔에서 좀 더 남쪽으로 내려간 방사래Bang Sare에도 지점이 있다.

주소 200/9 Moo 4, Na Jomtien Road
위치 파타야 시내 스쿰빗 로드에서 사타힙 방면, Soi Na Jomtien 30 안쪽
운영 10:00~21:00
요금 1인 예산 500B~
전화 087-484-6458

에지 Edge

힐튼 파타야 호텔의 메인 레스토랑으로 멋진 바다 전망을 갖고 있다. 아침. 점심. 저녁 모두 뷔페를 제공하고 있는데 그 중 평일 런치 뷔페의 가성비가 상당히 좋은 편이다. 런치 뷔페는 요일마다 콘셉트가 달라지는데 금요일 점심은 시푸드 뷔페로 가격이 살짝 높으나 인기는 많다. 저녁 뷔페는 시푸드 중심으로 매일 17시부터 22시까지 운영하고, 금액은 런치 뷔페의 2배 정도 가격이다. 점심과 저녁 시간 모두 와인을 무제한 마실 수 있는 와인 뷔페(1인 1,300B 수준)도 함께 즐길 수 있어 와인 애호가들은 눈여겨볼 만하다. 에어컨이 나오는 실내 좌석과 바다를 조망할 수 있는 야외 좌석이 있다.

주소 333/101 Moo 9, Nongprue
위치 파타야 비치 로드, 힐튼 파타야 호텔 14층
운영 **점심 뷔페** 월~금 12:00~14:30
요금 **점심 뷔페** 월~목 650B, 금 750B / **브런치** 토~일 1,450B(nett)
전화 038-253-000
홈피 www.hilton.com

자스민스 카페 Jasmin's Café

전형적인 여행자 식당으로 아침 식사 메뉴부터 간단한 태국 음식, 다양한 음료와 디저트까지 맛볼 수 있다. 아담한 크기의 식당은 여행자 거리의 카페처럼 아기자기하게 꾸며져 있고 예쁜 소품들도 판매한다. 크루아상을 이용한 샌드위치와 무슬리 요거트, 오믈렛 등의 아침 식사 메뉴는 언제나 인기. 망고 등의 과일과 아이스크림을 이용한 디저트도 이곳에서 꼭 먹어 봐야 하는 아이템이다. 파타야 비치 로드와 센트럴 파타야 로드가 만나는 삼거리에서 가까워 찾기도 쉬운 편. 직원들도 친절하고 와이파이를 무료로 사용할 수 있다.

주소 137 Moo 9 Central Pattaya Road
위치 파타야 비치 로드와 센트럴 파타야 로드가 만나는 삼거리에서 100m
운영 10:00~22:00
요금 아침 식사 메뉴 129B~, 단품 식사 129B~, 타이 디저트 129B~(Tax 7%)
전화 081-429-8409
홈피 jasminscafepattaya. business.site

비피터 스테이크 하우스 Beefeater Steak House

미트 러버들은 이곳으로 모일지어 다! 파타야 최고의 스테이크 집이라 할 수 있다. 스웨덴 출신의 오너가 20년 가까이 운영하고 있는 이곳은 서양 여행자들의 사랑방 같은 곳이기도 하다. 질 좋은 고기를 사용한 스테이크와 립 등의 메뉴가 일품이며 금액은 비싸지만, 호주산 와규도 맛볼 수 있다. 월~금요일까지는 저녁에만 문을 열고, 토~일요일에는 점심에도 영업한다. 토~일 12시부터 오후 4시까지 진행하는 브런치 뷔페는 타코와 나초, 샐러드 등의 메뉴에 무제한 백립이 포함되어 있고 금액도 저렴해서 매우 인기가 높다. 파타야 2nd 로드, 키스 푸드 & 드링크 뒤편에 자리한다.

주소 216, 30-31 Pattaya 2nd Road
위치 파타야 2nd 로드, Pattaya Sai Song 13 골목 안
운영 월~금 17:00~23:00, 토~일 12:00~16:00/17:00~23:00
요금 스테이크 455~1,695B, 주말 브런치 뷔페 345B, 맥주 110B
전화 038-720-926
홈피 www.beefeaterpattaya.com

케이브 비치클럽 Cave Beach Club

시원한 바닷바람 맞으며 시간 보내기 좋은 곳이다. 좀티엔과 방사래 중간에 자리한 비치클럽으로 태국인들에게 핫플로 통한다. 주말이면 한껏 차려입은 젊은 태국 여성들의 발길이 끊이질 않는다. 비치클럽 앞으로 펼쳐진 해변이 파타야에서는 보기 드물게 곱고 한적해서 휴양지 느낌을 내기에도 그만이다. 바로 옆에 자리한 글라스 하우스 레스토랑에서 운영하기 때문에 긴긴 태국 메뉴에 비해 웨스턴 메뉴는 간소하다. 의외로 음식 맛도 좋고 예쁘게 담겨 나온다. 다만 야외 좌석은 벌레들이 좀 있는 편이고 직원들이 너무 바빠 약간은 불편할 수 있다.

주소 Soi Najomtien 10 Najomtien
위치 좀티엔과 방사래 중간, 파타야 시내에서 차로 20분
운영 11:00~24:00
요금 커피 120B~, 맥주 110B~, 칵테일 390B~, 식사메뉴 280B~(SC 10%)
전화 083-825-8283

아워 샷 Our Shot

파타야에서 어디 제대로 된 커피 전문점이 없나 찾아 헤맸다면, 이곳을 방문해보자. 규모는 아담하지만 묵직한 바디감을 가진 커피 맛이 일품이다. 기본적인 커피 메뉴 외로 다양한 베리에이션 커피는 이곳의 시그니처. 메뉴에 별도로 표기가 되어 있고 사진과 함께 영어 설명도 있어 선택 시 참고로 할 수 있다. 커피와 함께 즐기면 좋은 크루아상과 케이크 등의 베이커리 종류도 있다. 내부는 군더더기 없이 심플하고 조용해서 복잡한 파타야 거리에 있다는 것을 잠시 잊게 한다. 직원들도 다정하고 친절하다.

주소 382/36 Pattaya 9 Alley
위치 파타야 2nd 로드, 쏘이 9 입구, 센트럴 파타야 후문 옆
운영 08:30~19:00
요금 에스프레소 65B, 피콜로 80B, 시그니처 커피 120~140B
전화 081-929-5624

댕담 Dang Dum แดงดำ

'우리 동네'에 있는 것 같은 밥집 & 반찬가게 개념이다. 국수나 볶음밥 같
은 간단한 식사를 해결하기에 적당하다. 가게 한쪽에 반찬을 진열해 놓은
곳이 있어 따로 판매하기도 하고, 밥에 반찬을 곁들여 덮밥 식으로 판매
하기도 한다. 태국식 비빔밥인 카오 끌룩까삐Fried Rice with Shrimp Paste 메
뉴가 다양하다. 금액은 대체로 저렴하다.

주소 Soi Phatthaya Klang 10,
　　　Central Pattaya Road,
위치 파타야 3rd 로드와 센트럴 파타야
　　　로드가 만나는 사거리 근처.
　　　쏘이 파타야 끌랑 10Soi Pattaya
　　　Klang 10 입구
운영 06:00~22:00
요금 끌룩까삐 90B~,
　　　치킨 마사만 덮밥 90/110B,
　　　국수 60B~
전화 086-321-8837

 촉오차 Chokocha

찾아가긴 좀 어렵지만 맛있는 소고기 쌀국수(느어뚠)
를 즐길 수 있는 곳이다. 풍 곤 소고기와 간장 베이스
로 맛을 내 깊은 맛이 일품이다. 익히는 방법과 부위
에 따라 고명을 고를 수 있다. 국수 없이 고깃국(까오
라오)만 따로 주문해 밥과 같이 먹어도 좋다. 내부는
소박하지만, 위생도 비교적 좋은 편이다.

주소 Soi Chaloem Phrakiat 12, Pattaya 3rd Road
위치 파타야 3rd 로드, 쏘이 찰럼 프라끼앗 12Soi Chaloem
　　　Phrakiat 12 입구
운영 09:30~16:00
요금 소고기 쌀국수(느어뚠) 70~110B, 고깃국(까오라오) 90~120B
전화 065-292-5591

 쏨땀 나므엉 Somtam Na Mueang ส้มตำหน้าเมือง

터미널 21 파타야와 가까운 전형적인 로컬 식당. 음식들이 저렴하고 맛있
어서 언제나 손님들로 북적인다. 태국 음식들도 있지만 이싼 음식에 특화
되어 있고 특히 닭구이인 까이양을 전문으로 한다. 밖에서 보기엔 허름하
고 지저분해 보이지만 나름 위생에 신경 쓰고 음식도 깔끔하게 나온다.

주소 Soi Pattaya Nuea 4,
　　　North Pattaya Road
위치 노스 파타야 로드,
　　　쏘이 파타야 느아 4 입구
운영 10:30~20:30
요금 쏨땀 50B~, 까이양 95/190B,
　　　그린커리 75/100B
전화 086-355-4983

피어 21 Pier 21 (파타야)

놀랍도록 저렴한 터미널 21 파타
야의 푸드코트. 노점과 비슷하거나
오히려 더 저렴한 메뉴들도 많아
부담 없이 이것저것 주문해서 먹
어볼 수도 있다. 망고 등의 과일과
디저트를 판매하는 코너도 따로
있으니 식사 후에 입가심도 잊지
말자. 입구에서 선불카드를 구매한
후, 원하는 숍에 가서 음식을 주문
하고 카드를 제시하면 되고 출구
에서 정산하면 된다.

주소 3F Terminal 21 Pattaya, 456, 777, 777/1 Moo 6 Naklua
위치 파타야 2nd 로드의 가장 북쪽, 터미널 21 파타야 3층
운영 11:00~22:00 요금 1인 예산 50B~
전화 033-079-777 홈피 www.terminal21.co.th

키스 푸드 & 드링크 Kiss Food & Drinks

패스트푸드점처럼 보이는 다국적 여행자 식당. 태국 음식과 서양 음식을
두루 맛볼 수 있는데 가격이 저렴하고 양도 푸짐하다. 아침 일찍 열어 늦
은 시간까지 영업하니 활용도도 높다. 에어컨이 없는 야외 개방형으로 되
어 있으며 사진 메뉴가 있어 손쉽게 주문할 수 있다.

주소 216 23 Pattaya 2nd Road
위치 파타야 2nd 로드, Pattaya Sai
      Song 13 골목 입구
운영 08:00~01:00
요금 클럽 샌드위치 120B,
      볶음밥 110B, 팟타이 85B
      (Tax 7%)
전화 038-412-112

파 파타야 Fra Pattaya

파타야 남쪽 시내에서 손님이 가장 많은 태국 식당. 1982년부터 한 자리
에서 영업 중이다. 중국 스타일이 가미된 태국 음식들이 주메뉴이고 로스
트 덕(뻿양)을 활용한 국수나 덮밥도 있다. 워킹 스트리트와 가깝고 늦은
시간까지 영업하기 때문에 밤 시간에는 자리를 찾기 힘들 정도다. 직원들
의 응대가 늦을 수도 있으니 여유로운 마음을 갖고 방문해야 한다.

주소 597/9 South Pattaya Road
위치 사우스 파타야 로드, 파타야 비치
      로드와 파타야 2nd 로드 사이
운영 11:00~03:00 (휴무 토요일)
요금 국수나 덮밥 60~100B,
      태국 요리 140B~,
      새우구이(꿍파오) 380B
전화 084-156-4692

커피클럽 Coffee Club - Royal Garden Plaza

호주 브리즈번에서 시작한 커피 전문점이자 레스토랑. 태국의 주요 지역마다 들어가 있고 여기 로열 가든 플라자 지점은 서양 여행자들이 유난히 많다. 커피나 음료뿐 아니라 식사 메뉴에도 상당히 공을 들이고 있다. 브런치 메뉴를 필두로, 버거와 샌드위치, 샐러드, 간단한 태국 음식 등을 제공한다. 어느 메뉴를 주문해도 평타 이상은 한다.

주소　GF Royal Garden Plaza,
　　　218 Pattaya Beach Road
위치　파타야 비치 로드의 남쪽,
　　　로열 가든 플라자 G층
운영　08:00~21:00
요금　커피 95~180B, 팬케이크 280B,
　　　파스타 280B~
전화　092-248-6891
홈피　www.thecoffeeclub.co.th

림파 라핀 Rimpa Lapin

이곳에 방문하게 된다면, 'We serve the best view'라는 이 레스토랑의 문구가 허언이 아님을 느끼게 될 것이다. 할머니 대부터 살던 집을 레스토랑으로 사용하고 있는 이곳은 파타야에서 전망이 가장 좋은 레스토랑이라고 할 만하다. 자극적이지 않고 순한 태국 음식과 다양한 웨스턴 메뉴를 즐길 수 있다. 저녁 시간에 방문할 예정이라면 예약은 필수.

주소　152, Na Chom Thian 36 Alley
위치　사타힙 방면, 반 암포 비치Baan Amphoe Beach, 파타야 시내에서 차로 30분
운영　월~금 13:00~21:00, 토~일 12:00~21:00
요금　어쑤언 250B, 얌운센 200B, 팟팍루암 250B
전화　038-235-515/084-451-5686　　홈피　www.rimpa-lapin.com

뭄 아러이 Mum Aroi(나끌루아)

파타야 전역을 주름잡고 있는 해산물 전문 식당이다. 시원한 바다 전망에 신선한 해산물을 먹을 수 있어 1,000석이 넘는 대규모 식당은 늘 분주하다. 낮에도 전망은 좋지만 밤 시간의 시원함과 정취에는 미치지 못한다. 직원들은 좀 무뚝뚝한 편이고 메뉴판에는 큼직한 사진과 영문이 적혀 있어 주문에 도움이 된다. 파타야 인근에 3개의 지점이 더 있다.

주소　83/4 Moo 2, Naklua 4 Alley
위치　노스 파타야 나끌루아 로드 북쪽,
　　　썽태우로 파타야 시내에서
　　　차로 15분
운영　11:00~21:30
요금　뿌팟퐁커리(1kg) 1,500B,
　　　쏨땀 뿌 150B, 똠얌꿍 260/550B
　　　(재료에 따라)
전화　038-223-252

☾ 워킹 스트리트 Walking Street

워킹 스트리트는 파타야 시내 남쪽의 거리 이름이자 나이트라이프의 메카이다. 저녁 시간이면 차량이 통제되면서 온 거리가 유흥가로 변모한다. 흡사 푸껫 빠통의 방나 로드와 비슷한 분위기다. 온갖 종류의 바와 나이트클럽들이 밀집되어 있고, 골목 사이사이에 아고고A·go·go라 부르는, 성인 남성들을 위한 퇴폐적인 술집도 지천으로 널려 있다. 하지만 핫튜나 바Hottuna Bar처럼 수준 높은 록밴드 공연을 감상하거나 태국 킥복싱을 즐기면서 한잔할 수 있는 건전한 곳도 있다. 꼭 어떤 목적을 갖고 방문하지 않더라도, 구경삼아 한 번은 가 볼 만하다.

주소 Walking St, Pattaya City
위치 파타야 비치 로드의 남쪽,
　　　쏘이 13-4와 가깝다
운영 19:00~02:00(가게마다 상이)
요금 맥주나 칵테일, 위스키(Glass)
　　　100~200B

☾ 호라이즌 바 Horizon Bar

힐튼 파타야 호텔 34층에 자리한 루프톱 바. 파타야 비치 로드 중앙에 자리한데다 3면이 모두 뚫려 있어 파타야 해변과 시내가 한눈에 들어온다. 직원들도 상당히 정중하고 친절하며 오후 7시까지는 해피아워로, 칵테일 1+1 등의 프로모션 혜택이 있다. 스탠딩 좌석이 없으므로 예약 없이 가면 기다려야 할 수도 있다. 파타야는 휴양지라서 방콕처럼 엄격한 드레스 코드는 없지만, 적당히 복장은 갖추고 가는 것이 좋겠다(탱크톱, 수영복 등의 차림은 입장 불가). 해변과 바로 마주하고 있어 바람이 많이 부니 긴팔 옷을 준비하거나 긴 머리의 여성들은 이에 대해 대비를 하는 것이 좋다

주소 34F Hilton Pattaya, 333/101
　　　Moo 9, Nongprue
위치 파타야 비치 로드,
　　　힐튼 파타야 34층
운영 16:00~01:00
요금 칵테일 340B~,
　　　하우스 와인(Glass)
　　　520~590B,
　　　맥주 190B~
　　　(Tax & SC 17%)
전화 038-253-000
홈피 www.hilton.com

홉스 브루 하우스 Hops Brew House

독일의 정통 요리와 함께 시원한 수제 생맥주를 즐길 수 있는 곳. 이른 시간부터 맥주를 마시려는 손님들로 가득 찬다. 덕분에 이곳에 오면 항상 에너지가 넘치고, 축제 같은 분위기에 금세 동화된다. 슈바인스학세 Schweinshaxe 레시피로 만든 족발 튀김과 립, 살라미, 소시지 등 서양인들의 취향에 딱 맞는 요리와 안주로 그들의 절대적인 지지를 받는 곳이다. 화덕에 구운 피자도 다양하게 선택할 수 있고 네 종류가 한 판에 들어가는 4-Seasons 피자가 인기. 월요일을 제외한 저녁 시간에는 주로 흘러간 팝송을 연주하는 라이브 밴드의 연주도 즐길 수 있다.

주소 219 Pattaya Beach Road
위치 파타야 비치 로드, 쏘이 13-1 입구 쪽에 있다
운영 월~금 16:00~24:00, 토~일 12:00~24:00
요금 독일식 족발 튀김 590B, 화덕피자 260~300B, 생맥주 110B~(Tax & SC 17%)
전화 087-560-5555

 알카자 쇼 Alcazar Show

30여 년의 역사를 가진 파타야의 대표 트랜스젠더 쇼. 이 쇼의 상업적인 성공이 태국의 다른 트랜스젠더 쇼를 만들어냈다고 해도 과언이 아니다. 큰 기대와 편견을 갖지 않는다면, 공연은 생각보다 볼만하고 지루하지 않다. 좌석은 일반석과 VIP석으로 나누어지는데, VIP석은 공연을 좀 더 가까이에서 지켜볼 수 있다. 보통 오후 5시를 전후해 하루 4회 정도의 공연이 펼쳐지고 1시간 정도의 공연이 이어진다. 공연이 끝나고 출연진들과 기념 촬영을 할 수 있는데, 이때 매너 팁은 필수! 팁은 최소 40B에서 100B 정도면 무난하다. 한인 여행사에서 미리 티켓을 구매하면 저렴하고 편리하게 공연을 관람할 수 있다.

주소 78/14 Pattaya 2nd Road
위치 파타야 2nd 로드의 북쪽, 센트럴 마리나에서 남쪽으로 약 270m
운영 쇼 타임 17:00/18:30/20:00/21:30
요금 일반석 720B, VIP석 850B(여행사 가격)
전화 038-410-224
홈피 www.alcazarthailand.com

렛츠 릴랙스 Let's Relax(노스 파타야)

이름만으로 어느 정도 신뢰가 가는 곳이다. 방콕, 치앙마이, 푸껫, 파타야 등지에 여러 지점을 가지고 있다. 이곳은 파타야 1호점으로 시설에 비해 합리적인 가격과 마사지사들의 고른 실력을 장점으로 꼽을 수 있다. 다양한 마사지가 조합된 드림 패키지Dream Package와 헤븐리 릴랙스Heavenly Relax가 가장 인기 있는 프로그램이다. 돌고래 상 교차로와 가깝다.

주소 240/9 Bang Lamung District
위치 파타야 북부, 돌고래 상에서 우드랜드 호텔 & 리조트 방면으로 왼쪽
운영 10:00~24:00 (마지막 예약 23:00)
요금 드림 패키지(발 마사지 45분 +핸드 마사지 15분+백 & 숄더 30분) 950B, 헤븐리 릴랙스 (발 마사지 45분+타이 마사지 & 허브볼 120분) 1,750B
전화 038-488-591
홈피 www.letsrelaxspa.com

헬스 랜드 Health Land(노스 파타야)

태국 전역에 많은 체인을 거느리고 있는 대표적인 마사지 숍으로 규모도 크고 시설도 깔끔하다. 돌고래 상 교차로에서 방콕행 버스터미널 방향으로 약간 걸어야 해서 일부러 찾아가는 수고스러움은 감수해야 한다. 하지만 가격이 시설에 비해 저렴한 편이라 인기가 많다. 대형 업소임에도 예약하지 않으면 헛걸음을 할 수 있으니 예약은 필수!

주소 159/555 Moo 5, Pattaya Nua Road
위치 돌고래 상 교차로에서 버스터미널 방향으로 직진, 왼편에 있다
운영 10:00~23:00
요금 발 마사지 400B(60분), 타이 마사지 650B(120분)
전화 038-412-989
홈피 www.healthlandspa.com

킨 스파 & 마사지 Kinn Spa & Massage

파타야 2nd 로드의 북쪽. 터미널 21 파타야부터 센트럴 마리나 사이에는 저렴한 마사지 숍들이 밀집해 있다. 그만그만한 로컬 마사지 숍들 중에서 단연 눈에 띄는 곳이다. 젠 스타일의 정갈한 내부에 마사지 받을 때 갈아입는 옷도 깨끗하게 관리한다. 다만 기본적인 압이 세지 않고 부드럽게 진행하는 편이다.

주소 436/44 Pattaya 2nd Road
위치 파타야 2nd 로드, 쏘이 2 맞은편   운영 11:00~01:00
요금 발 마사지(60분) 390B, 타이 마사지(90분) 580B
전화 089-113-3273

오아시스 스파 Oasis Spa(좀티엔)

파타야 남쪽에 있는 데이 스파로 파타야 외로 방콕과 치앙마이, 푸껫에도 각각 지점이 있다. 호텔 스파를 제외하면 파타야에서 가장 고급스럽고 럭셔리한 스파라고 할 수 있다. 남성들을 위한 파워 있는 마사지인 '킹 오브 오아시스', 여성들을 위한 부드러운 마사지인 '퀸 오브 오아시스'가 시그니처 메뉴. 그 외로 오아시스 포핸드, 아로마테라피 핫 오일도 인기 메뉴이다. 개별적으로 찾아가기에 위치는 좋지 않지만, 예약하면 픽업 서비스를 받을 수 있다.

주소 322 Thappraya Road
위치 파타야 시내에서 좀티엔 방면, 파타야 시내에서
　　　차로 15분
운영 10:00~22:00
요금 킹(퀸) 오브 오아시스(120분) 3,900B,
　　　오아시스 포핸드(60분) 2,500B(Tax & SC 17%)
전화 038-115-888
홈피 www.oasisspa.net

센와리 스파 Spa Cenvaree(센타라 그랜드 미라지 비치 리조트)

센타라 그랜드 미라지 비치 리조트와 센타라 노바 호텔 등 파타야에 있는 센타라 호텔에 브랜치를 가지고 있는 스파이다. 지점마다 받을 수 있는 트리트먼트 메뉴가 각각 다르고 분위기도 다르다. 센타라 그랜드 미라지 비치 리조트의 지점은 정원 속에 독채로 스파 건물이 있어 고즈넉하면서도 럭셔리한 분위기가 느껴진다. 연못과 수목으로 꾸며진 곳에 리셉션과 리프레시 공간이 있어 트리트먼트 후에는 이곳에서 차를 마시며 휴식을 취할 수 있다. 강한 마사지를 원하는 경우 스웨디시 마사지와 딥 머슬러 마사지를 권한다.

주소 277 Moo 5, Naklua, Banglamung
위치 나끌루아 로드, 센타라 그랜드 미라지 비치 리조트 내
운영 09:00~21:00
요금 타이 마사지(90분) 2,095B,
　　　스웨디시 마사지(60분) 1,895B(Tax & SC 17%)
전화 038-301-234
홈피 www.spacenvaree.com

센트럴 페스티벌 파타야 Central Festival Pattaya

파타야를 대표하는 고급 쇼핑몰로, 쇼핑과 다이닝의 중심지로 큰 역할을 하는 곳이다. 200여 개의 브랜드숍뿐 아니라 유명 체인 레스토랑과 카페, 영화관, 볼링장, 서점 등 그야말로 원스톱 엔터테인먼트 공간으로 부족함이 없다. 태국의 디자인 제품, 기념품 등이 한자리에 모여 있는 허그 타이 Hug Thai 매장이 있고 지하에는 고급 슈퍼마켓인 톱스 푸드홀이 자리한다. 파타야 비치 로드 쪽 광장의 스타벅스에서는 바다 조망이 가능하다. 파타야 비치 로드에서 파타야 2nd 로드까지 건물이 걸쳐져 있어 어디서든 접근할 수 있다. 쇼핑몰 위로 힐튼 파타야 호텔이 자리한다.

주소 333, 99, Muang Pattaya
위치 파타야 비치 로드, 파타야 쏘이 9와 10 사이
운영 월~목 11:00~22:00, 금~일 11:00~23:00
전화 038-930-999
홈피 www.central.co.th

터미널 21 파타야 Terminal 21 Pattaya

이미 방콕에서 큰 인기를 끌고 있는 터미널 21의 파타야 지점. 층마다 나라 혹은 도시별 테마로 꾸며져 있다. G층에 있는 에펠탑 조형물은 최고의 포토 스폿이니 그냥 지나치지 말 것. 고가의 명품보다는 손쉽게 접근할 수 있는 중저가 브랜드나 현지 로컬 브랜드 위주로 구성되어 있다. 3층에 자리한 푸드코트인 피어 21(p294)은 환경도 쾌적한데다 매우 저렴해서 추천! 지하에는 24시간 운영하는 푸드랜드 슈퍼마켓이 있다. 저녁 시간이면 쇼핑몰 앞 광장은 먹을거리 야시장처럼 변모한다.

주소 456, 777, 777/1 Moo 6 Naklua
위치 파타야 2nd 로드의 가장 북쪽, 돌고래 상 근처
운영 11:00~22:00
전화 033-079-777
홈피 www.terminal21.co.th

센트럴 마리나 & 빅 시 Central Marina & Big C

파타야 2nd 로드 북쪽, 알카자 쇼장과 가까운 소규모 쇼핑몰. 매장 규모가 작은 편이지만 나이키나 아디다스, 스케처스 등의 아웃렛 매장은 특화되어 있다. 쇼핑몰 뒤편으로 현지인들이 즐겨 찾는 대형 슈퍼마켓인 빅 시Big C(09:00~23:00)와 저렴한 푸드코트가 있다. 쇼핑몰 입구 야외 공간에서는 매일 저녁 다양한 푸드 트럭과 노점상을 만나볼 수 있다.

주소 78/54 Moo 9 Pattaya 2nd Road
위치 파타야 2nd 로드, 쏘이 2와 3사이
운영 일~목 11:00~21:00, 금~토 11:00~22:00
전화 033-003-888

 로열 가든 플라자 Royal Garden Plaza

외관에 붉은 비행기가 있는 로열 가든 플라자는 30년 이상의 역사를 지닌 파타야의 토박이 쇼핑몰. 센트럴 페스티벌 파타야나 터미널 21 같은 새로운 쇼핑몰이 들어서면서 예전의 위상은 찾아보기 힘들다. 버거킹, 시즐러, 커피클럽 등이 입점한 1층의 식당가들을 이용하거나 2층에 자리한 리플리스Ripley's 박물관을 관람하기 위해 찾으면 된다.

주소 218 Pattaya Beach Road
위치 파타야 비치 로드의 남쪽, 아바니 파타야 리조트 바로 옆
운영 11:00~22:30
전화 038-710-297

 애비뉴 파타야 The Avenue Pattaya

외관은 그럴듯해 보이지만 쇼핑몰로서의 매력은 떨어지는 편. 하지만 G층의 프랜차이즈 식당들과 1층의 맥도날드, 아마존 커피숍, 빌라 마켓Villa Market을 목표로 한다면 방문해 볼 만하다. 밤이면 앞쪽으로 좌판을 벌이고 각종 액세서리와 잡화를 파는 상인들로 복잡해진다.

주소 339/9, Pattaya 2nd Road
위치 파타야 2nd 로드. 쏘이 야마토(13-1) 맞은편
운영 10:00~22:00 (빌라 마켓 08:00~22:00)
전화 038-723-901

more & more **야시장의 천국, 파타야!**

낮과 밤이 다른 도시, 파타야! 한마디로 파타야는 야시장 천국이라 할 수 있을 만큼 다양한 야시장이 있다. 의류나 가방 같은 것들을 저렴하게 구매할 수도 있지만, 무엇보다 관심이 가는 것은 먹을거리 가득한 노점들이다. 시원해진 밤바람을 맞으며 맥주 한잔도 즐길 수 있는 파타야의 대표적인 야시장들을 소개한다.

❶ 부아카오 시장 Buakhao Market

부아카오 시장

주소 350/13 Central Pattaya Road
위치 파타야 2nd 로드와 수평을 이루는 쏘이 부아카오Soi Buakhao에 위치.
파타야 2nd 로드에서 쏘이 9를 통하는 것이 가장 가깝다
운영 10:00~23:00

❷ 왓 차이몽콘 시장 Wat Chai Mongkhon Market

주소 65 9, Muang Pattaya
위치 사우스 파타야 로드, 차이몽콘 사원에서 가깝다
운영 09:00~22:00

왓 차이몽콘 시장

❸ 텝프라싯 야시장 Thepprasit Night Market

주소 18 Thepprasit Road
위치 파타야 시내에서 좀티엔 가는 방면,
아웃렛 몰Outlet Mall Pattaya과 가깝다
운영 17:00~22:00

텝프라싯 야시장

파타야에 여러 야시장이 있지만 여행자들에게 가장 유명한 곳은 텝프라싯 야시장Thepprasit Night Market이다. 파타야 시내에서 좀티엔으로 넘어가는 길목에 자리한 야시장으로, 규모가 크고 현대식으로 꾸며져 있다. 하지만 외국인들에게 맞춘 퓨전 음식이 대세고, 관광객들로 인해 엄청나게 복잡하다. 좀 더 현지인과 가깝게 호흡하면서 시내에서 가까운 곳을 찾는다면, 부아카오 시장이나 왓 차이몽콘 시장을 추천한다. 두 곳 모두 낮에도 여는 상설 시장이지만 저녁 시간이 되면 노점 천국이 된다. 부아카오 시장Buakhao Market은 노점들 사이에 공통으로 이용할 수 있는 테이블 좌석이 잘 되어 있고 금액들도 순진한 편. 왓 차이몽콘 시장Wat Chai Mongkhon Market은 파타야 속의 작은 차이나타운 같은 곳이다. 이싼 음식들을 판매하는 골목도 형성되어 있다. 워킹 스트리트와 가까워 늦은 밤에도 출출한 속을 채울 수 있다.

5성급

아마리 오션 파타야 Amari Ocean Pattaya

태국의 대표적인 호텔 체인인 아마리에서 운영하는 5성급 호텔이다. 위치, 객실, 부대시설 등을 고려했을 때 1순위로 떠올리면 좋은 숙소다. 현대적인 시설을 갖춘 모던한 객실에, 해변 전망이 시원한 수영장과 정원이 큰 장점이다. 총 228개의 객실은 내부는 같지만, 전망에 따라 나누어진다. 일부 바다를 조망할 수 있는 디럭스 오션뷰 객실에는 테라스가 딸려 있다. 슬라이드를 갖춘 어린이용 수영장, 조식의 키즈존, 잘 갖춰진 키즈 카페 등 어린이를 위한 시설도 잘 갖춰져 있다. 호텔 입구에 자리한 이탈리안 파인다이닝 레스토랑인 프레고Prego도 유명하다.

주소 240 Pattaya Beach Road
위치 파타야 비치 로드 북쪽. 돌고래 상 근처
요금 디럭스 3,900B~, 디럭스 오션뷰 5,500B~
전화 038-418-418
홈피 www.amari.com/ocean-pattaya/

5성급

그랑데 센터 포인트 파타야 Grande Centre Point Pattaya

2018년, 터미널 21과 함께 오픈한 5성급 숙소. 일반 '센터 포인트' 계열의 숙소들보다 전반적으로 한 수 위에 있다. 30층이 넘는 고층 건물에 400개 가까이 되는 객실을 보유하고 있다. 전 객실에 테라스가 있어 바다 전망이 좋은 객실을 선택하면 만족도가 더 높아질 수 있다. 수영장 등의 부대시설들은 4층에 몰려 있는데, 정원 느낌이 나도록 정성껏 꾸며 놓았다. 어린이들을 위한 슬라이드 등의 시설도 잘 갖춰져 있다.

로비를 통해 터미널 21로 바로 연결되어 편리하고 32층에는 파타야 시내를 조망할 수 있는 루프톱 바The Sky 32가 자리한다.

주소 456, 777, 777/1 M.6 Naklua
위치 파타야 2nd 로드의 가장 북쪽, 터미널 21 파타야와 이어져 있다
요금 디럭스 시부 4,500B~, 파노라믹 스윗 시부 7,500B~
전화 033-168-999
홈피 grandecentrepointpattaya.com

5성급
힐튼 파타야 Hilton Pattaya

금액은 다소 비싸지만, 파타야에서 가장 인기 있는 숙소다. 센트럴 페스티벌 파타야 쇼핑몰과 연결되어 있어서 지리적인 장점이 크다. 정원이 없는 대신 스타일리시한 인피니티 풀을 갖고 있어 여성들의 지지를 받고 있다. 객실 또한 바다 전망이 시원하고 에지Edge 레스토랑과 루프톱 바인 호라이즌 바Horizon Bar 등도 힐튼의 명성에 한몫을 톡톡히 하고 있다.

주소 333/101 Nongprue Banglamung
위치 파타야 비치 로드, 파타야 쏘이 9와 10 사이
요금 디럭스 오션뷰 8,700B~, 이그제큐티브 오션뷰 10,500B~
전화 038-253-000
홈피 www.hilton.com

4성급
홀리데이 인 파타야 Holiday Inn Pattaya

파타야에서 비교적 무난한 선택이라 할 수 있다. 키즈 클럽과 슬라이드를 갖춘 키즈 풀 등의 어린이들을 위한 시설도 잘 갖추어져 있어 가족 여행자들의 방문이 많은 편. 객실은 구관이라 할 수 있는 베이 타워와 새로 지어진 이그제큐티브, 두 개의 동으로 나누어져 있다. 조식도 상당히 충실하고, 골프 손님들을 위해 조식 시간이 다른 호텔보다 30분 정도 이르다.

주소 463/68, 463/99 Pattaya Sai 1 Road, Pattaya Beach Road
위치 파타야 비치 로드, 파타야 쏘이 1 옆
요금 스탠더드(신관) 3,800B, 스탠더드 오션뷰(구관) 3,900B~
전화 038-725-555
홈피 www.ihg.com

4성급
센타라 그랜드 미라지 비치 리조트 Centara Grand Mirage Beach Resort

가족 여행자들에게 특히 반가운 리조드이다. 센타라 그룹에서 오픈한 숙소로 나끌루아 비치 쪽에 자리하고 있다. 객실이 500여 개가 넘는 대규모 숙소의 내부는 마치 하나의 워터파크처럼 꾸며져 있다. 트윈 객실은 퀸 베드 2개로 구성이 되어 있어 어린이를 동반한 가족 여행자들에게 희소식. 센트럴 페스티벌 파타야 쇼핑몰까지 셔틀버스를 운영한다(유료).

주소 277 Moo 5, Naklua, Banglamung
위치 파타야 북부, 나끌루아 로드 쏘이 18 안쪽
요금 디럭스 오션뷰 4,200B~, 디럭스 오션뷰 패밀리 4,700B~
전화 038-301-234   **홈피** www.centarahotelsresorts.com

5성급
아바니 파타야 리조트 Avani Pattaya Resort

1978년부터 긴 역사가 있는 숙소로, 파타야 시내 남쪽에서는 가장 고급 숙소라 할 수 있다. 오래된 숙소가 가진 장단점이 모두 공존하는 곳이다. 2016년 대대적인 리노베이션을 통해 새로운 모습으로 단장했지만, 세월을 완전히 지우지 못한 흔적은 군데군데 남아 있다. 하지만 휴양지 분위기 물씬 나는 수영장을 보고 있으면 파타야 시내 한복판임을 잠시 잊게해준다. 수영장과 딱 어울리는 아름다운 정원도 이 숙소의 큰 장점이다. 조식에도 많은 정성을 들이고 있다.

주소 218/2-3 Moo 10, Beach Road
위치 파타야 비치 로드의 남쪽, 로열 가든 플라자 바로 옆
요금 아바니 가든뷰 4,800B~, 아바니 테라스 주니어 스윗 7,700B~
전화 038-412-120
홈피 www.avanihotels.com/en/pattaya

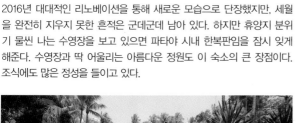

5성급
인터콘티넨탈 파타야 리조트 Intercontinental Pattaya Resort

유난히 성냥갑 형태의 대형 호텔이 많은 파타야에서 보기 드물게 고급스럽고 럭셔리한 숙소이다. 독특한 지붕을 가진 150여 개의 객실은 넓은 부지에 여유롭게 지어져 휴양지 분위기가 물씬 나고 내부 또한 고급스럽다. 리조트 전체를 흐르는 유수풀과 어린이용 수영장을 비롯해 총 3개의 수영장을 갖고 있다. 바다를 접하고 있는 바 래티튜드Latitude나 전망이 시원한 지중해식 레스토랑 인피니티Infiniti 등은 다른 숙소에 머물더라도 일부러 찾아올 만큼 분위기가 좋은 곳이다. 숙소에서 파타야 시내까지 무료 셔틀버스를 운행한다.

주소 437 Phra Tamnak Road
위치 파타야와 좀티엔 사이, 프라 땀낙 뷰포인트 근처
요금 클래식 가든뷰 7,500B~, 클래식 오션뷰 9,500B~
전화 038-259-888
홈피 pattaya.intercontinental.com

4성급
씨암앳씨암 디자인 호텔 파타야 Siam@Siam Design Hotel Pattaya

방콕에 있는 씨암앳씨암 디자인 호텔과 같은 체인으로 감각적인 디자인과 색감이 돋보이는 숙소다. 호텔 로비 옆 알록달록한 컬러감과 아기자기한 소품으로 꾸며져 있는 온 더 로드On The Road는 디자인에 관심이 있는 사람이라면 지나칠 수 없는 공간이다. 아담하지만 루프톱 수영장과 바 시설도 인기!

주소 390 Moo 9 Pattaya 2nd Road
위치 파타야 2nd 로드. 센트럴 마리나 맞은편
요금 레저 클라스 2,450B~, 디럭스 2,700B~
전화 038-930-600
홈피 www.siamtsiam.com

4성급
하드록 호텔 Hardrock Hotel

하드록 카페 체인에서 운영하는 호텔로 아시아에는 발리와 페낭, 파타야 등에 자리하고 있다. 수영장과 부대시설, 그리고 액티비티라는 리조트의 원초적인 덕목을 충실히 이행하는 숙소다. 액티비티를 시늉만 내는 다른 리조트와 달리 직원들의 적극적인 대시로 투숙객들의 참여를 끌어낸다. 조용한 휴식보다는 파타야의 에너지를 느끼고 싶다면 추천한다.

주소 429 Moo 9 Pattaya Beach Road
위치 파타야 비치 로드, 센트럴 파타야 로드와 쏘이 6/1 사이
요금 디럭스 시티뷰 2,700B~, 디럭스 시뷰 3,300B~
전화 038-428-755　　　**홈피** pattaya.hardrockhotels.net

5성급
로열 클리프 비치 호텔 Royal Cliff Beach Hotel

파타야 전통의 강호라 할 수 있다. 1974년에 오픈하여 파타야에서 역사가 깊은 호텔로 474개의 룸과 스위트를 보유하고 있다. 2014년에 리뉴얼을 한 후 객실이 한결 깔끔해졌으며 안정되고 사려 깊은 직원들의 서비스도 큰 장점이다. 7개나 되는 수영장, 리조트 전용 해변, 11개의 레스토랑과 멋진 정원은 휴양지의 분위기를 제대로 느낄 수 있다. 파타야 시내까지는 차로 약 10분 거리에 있다.

주소 353 Phra Tamnak Road
위치 파타야 시내와 좀티엔 사이, 프라 땀낙 뷰포인트 근처
요금 미니 스위트 플러스 선라이즈뷰 4,900B~, 미니 스위트 플러스 시뷰 5,200B~
전화 038-250-421　　　**홈피** www.royalcliff.com

4성급

🛏 우드랜드 호텔 & 리조트 Woodland Hotel & Resort

이름처럼 숲속에 들어와 있는 느낌이 드는 리조트로 파타야 시내를 약간 벗어난 북쪽에 있다. 주로 유럽인 투숙객이 많고 재방문율이 높은 것이 특징이다. 해변을 접하고 있거나 시내 중심가에 있지는 않은 대신 조용하고 평화로운 분위기를 내는 곳이다. 가격에 비해 객실이 넓고 깨끗한 것, 나름대로 차분하고 고급스러운 분위기를 갖고 있다는 것이 장점이다.

주소 164/1 Pattaya Naklua Road
위치 파타야 북쪽 돌고래 상 서클에서 나끌루아 로드가 시작되는 근처
요금 슈피리어 2,700B~, 디럭스 2,800B~
전화 038-421-707
홈피 www.woodland-resort.com

5성급

🛏 웨이브 호텔 Wave Hotel

작지만 강하다! 파타야에서 보기 드물게 예쁜 부티크 호텔이다. 파타야 시내 한복판, 금싸라기 같은 땅에 단 18개의 객실을 올리고 아르데코Art Déco 스타일로 객실을 꾸몄다. 일반 객실인 선셋룸도 45㎡로 다른 숙소의 일반 객실에 비해 상당히 넓다. 주문식으로 제공하는 조식의 평판이 상당히 좋고, 위치가 좋아 여행의 편리성이 뛰어나다.

주소 310/3 Pattaya Beach Road
위치 파타야 비치 로드, 센트럴 페스티벌 파타야 근처
요금 선셋 4,800B~   **전화** 038-410-577
홈피 www.wavepattaya.com

3성급

🛏 블랙우드 호텔 Blackwoods Hotel Pattaya

센트럴 파타야 로드와 인접한 중급 숙소. 시내에 자리한, 딱 3성급의 가성비 숙소라고 생각하면 크게 실망할 일은 없을 것이다. 스타일과 고급스러움은 없지만, 청소도 잘되어 있고 나름 깨끗한 편. 객실은 구조가 좀 특이해서 세면대, 욕실, 화장실이 모두 분리되어 있다. 작지만 수영장은 옥상에 있고 가짓수는 적지만 아침 식사도 제공한다.

주소 356/8 Moo 9 Pattaya 7 Alley
위치 파타야 2nd 로드 사이 쏘이 7 약 100m 안쪽
요금 슈피리어 2,100B~, 슈피리어 시뷰 2,700B~
전화 038-488-000
홈피 www.blackwoodshotelpattaya.com

쉽고 빠르게 끝내는
여행 준비

Step to Bangkok

방콕 여행
필수 준비물

방콕은 여행 인프라가 상당히
잘 갖춰진 곳이다. 90일 이내
의 여행 시, 비자가 필요 없고
입국할 때 출입국 카드도 작성
하지 않으므로 더욱 편리하게
여행할 수 있다.

★ 여권 발급하기

모든 해외여행자는 여권을 항상 휴대해야 한다. 여행
하는 시기를 기준으로 6개월 이상의 유효기간이 남아
있어야 하는데 이는 매우 중요한 사항으로 반드시 미
리 체크해야 한다. 외교부 여권 안내 홈페이지(www.
passport.go.kr)에서 여권 발급 수수료 및 접수처를
확인할 수 있다.

여권 발급 시 필요한 서류
❶ 여권발급신청서
❷ 여권 사진 1매(6개월 이내에 촬영한 사진)
❸ 주민등록증 등 신분증
❹ 병역 관련 서류(해당자)

★ 비행기 예약하기

대한항공, 아시아나항공, 진에어, 제주항공, 타이항공 등이 한국과 방
콕을 직항 운행한다. 인천 외에 부산 등에서도 연결편이 있다. 예약
시에는, 여권과 항공권 영문 성명이 일치하는지 반드시 확인해야 한
다. 항공권 가격 비교는 항공권 예약 및 비교 사이트를 참고하자.

★ 숙소 예약하기

여행사에 대한 의존도가 심한 태국(방콕) 호텔의 특성상 직접 호텔에
예약하는 방법보다는 현지 여행사나 예약 전문 사이트에서 예약하는
것이 더 저렴할 때가 많다. 하지만 호텔 자체 홈페이지에서 각종 프
로모션이나 혜택을 제공해 직접 예약을 적극적으로 주도하고 있으
므로 미리 체크해보도록 하자. 숙박 예약은 '숙소 예약 대행 사이트
(p331)'를 참고하자.

★ 여행자보험 가입하기

여행 중 예기치 못한 손해를 대비해 여행자보험에 가입하자. 보험 상
품에 따라 보상 정도와 범위가 달라지는데, 실수로 타인에게 피해를
준 경우, 역시 일정 부분 혜택을 받을 수 있는 상품도 있다. 물건 도
난의 경우 관할 경찰서에서 도난증명서를, 치료를 받은 경우에는 병
원에서 진단서와 영수증을 받아야 한다.

★ 환전하기

4~5일 정도의 짧은 여행이라면 한국에서 원화를 태국 바트로 환전
해 가는 것이 가장 편하다. 하지만 긴 여행이거나 여행 경비가 많다
면 바트와 달러를 섞어서 환전하는 것도 좋다. 주거래은행에서 환전
할 때는 환전수수료 할인 혜택을 받을 수 있다. 여행 중 비용이 부족

하면 ATM을 통한 현금인출도 가능하다.

Tip | 방콕에서 ATM 이용 방법

전 세계 어디를 가도 ATM이라는 영어는 공통으로 사용한다. ATM은 신용카드 또는 국제 현금카드를 이용해서 현금 인출이 가능하다. 단, 본인이 가지고 있는 카드가 해외 사용이 가능한지 확인은 필수. 간혹 ATM에서 카드가 먹통이 되는 경우가 있으므로 은행 운영 시간에, 은행 내에 있는 ATM을 이용하는 것이 좋다.

❶ **신용카드를 화살표 방향으로 밀어 넣는다**(Please insert your card).
❷ **언어를 선택**(Please select language) ···▸ 영어(English) 선택
❸ **비밀번호 입력**(Enter your pin code) ···▸ 본인 카드 비밀번호를 누른다.
❹ **현금 인출 선택**(Withdrawal Cash) ···▸ 원하는 금액만큼 선택 혹은 입력
❺ **현금 수령 후 영수증과 카드 챙기기!**

★ 짐 꾸리기

여권은 가장 중요한 준비물이므로 제일 먼저 챙겨두어야 한다. 여권 중 사진이 나온 면을 휴대전화로 촬영해두면 여행 중 편리하게 사용할 수 있다. 여행 경비와 해외 사용 가능한 신용카드도 챙기고 지사제를 포함한 비상약도 반드시 챙긴다. 휴대전화 충전기도 잊지 말자. 태국(방콕)은 국내 전자기기를 그대로 사용할 수 있으므로 별도의 어댑터는 필요하지 않다. 환경 보호를 위해 숙소에 치약과 칫솔이 없는 경우가 많으니 따로 준비하고, 물티슈를 챙기면 유용하다. 공항에서 짐을 찾다 보면 비슷한 트렁크들이 많으므로 이름과 연락처를 반드시 표시해두자.

종류	세부 항목	체크	비고
여권과 여행 경비	여권		★가장 중요한 항목 −여권 분실에 대비해 여권 사본과 여권 사진을 준비 −신용카드는 '해외사용 정지'를 해제하였는지 체크
	항공권		
	여행 경비		
	신용카드, 현금 카드		
의약품	비상약		배탈에 대비해 지사제도 꼭 준비
의류	반소매, 반바지, 원피스		−얇은 바람막이는 필수 −젖은 빨래 등을 보관할 수 있는 지퍼 팩 등의 비닐 가방도 유용한 아이템
	얇은 바람막이		
	속옷, 잠옷, 슬리퍼		
	수영복, 모자, 선글라스		
세면도구 화장품	치약 & 칫솔		의외로 없으면 불편한 것이 빗(롤 빗)과 손톱깎이
	세안 용품 & 샤워망		
	화장품, 빗(롤 빗)		
	면도기, 손톱깎이		
기타	모기퇴치제		
	보조 가방, 충전기, 물티슈		태국은 국내 전자기기 그대로 사용 가능

방콕 입출국
A to Z

한국에서의 출국부터 여행 후
태국(방콕)에서의 출국까지 그
절차를 미리 살펴보자!

태국(방콕)으로 출국하기

공항에는 항공 출발 시각 3시간~2시간 30분 전까지는 도착해야 한다. 공항에 도착하면 가장 먼저 탑승할 항공사 카운터를 확인한다. 인천공항의 경우, 제1여객터미널과 제2여객터미널로 나누어져 있어 이용하는 항공사가 어디에서 출발하는지 미리 확인해 두어야 한다. 두 터미널은 차로 약 20분 거리에 있어 잘못 들어서면 시간을 많이 지체하게 된다. 공항버스나 공항열차는 제1여객터미널에 먼저 정차한 뒤 제2여객터미널에 정차하므로 내릴 때 잘 확인하자. 공항에 도착하면 가장 먼저 탑승 항공사 카운터를 확인하도록 한다.

인천국제공항

운영 24시간 (문의 1577-2600)
홈피 www.airport.kr

1 | 탑승 수속 및 보딩 패스 받기

이용하는 해당 항공사 카운터에서 전자 항공권(E-Ticket)과 여권을 제시한 후, 탑승권Boarding Pass을 받고, 수하물을 부친다. 보통 출발 하루 전에 항공사 홈페이지에서 셀프체크인을 하거나 공항에 마련된 셀프체크인 기계를 이용할 수도 있다. 이때는 짐만 보내는 카운터가 별도로 있어 이곳을 이용하면 된다. 탑승권에는 탑승 시간, 탑승 게이트, 좌석 등의 정보가 있으며, 짐을 부치면 주는 수하물 보관표Baggage Claim Tag는 도착 후 짐을 찾을 때까지 잘 보관한다. 항공사에 따라 다르지만 수속은 항공기 출발 40분~1시간 전에 마감된다. 운반 가능한 물품의 규격과 무게는 각 항공사의 규정에 따라 다르므로 항공사 홈페이지를 미리 확인할 것.

> **Tip** | 휴대물품 반출 사전 신고(세관 신고)
>
> 미화 1만US$를 초과해 소지하였거나 여행 후 다시 가져올 고가의 물품을 소지하였다면 '휴대물품 반출 사전 신고서'를 작성하고 세관에 사전 신고한다. 모델번호, 제조번호까지 상세하게 기재해야 하는데, 이 신고서가 있어야 입국 시, 관세를 면세받을 수 있다. 통상 800불 이상의 보석, 시계, 골프채, 악기, 모피 등이 해당된다. 반드시 엑스레이 보안 검색 통과 전 신고해야 한다.

2 | 보안 검색

항공사 체크인을 마치면 출국장으로 이동, 보안요원에게 여권과 탑승권을 보여준 후 출국장 안쪽으로 들어간다. 출국장 안, 보안검색대를 통과할 때는 직원의 안내에 따라 비치된 바구니에 주머니의 소지품을 모두 꺼내고 노트북은 따로 꺼내 담는다. 휴대 물품 바구니

를 차례대로 엑스레이 검색대 벨트 위에 올려놓고 통과시킨다. 신발과 벨트 등도 모두 풀어 금속 탐지기에 통과시켜야 할 경우도 있다. 문형 탐지기를 통과한 후 목적지에 따라서 추가 검색이 있을 수 있다. 액체류, 젤류, 칼, 가위 등 규정 외의 물품은 압수당할 수 있으니 미리 수하물로 부쳐야 한다.

3 | 출국 심사
보안검색대를 통과하면 바로 출국심사대가 나온다. 대기선 앞에서 차례를 기다린 후, 여권과 탑승권을 제시하고 출국 심사를 받은 후 통과한다. 출국 심사를 받을 때는 모자, 선글라스, 마스크 등은 벗도록 한다. 출국신고서는 별도로 작성하지 않고 자동 출입국심사대를 이용할 수도 있다.

4 | 면세점 이용하기
면세점을 이용할 때는 면세 한도를 넘지 않는지 확인하자. 인터넷 면세점에서 미리 쇼핑한 뒤, 면세품 인도장에서 물건을 찾을 수도 있다. 인터넷 면세점은 각종 쿠폰을 지급하기 때문에 잘 활용하면 공항 면세점보다 물건을 훨씬 저렴하게 구매할 수 있다. 이 경우, 자신이 구매한 면세점의 인도장 위치를 미리 확인하자. 명절 등 많은 사람이 공항을 찾는 시기에는 물건을 찾는 줄이 매우 기므로 서두르는 게 좋다.

> **Tip | 태국의 면세 한도**
>
> 1인당 술 1ℓ, 현금 10,000B, 담배 200개비까지 가능하다. 담배는 2인일 경우 400개비, 즉 2보루까지 구입 가능하다. 하지만 한 사람이 모두 갖고 나오면 문제가 생길 수 있으니 꼭 나누어서 갖고 나오도록 하자. 상당히 엄격하고 벌금도 꽤 되니 반드시 주의를 기울여야 한다.

5 | 비행기 탑승하기
면세점을 둘러보다 탑승 마감 시간을 놓치지 말 것! 인천공항 제1터미널의 경우, 탑승권에 찍힌 게이트 번호가 100번대 이상이면 탑승동으로 이동해야 한다. 탑승동은 셔틀트레인으로 이동해야 하고, 오르락내리락하는 코스도 포함되어 있어 이동 시간이 15분 이상 소요되므로 늦어서 당황하는 일이 없도록 하자.

똑똑한 인천공항 이용법

전 세계 국제공항 순위에서 늘 상위권으로 손꼽히는 인천공항은 명성에 걸맞게 많은 편의시설을 갖추고 있다. 그만큼 복잡하게 느껴지기도 하는데, 제2여객터미널까지 오픈하면서 더 신경 쓸 것이 많아졌다. 인천공항을 효율적이고 알차게 이용할 수 있도록, 알아두면 좋은 기본 정보를 정리했다.

✚ 제1여객터미널과 제2여객터미널

대한항공, 델타항공, 에어프랑스, KLM네덜란드항공, 중화항공, 가루다항공 등 11개 항공사는 제2여객터미널을, 그 외의 모든 항공사는 제1여객터미널을 사용한다. 공동운항(코드셰어)으로 다른 항공사를 이용하게 되는 때도 있으니 티켓에 표시된 탑승 터미널을 잘 살펴봐야 한다. 직접 운전해서 공항으로 이동할 때 어떤 터미널로 가야 할지 이정표를 잘 확인하자. 공항 철도나 공항 리무진을 이용할 때 제1여객터미널에 먼저 정차한 뒤 제2여객터미널로 향한다.

만약 터미널을 잘못 알았다 하더라도 제1여객터미널과 제2여객터미널을 연결하는 직통 순환 셔틀버스가 있으니 당황하지 않아도 된다. 셔틀버스는 제1여객터미널 3층 8번 출구에서 탑승할 수 있으며 15분 정도 소요된다.

✚ 일반 구역

인천공항에 도착해서 출국 수속을 밟기 전까지 머물게 되는 공간인 일반 구역에는 여행객을 위한 다양한 시설이 갖춰져 있다. 환전과 로밍, 여행자 보험 가입을 할 수 있으며, 프린트와 복사도 가능하다. 여권에 이상이 있는 경우 긴급하게 여권을 발급받을 수 있는 영사 민원실도 있다. 항공기 출도착 시간이 너무 이르거나 늦을 경우 이용할 수 있는 캡슐호텔(다락휴)과 찜질방(스파온에어)도 있

다. 캡슐호텔의 경우 규모가 크지 않으므로 이용 계획이 있다면 반드시 며칠 전에 예약하자. 찜질방은 제1여객터미널에서만 이용할 수 있는데, 오후 9시 이후에는 만실인 경우가 많으므로 미리 도착해서 자리 확보하기를 추천한다.

✛ 면세 구역

공항에서 체크인 후 출국 수속을 마치고 들어서는 지역이 바로 면세 구역이다. 이곳에는 면세품을 구입할 수 있는 상점과 다양한 종류의 레스토랑, 약국과 환전소, 환승 여행객을 위한 샤워실, 환승호텔, 라운지 외에도 인터넷과 복사를 할 수 있는 인터넷 존과 잠깐 눈을 붙일 수 있는 냅 존, 릴랙스 존이 있다. 아동 동반 이용객은 어린이를 위한 놀이시설과 수유실도 24시간 이용할 수 있다.

✛ 도심공항터미널

인천공항의 혼잡함을 피하고 싶다면 도심공항터미널 이용도 고려해 보자. 서울역, 광명역에 인천공항과 연계된 도심공항터미널이 운영 되고 있다. 국제선의 경우, 인천공항에서는 보통 출발 3시간 전부터 체크인이 가능하지만 도심공항터미널에서는 당일 출발이라면 출발 3시간 20분 전(대한항공 기준)까지 언제든 얼리 체크인을 할 수 있다. 이곳에서 체크인 및 사전 출국심사를 마치면 인천공항에서는 도심공항터미널 이용객 전용 출국통로를 이용할 수 있어 훨씬 빠르게 출국할 수 있다. 자신의 스케줄에 맞춰 수속 절차를 미리 마칠 수 있다는 장점이 있으며 면세 구역에 더 오래 머물며 여유롭게 쇼핑할 수도 있다. 도심공항터미널 내 사전 출국심사는 오전 7시~오후 7시까지 이루어지며, 수속은 보통 출발 3시간 20분 전에 마감된다. 심사를 마친 후에는 공항리무진 버스나 공항열차를 이용해 인천공항으로 가면 된다(광명역의 경우, 터미널은 운영하지 않고 리무진 버스만 운행 중이다). 도심공항에서 이용할 수 있는 항공사는 대한항공, 아시아나항공, 제주항공, 티웨이항공, 이스타항공, 진에어 등이며, 각 도심공항마다 입주한 항공사가 다르므로 미리 문의하고 이용하자.

• **광명역 도심공항터미널** www.letskorail.com | 02-3397-8151
• **서울역 도심공항터미널** www.arex.or.kr | 1599-7788

태국(방콕)으로 입국하기

방콕에는 수완나폼 공항Suvarnabhumi Airport(BKK)과 돈 므앙 공항Don Mueang Airport(DMK) 2곳의 공항이 있다. 일부 저비용 항공사를 제외한 대부분의 국제선 항공 사들이 도착하는 공항은 수완나폼 공항이다. 태국 출 입국 카드는 폐지되어 별도로 작성하지 않아도 된다.

1 | 공항 도착 Arrival

방콕 공항에 도착하여 비행기에서 내리면 'Arrival' 사 인을 따라가면 된다. 수완나폼 공항을 상당히 커서 입 국심사대Immigration까지 10분 이상 걸어야 하는 경우 도 있다.

2 | 입국심사 Immigration

'Immigration(Passport Control)'이라고 적힌 입국심 사대에 도착하면 외국인은 'Foreign'이라고 쓰여 있는 곳에서 입국심사를 받으면 된다. 태국 출입국 카드를 작성하지 않는 대신 신분 확인을 위해 사진 촬영과 지 문 인식 절차를 거친다. 또한 입국 시 이용한 항공편 을 확인하기 위해 탑승권(보딩패스)을 요구하므로 버 리지 말고 잘 두었다가 여권과 함께 내면 된다.

3 | 수하물 찾기 Baggage Claim

수하물 나오는 벨트 안내를 해주는 모니터에서 비행 기 편명을 확인하고 해당 벨트로 가서 본인의 짐을 찾 으면 된다. 만약 수하물이 분실되었다면 한국 공항에 서 받은 수하물 보관표Baggage Claim Tag를 가지고 수하 물 분실 신고를 한다.

4 | 세관 Customs

짐을 찾았으면 입국의 마지막 관문인 세관을 통과해 야 한다. 녹색 사인, 즉 'Nothing To Declare'라는 간 판이 있는 곳을 통과하면 된다. 보통은 가볍게 통과시 키지만, 간혹 면세점 봉투를 보고 붙잡기도 하니 신중 하게 통과하는 것이 좋다.

5 | 유심칩 구입하기

방콕에서 무선 데이터를 이용하려면 각 통신사의 로밍 서비스를 신청하거나 포켓 와이파이 대여, 혹은 현지 유심카드를 구매해야 한다. 방콕 공항 입국장에서는 유심칩을 판매하는 여러 데스크가 경쟁을 벌이지만 가격이나 조건이 모두 비슷하므로 큰 고민 없이 구매하면 된다.

수완나폼 공항

6 | 시내로 이동 (숙소로 이동)

방콕 수완나폼 공항에서 시내로 이동하는 방법은 크게 4가지 정도다. 자세한 내용은 p318 참고.

✚수완나폼 공항 Suvarnabhumi Airport

태국의 관문으로서 한 해 2,000만 명 이상이 이용하는 동남아 최대의 공항이다. 2007년 수완나폼 공항이 오픈하면서 이전까지 태국의 관문 역할을 하던 돈므앙 공항은 서브 공항이 되었다. 방콕에서 북쪽에 위치한 돈므앙 공항과 달리 수완나폼 공항은 동쪽에 위치하고 있으며 시내까지는 약 40분~1시간 정도가 소요된다. 같은 동쪽에 위치한 파타야나 코사멧, 코 창 등에 대한 접근성은 상당히 좋아졌다. 수완나폼 공항에서 파타야는 1시간 30분 정도면 이동이 가능하다. 총 4층 건물로 입국장은 2층, 출국장은 4층에 위치한다. 국제 항공 운송 협회(IATA)가 정한 공항 코드는 'BKK'이다

홈피 suvarnabhumi.airportthai.co.th

돈므앙 공항

✚돈므앙 공항 Don Mueang Airport

방콕 시내 북쪽에 자리한 공항으로 1924년부터 민간 운항을 시작해 오랜 시간 동안 방콕의 국제공항을 역임했다. 2006년 수완나폼 공항이 오픈한 이후 베트남, 라오스, 말레이시아, 중국 등 인근 국가들을 오가는 저비용 항공사들과 태국 국내선들이 이용하는 제2의 공항으로 이용되고 있다. 돈므앙 공항을 이용하는 주 항공사는 에어아시아, 타이 라이온 에어, 녹에어 등이다. 터미널 1은 국제선, 터미널 2는 국내선 청사이다. 국제 항공 운송 협회(IATA)가 정한 공항 코드는 'DMK'이다.

홈피 donmueang.airportthai.co.th

---

more & more

수완나폼 공항–돈므앙 공항 셔틀버스
Shuttle Bus BKK-DMK

수완나폼 공항에서 국내선 환승을 위해 돈므앙으로 가야하거나 역으로 돈므앙에서 수완나폼 공항으로 가야할 경우에는 두 공항을 오가는 무료 셔틀버스를 이용할 수 있다. 수완나폼 공항에서는 도착 층인 2층 3번 게이트 앞에서, 돈므앙 공항에서는 1층 6번 출구 앞에서 탑승하면 된다. 운행 시간은 오전 5시부터 자정까지 30분~1시간 간격으로 다니고 여권과 항공권이 있어야 이용할 수 있다.

수완나폼 공항에서 방콕 시내로 이동하기

방콕 수완나폼 공항에서 시내로 이동하는 방법은 크게 4가지 정도다. 가
장 추천하는 방법은 택시와 픽업 서비스를 이용하는 것이다. 자세한 정보
는 방콕 수완나폼 공항 홈페이지를 확인하면 도움이 될 것이다.

1 | 미터 택시 Meter Taxi

가장 일반적인 방법이다. 짐을 찾고 밖으로 나와 에스컬레이터를 타고
1층으로 내려간다(방콕 수완나폼 공항 도착 층은 2층). 4번 게이트로 나
가면 미터 택시를 탈 수 있는 카운터(키오스크 시스템)가 있다. 차량 크기
에 따라 2종류가 있고 10km 미만 내 단거리 택시 창구는 따로 있다. 원하
는 택시가 있는 곳에 대기하고 있다가 버튼Press Here을 누르면 레인 번호
가 적혀 있는 종이가 나온다. 건너편 플랫폼에는 택시들이 대기하고 있는
데 종이에 적힌 해당 번호로 가서 택시에 탑승하면 된다. 택시 기사와 의
사소통이 어려울 경우를 대비해 예약한 호텔 바우처 등을 미리 준비해 두
었다가 보여주면 편리하다. 세단 기준 요금은 시내까지 300~400B 정도
예산을 잡으면 무방하다. 미터 요금에 서비스 요금 50B과 고속도로(탕두
언) 비용이 75B, 짐이 있다면 개당 20B가 추가된다. 가끔 미터 대신 웃돈
을 요구하는 기사가 있다면 다른 차량을 이용하는 편이 낫고, 미터로 가
지 않고 흥정을 하려는 차량도 피하는 것이 좋다.

2 | 애플리케이션 콜택시 Grab or Bolt

공항에서 그랩이나 볼트 등의 앱 택시를 이용할 수도 있다. 앱 택시는 도
착 층 진입이 안 되기 때문에 출발 층인 4층에서 미팅하면 된다. 콜을 한
뒤 간단하게 '4th Floor, 7 GATE' 등의 문자로 앱 택시 기사와 소통하면
예약한 차량을 쉽게 만날 수 있다. 콜을 하면 금방 잡히는 편이고, 카오산
등 비교적 먼 거리의 지역으로 이동할 때 더욱 유용하다. 요금은 택시와
비슷하거나 약간 저렴한 수준이고 고속도로(탕두언) 비용 75B은 추가로
내야 한다.

3 | 공항 철도 Airport Rail Link

공항 철도는 공항에서 시내로 이동하는 가장 빠른 수단이다. 시내로 들어
가 BTS를 이용하려면 파야타이Phaya Thai역(A8), MRT를 이용하려면 마까
산Makkasan역(A6)에서 하차하면 된다. 하지만 환승 구간이 상당히 길어 무
거운 짐을 들고 이동하기엔 힘들 수 있고 BTS나 MRT 표는 별도로 구매
해야 한다. 총 8개 역에 정차하며 요금은 편도 15~45B. 지하 1층에 탑승
장이 있으며 10~15분 간격으로 운행한다.

이용시간   08:00~24:00

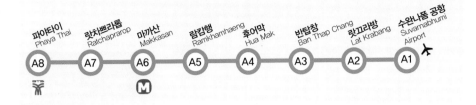

| 파야타이
Phaya Thai | 랏차쁘라롭
Ratchaprarop | 마까산
Makkasan | 람캄행
Ramkhamhaeng | 후아막
Hua Mak | 반탑창
Ban Thap Chang | 랏끄라방
Lat Krabang | 수완나품 공항
Suvarnabhumi Airport |
| A8 | A7 | A6 | A5 | A4 | A3 | A2 | A1 ✈ |

4 | 픽업 서비스 Pick Up Service

호텔 측이나 한인 여행사를 통해 픽업 서비스를 신청할 수 있다. 미터 택시에 비하면 가격이 높지만 심리적인 안정감을 준다. 보통 입국장에서 이름이 적힌 피켓을 들고 대기하는 식으로 만나게 된다. 차량 1대당 요금은 차종에 따라 1,100~1,500B 수준. 나 홀로 여행하는 여성 여행자이거나 밤늦게 도착했을 경우, 어린이나 연로하신 부모님을 동반한 가족 여행자에 더욱 추천.

이용시간　24시간

5 | 공항출발 시내버스 City Bus

공항에서 차로 5분 거리에 있는 공항 버스터미널에서 시내로 들어가는 버스를 이용할 수 있다. 시 외곽을 오가는 노선 4개뿐이라 여행자들에게는 크게 와닿지 않는 수단이다.

이용시간　06:30~22:00

---

more & more　**수완나품 공항에서 지방으로 이동 & 카오산으로 이동**

➕ 수완나품 공항에서 파타야/후아힌으로 이동하기

파타야나 후아힌을 목적지로 하는 여행자라면 수완나품 공항에서 바로 이동할 수 있다. 1층 8번 게이트 앞에 티켓 부스가 있고 현금 결제만 가능하다.

목적지	요금	이용 시간
파타야 좀티엔	143B	07:00~21:00(1시간 간격)
파타야 북부 터미널	190B	08:30/10:30/12:30/14:30/16:30/18:00
후아힌	325B	06:00~18:00(1시간 간격)

➕ 올드시티(카오산)로 가는 공항버스

카오산이나 왕궁 등 올드시티 지역으로 이동할 때는 공항버스(S1)버스를 이용하면 빠르고 저렴하게 이동할 수 있다. 시간은 06:00~20:00까지이고 1층 7번과 8번 게이트 사이에서 출발한다. 요금은 60B. 카오산에서는 왓 보원니웻과 람부뜨리 로드 인근에 정차하고 소요 시간은 1시간 정도이다.

돈므앙 공항에서 방콕 시내로 이동하기

수완나폼 공항보다는 방콕 시내와 가까운 편. 대표적인 이동 수단은 공항 버스와 택시가 있다.

1 | 미터 택시 Meter Taxi

1층 8번 게이트로 가면 택시를 탈 수 있는 대기 공간이 별도로 있다. 이곳에서 순서를 기다려 타야한다. 시내까지는 약 250~300B 정도 예상하면 되고, 미터 요금에 서비스 요금 50B와 고속도로(탕두언) 비용은 별도로 지불해야 한다.

2 | 공항버스 Airport Bus

4개 노선(A1~A4)의 공항버스가 있다. 모두 1층 6번 게이트 앞에서 탑승하면 되고 요금은 노선에 따라 30~50B로 저렴한 편이다.

A1	BTS 모칫역, 짜뚜짝 방면	30B	06:15~24:00(15분 간격)
A2	BTS 사판콰이-아리-싸남빠오/빅토리 모뉴먼트 방면	30B	06:30~23:00(25분 간격)
A3	랏차담리(빅 시)-BTS 랏차담리/룸피니 공원 방면	50B	07:00~23:00(30분 간격)
A4	카오산-싸남루앙(올드시티) 방면	50B	07:00~23:00(30분 간격)

3 | 지상철 SRT Red Line

태국 철도청에서 운영하는 국철. SRT 레드 라인이 2021년 개통하였다. 돈므앙 공항에서 시내로 이동하려면 방스Bang Sue역에서 지하철인 MRT로 갈아타면 된다. 방스역까지 요금은 33B. 시간은 약 20분 정도 소요된다. 하지만 공항청사에서 SRT 역까지 한참 걸어야 하고 배차 시간이 20~30분 간격이라 다소 불편할 수 있다.

태국(방콕)에서 출국하기

수완나폼 공항은 4층, 돈므앙 공항은 2층이 출발 층이다. 어느 공항이라도 항공 출발 3시간~2시간 30분 전에는 공항에 도착해야 한다.

1 | 탑승 수속 & 보딩 패스 받기

이용하는 해당 항공사 카운터에서 전자 항공권(E-Ticket)과 여권을 제시한 후, 보딩 패스(탑승권)를 받고, 짐을 수하물로 부친다.

2 | 보안 검색 & 출국 심사

항공사 체크인을 마치면 출국장으로 이동한다. 보안검색대를 통과할 때는 소지품과 가방 등을 엑스레이 검색대 벨트 위에 올려놓고 통과시킨다. 신발과 벨트 등도 모두 풀어 금속 탐지기에 통과시켜야 하는 경우도 있다. 액체류, 젤류, 칼, 가위 등 규정 외의 물품은 압수당할 수 있으니 미리 수하물로 부쳐야 한다. 보안검색대를 통과하면 바로 출국심사대가 나온다. 여권과 탑승권을 제시하고 출국심사를 받은 후 통과한다.

3 | 면세점 쇼핑 & 비행기 탑승하기

출국 심사대를 통과하면 면세점이 있는 공간이 나온다. 탑승 시간과 게이트를 미리 확인해 두었다가 탑승구에서 대기하면 된다. 수완나폼 공항의 경우 탑승 게이트까지 15분 이상 걸어야 하는 경우가 많으므로 시간적 여유를 두고 움직여야 한다.

---

more & more 　태국 여행 '대마 주의보'

태국은 2022년부터 대마(깐차)를 의료용뿐 아니라 기호용으로도 합법화하면서 거리 곳곳에 대마 관련 점포들이 생기고 있다. 담배 형태로도 판매하지만 대마 성분이 섞인 과자나 음료 등도 편의점이나 마트에서 쉽게 찾아볼 수 있다. 대마를 취급하는 점포나 음식에는 대마 잎이 그려진 그림이 표시되어 있고 영어로 Cannabis, Weed 등이라고 표기되어 있으니 주의를 조금만 기울이면 피할 수 있다. 대마는 한국에서는 마약류에 지정되어 있어 소지하거나 반입, 혹은 흡연하거나 섭취한 자는 5년 이하의 징역 또는 5천만 원 이하의 벌금에 처해진다. 초록색 잎을 보면 무조건 거르고 피해야만 한다.

방콕의
교통

방콕에는 많은 종류의 교통수
단이 있다. 버스와 택시는 물
론이고 지하철과 스카이트레
인이 빌딩 숲을 아래위로 가
로지른다. 바다와 내륙을 잇
는 짜오프라야 강에도 시민들
을 실어 나르는 배들이 쉴 새
없이 오가고 있다. 교통체증이
심한 방콕에서 대중교통수단
을 마스터하는 것이야 말로 스
트레스 없이 방콕 여행을 즐기
는 지름길이다. 레스토랑 이름
은 몰라도 방콕의 대중교통은
미리 동선을 그려 공부를 하
고, 꼭 숙지를 하고 가야 한다.

1 | BTS(스카이트레인)

방콕의 중심가를 관통하는 고가 전철로 'Bangkok Mass Transit
System'이라는 기관의 약자 'BTS'로 표기한다. 지하철과 더불어 빠
르고 쾌적하게 방콕 시내를 다닐 수 있다. 노선은 방콕 시내를 관통
하는 실롬 라인과 스쿰빗 라인, 2020년에 강 건너에 개통한 골드 라
인 등 모두 3개의 노선이 있다. 실롬 라인과 스쿰빗 라인은 유일하게
씨암역에서 교차된다. 지하철 MRT와 연결되어 있
는 역은 모칫역, 아쏙역, 살라댕역 등이고 공항철
도를 타려면 파야타이역을 이용하면 된다. 홈페
이지에 노선과 주변 지도가 아주 잘 나와 있다.

요금 17~59B
운행 05:30~24:00 (5~8분 간격)
홈피 www.bts.co.th

---

more & more   **BTS 이용 팁**

❶ 티켓은 BTS 역에 설치된 자동발매기를
이용하면 된다. 동전만 가능한 발매기가
대다수이지만 지폐를 사용할 수 있는 발
매기도 점점 늘어나는 추세다. 지폐는 고
액권은 안 되고 20B, 50B, 100B만 가능
하다. 동전이 필요하다면 직원이 있는 안
내 부스에서 교환할 수 있다.

❷ 티켓은 크게 3종류로 일회용 티켓
Single Journey Card과 당일 BTS를 무
제한 탑승할 수 있는 1일 티켓One-Day
Pass, 충전식 교통 카드인 래빗 카드
Rabbit card가 있다. 1일 티켓은 150B

로 창구에서 미리 등록을 한 후 사용할 수 있고, 등록 전에
비닐을 벗기면 사용할 수 없게 되니 주의해야 한다. 래빗
카드는 충전식 교통 카드 개념으로 최초 구입 시에 보증금
100B와 최소 충전 요금 100B, 모두 200B가 필요하고 여
권이 있어야 한다. 유효 기간은 5년으로 지하철에서는 사용
할 수 없다.

2 | MRT(지하철)

BTS와 더불어 교통체증을 피해갈 수 있는 교통수단이다. 1호선에 해당하는 블루 라인과 2호선에 해당하는 퍼플 라인이 있다. 퍼플 라인은 방콕 외곽을 주로 연결하기 때문에 여행자들이 자주 이용하는 노선은 블루 라인이다. 대중교통의 사각지대였던 차이나타운(왓 망꼰역)과 왕궁(싸남차이역) 등의 지역까지 연장되어 관광객들에게 큰 도움을 주고 있다. BTS와 연결되는 역은 방와역, 실롬역, 스쿰빗역, 수언 짜뚜짝역 등이다. 한국과 같은 환승 개념이 아니라 역과 역이 바로 연결되어 있지 않고 밖으로 나와 다시 티켓을 구매해서 타야 한다.

요금 17~70B
운행 06:00~24:00 (5~10분 간격)

---

more & more **MRT 이용 팁**

❶ 티켓은 MRT 역에 설치된 자동발매기나
   창구를 이용하면 된다. BTS와는 달리 동
   전과 지폐 모두 사용이 가능하다.

❷ 티켓은 크게 3종류로 일회용 토큰
   Single Token과 기간 티켓Period Pass, 충전
   식 교통 카드Stored Value Card가 있다. 일
   회용 토큰은 검은 동전처럼 생긴 것으
   로 블루 라인에서 사용한다. 개찰구 안

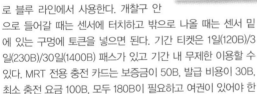

으로 들어갈 때는 센서에 터치하고 밖으로 나올 때는 센서 밑
에 있는 구멍에 토큰을 넣으면 된다. 기간 티켓은 1일(120B)/3
일(230B)/30일(1400B) 패스가 있고 기간 내 무제한 이용할 수
있다. MRT 전용 충전 카드는 보증금이 50B, 발급 비용이 30B,
최소 충전 요금 100B, 모두 180B가 필요하고 여권이 있어야 한
다. 유효 기간은 2년.

---

3 | 애플리케이션 콜택시 Grab & Bolt

한국에 '카카오택시'가 있다면 방콕에는 '그랩Grab'과 '볼트Bolt'가 있다. 애플리케이션으로 차량을 이용할 경우 목적지와 경로, 가격을 미리 확인할 수 있어서 편안한 마음으로 이동할 수 있다. 신용카드를 입력해 놓으면 자동 결제되는 시스템이라 택시에서 내릴 때마다 계산해야 하는 번거로움도 없다. 동남아시아 전역에서 그랩이 가장 일반적이지만 방콕에서는 볼트가 대세. 원하는 차량 종류를 선택할 수 있고 전체적으로 택시 요금과 비슷하다고 생각해도 무리가 없다. 다만 출퇴근 시간과 교통체증이 심한 지역에서는 호출이 어렵기도 하다. 차량을 부르는 위치가 정확하지 않을 때는, 인근의 큰 건물 혹은 호텔을 찾아 그곳으로 이동 후 호출하는 것이 좋다.

4 | 택시 Taxi

미터 택시로 방콕 여행자에게 가장 만만한 교통수단이라고 할 수 있다. 어디서나 잡기가 쉽고 한국에 비하면 저렴하기 때문이다. 기본요금은 40B이며 누진제가 있어 10km 이상 될 때는 부과되는 요금이 달라진다. 가까운 이동은 60〜70B, 방콕 시내에서 카오산까지는 100〜150B 정도이다. 하지만 차가 한 번 막히면 요금은 2〜3배로 올라가 방콕에서 택시에만 의존을 하는 것은 무리가 있다. 구간에 따라 BTS와 MRT, 수상 보트, 오토바이 택시인 모토와 연계하여 탄력적으로 이용하는 방법을 추천한다.

한국과 다른 점은, 기사에게 행선지를 물어보고 타야 한다는 것과 잔돈이 없는 택시 기사들이 많다는 것. 탑승 전 가능한 소액권을 갖고 타는 것이 좋고 습관적으로라도 미터를 꺾는지 확인하는 것이 좋다. 다만 10B 미만의 잔돈은 주고받지 않는 것이 관례이다.

캡 택시

more & more

프리미엄 택시, 캡 택시 CABB taxi

런던의 택시와 유사한 모양의 택시로 프리미엄 서비스를 제공한다. 기본요금은 60B부터 시작해 웬만한 시내 거리는 300〜400B, 수완나품 공항까지는 800〜900B 정도 나온다. 차량 내부는 깨끗하고 쾌적하다. 앱을 통해 최소 2시간 전에 예약을 해야 한다. 다만 짐을 실을 수 있는 공간이 별도로 없어 불편할 수 있다.

5 | 오토바이 택시 Moto Taxi

짧은 거리를 가거나 혼자일 때 더 유용한 교통수단. 거의 모든 역 주변에는 오토바이 택시들이 삼삼오오 모여 있고, 주로 주황색이나 초록색 조끼를 입고 있어 식별이 쉽다. 기동력 하나만큼은 남다르지만 좁은 차 사이를 무리해서 지나가거나 인도로 올라서기도 하고, 심지어 역주행하기까지 할 때가 있으니 위험한 면도 많다. 긴 거리를 오토바이 택시에 전적으로 의존해 이용하는 것보다 BTS나 MRT 이용 후, 대로변에서 걷기가 힘든 골목 안쪽까지만 움직인다거나 하는 방법으로 이용하는 것이 가장 좋다. 짧은 거리(쏘이 끝에서 끝)는 보통 20〜30B, 약간 긴 거리는 40〜50B 정도 한다.

6 | 수상보트 Boat

방콕은 '동양의 베니스'라고 불렸을 만한 강과 운하가 발달되어 있다. 짜오프라야 강을 교통체증 없이 이동하는 수상보트는 훌륭한 교통수단이다. 카오산이나 왕궁과 왓 아룬 등 주요 관광지가 구시가지와 강변에 모여 있기 때문에 수상보트를 이용할 줄 알면 큰 도움이 된다. 수상보트의 선착장은 고유의 이름이 영어로도 있고 번호가 매겨져 있어 비교적 쉽게 이용할 수 있다.

✛ 르어 두언 Chao Phraya Express Boat

도로에는 노선버스가 있다면, 짜오프라야 강에는 르어 두언이 있다. 선박은 모두 4종류로 코스는 같지만 정박하는 선착장은 다를 수 있다. 배 뒤쪽에 달려 있는 깃발 색상으로 정박하는 선착장을 알아볼 수 있다. 깃발이 달리지 않은 수상보트(No Flag)는 모든 선착장을 경유하고 가장 느리다. 그다음이 오렌지색이고, 노란색과 연두색이 들르는 선착장이 적어 비교적 빠르게 움직이는 쾌속선이라 할 수 있다. 들르는 선착장이 모두 조금씩 다르므로 가고자 하는 목적지에 서는 보트인지 미리 체크해보아야 한다.

요금 16~32B
운행 06:00~19:00
(10~20분 간격)
홈피 www.chaophraya
expressboat.com

✛ 짜오프라야 투어리스트 보트 Chao Phraya Tourist Boat

여행자들을 대상으로 하는 선박이다. 여행자들이 많이 들르는 10여 개의 선착장만 운행하여 시간을 절약할 수 있고, 원데이패스 개념으로 하루 동안은 무제한으로 이용할 수 있다.

요금 200B
운행 09:00~19:00 (30분 간격)
홈피 www.chaophrayatouristboat.com

✛ 르어 깜팍 Cross River Ferry

마치 다리를 건너는 것처럼 강을 건너는 수단으로 이용하는 보트. 르어 두언 선착장은 글씨가 파란색으로, 르어 깜팍 선착장은 붉은 글씨로 간판이 되어 있다. 여행자들이 가장 많이 이용할 때는 왓 포 근처의 티엔 선착장에서 크로스 리버 페리를 타고 건너편의 왓 아룬을 오갈 때다. 요금은 5B 정도.

✛ 쌘쌥 운하 Khlong Saen Saeb

강이 아니라 방콕 도심을 관통하는 운하를 따라 운행하는 보트. 숙지만 한다면 도심을 가로질러 빠르고 저렴하게 시내와 올드시티 지역을 오갈 수 있다. 스쿰빗이나 씨암 등의 지역에서 카오산으로 이동할 때 매우 유용하다.

요금 10~20B
운행 05:30~20:30 (토, 일요일은 19시까지 운행)

Tip 강변 호텔들의 셔틀보트 활용하기

강변의 특급 호텔들은 대부분 무료 셔틀보트를 운영한다. 셔틀보트는 호텔에 투숙하는 사람뿐 아니라 레스토랑 등 부대시설을 이용하는 사람들도 무료로 이용할 수 있다. 사톤 선착장과 리버 시티, 아이콘 씨암 등이 주 목적지이기 때문에 셔틀보트를 잘 활용하면 강변 이동에 큰 도움이 된다.

7 | 툭툭 Tuk Tuk

모터사이클을 개조하여 만든 차량으로 문이나 창문은 따로 없이 뚫려 있고 일반 차량에 비해 작은 편이다. 매연에 취약할 수밖에 없는 구조에, 여행자 대상의 바가지로도 악명이 높지만 태국과 방콕의 대표 이미지 중 하나로 아직도 사랑받고 있다. 툭툭은 미터기 없이 전적으로 흥정에 의해 가격이 결정된다. 현지인에게는 거리에 따른 요금이 정해져 있지만 여행자에게는 전혀 다른 룰이 적용된다. 툭툭은 먼 거리 이동이나 자주 이용하는 교통수단으로는 부적합하며 단거리에 한두 번의 경험으로 충분하다. 다만 택시를 잡기 힘든 차이나타운과 그 일대에서는 유용한 교통수단이고, 상대적으로 바가지도 덜한 편이다. 때와 장소를 잘 맞춰 이용해보면 다른 교통수단과 전혀 다른 즐거움을 느낄 수도 있다. 걸어서 15분 거리 정도 된다면, 대당 70~80B에 흥정해서 타볼 것. 그 외 툭툭과 함께하는 관광이나 쇼핑은 절대 금물.

8 | 시내버스 Bus

방콕의 시내버스는 서민들의 중요한 대중교통수단이지만 여행자가 이용하려면 상당한 집중력과 주의가 필요하다. 주요 버스 정류장에는 운행하는 버스 노선표와 전광판 안내가 있어 도움을 받을 수 있다. 방콕의 버스는 크게 에어컨 버스와 일반 버스로 나뉘고 거리에 따라 8~25B 수준이다. 버스에 탑승하면 안내원이 있어 목적지를 말하고 요금을 내면 된다.

요금 8~25B
운행 05:00~23:00

9 | 간선 급행 버스 BRT(Bus Rapid Transit)

BRT만이 다니는 버스 전용 차선을 따라 운행하는 급행버스. 2010년부터 운행을 시작하여 점차 노선을 늘려가고 있다. 아직 여행자들이 거의 가지 않는 지역을 운행하지만 추후 노선을 확장하면서 BTS나 MRT와 연계할 수 있다면 그 효용 가치가 올라가게 될 것이다. 현재 기본요금은 15B이고 구간에 따라 요금이 차등 적용된다.

요금 15B~
운행 06:00~24:00 (10분 간격)

Tip | 이동에 필요한 태국어

· OO 어디에 있어요?
 ▶ OO 유 티나이 카(크랍)?
· 여기에서 세워주세요
 ▶ 쩟 티니 카(크랍)
· 직진해주세요
 ▶ 뜨롱 빠이 카(크랍)
· 우회전해주세요
 ▶ 리오 콰 카(크랍)
· 좌회전해주세요
 ▶ 리오 싸이 카(크랍)
· 여기 ▶ 티니   · 저기 ▶ 티난
· 오른쪽 ▶ 콰   · 왼쪽 ▶ 싸이
· 공항 ▶ 싸남빈
· 고속도로 ▶ 탕두언
· 호텔 ▶ 롱램

수상보트 노선도

N

Boat Routes

⬲ Green Flag Boat   ⬲ Orange Flag Boat

⬲ Yellow Flag Boat   ⬲ Chao Phraya Sightseeing Boat

N33 타 빡끄렛 Pak Kret

N32 타 왓 끌랑 끄렛 Wat Klang Kret

N31 타 끄라쑤엉 파닛 Ministry of Commerce

N30 타 논타부리 Nonthaburi

N29 타 피분쏭크람 썽 Phibun Songkhram 2

N28 타 왓 키엔 Wat Khian

N27 타 왓 뜩 Wat Tuek

N26 타 왓 케마 Wat Khema

N25 타 피분쏭크람 능 Phibun Songkhram 1

N24 타 사판 팔람 쨋 Rama 7 Bridge

N23 타 왓 쏘이 텅 Wat Soi Thong

N22 타 방포 Bang Pho

N21 타 끼악 까이 Kiak Kai

N20 타 깨우카이카 Khiao Khai Ka

N19 타 끄롬친쁘라텟 Department of Irrigation

N18 타 파얍 Phayap

N17 타 왓 텝 나리 Wat Thep Nari

N16 타 사판 크룽톤 Krung Thon Bridge

N15 타 테웻 Thewet

N14 타 사판 팔람 뺏 Rama 8 Bridge

N13 타 프라아팃 Phra Arthit (Banglamphu)

N12 타 사판 삔까오 Phra Pin Klao Bridge

N11 타 롯파이 Rot Fai (Thonburi Railway)

N10 타 왕랑 Wang Lang

N9 타 창 Chang

N8 타 티엔 Tien

N7 타 랏치니 Rajinee

N6 타 사판풋 Memorial Bridge

N5 타 라차웡 Rachawong

N4 타 끄롬짜오타(하버) Harbour Department

N3 타 씨 프라야 Si Phraya

N2 타 왓 무앙캐 Wat Muang Kae

N1 타 오리엔탈 Oriental

Ⓑ CEN 타 사톤 Sathon

S1 타 왓 싸웨타찻 Wat Sawettrachat (Served only by local boat (No flag))

S2 타 왓 워라짠야왓 Wat Worachanyawat

S3 타 왓 랏차싱콘 Wat Rat Singkhon

S4 타 랏부라나 Rat Burana

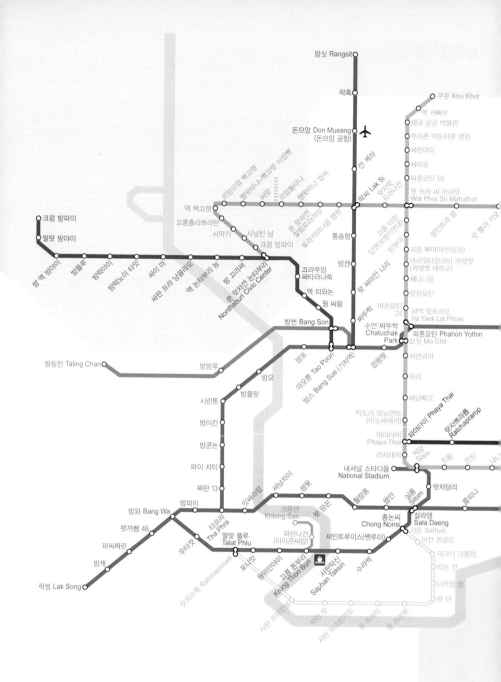

BTS·MRT·BRT·SRT·공항철도 노선도

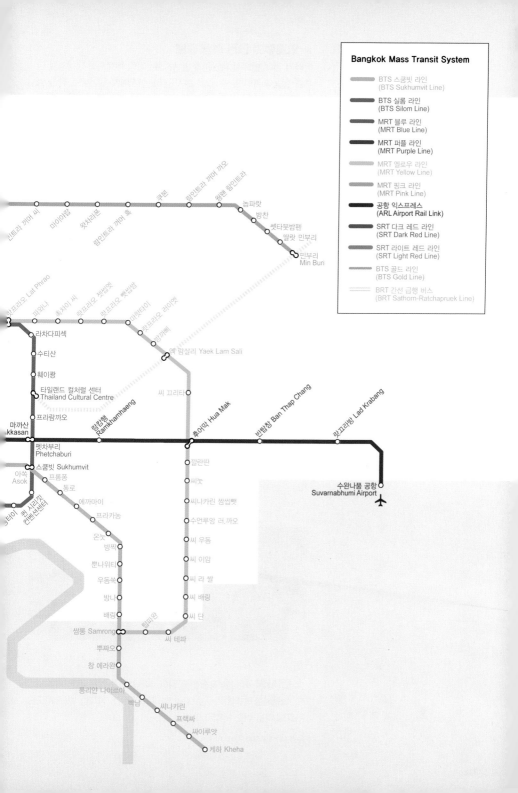

떠나기 전에 둘러볼 필수 사이트 & 유용한 앱

인터넷에는 많은 정보가 있지만, 정작 내게 필요한 내용을 찾기란 쉬운 일이 아니다. 방콕 여행 전, 미리 둘러보고 여행 정보를 수집할 수 있는 사이트와 애플리케이션들을 소개한다.

★ 외교부의 안전 여행 정보

떠나기 전에 반드시 확인해야 할 사이트. 여행 목적지의 여행경보 단계를 한눈에 파악할 수 있을 뿐 아니라, 현지에서 일어나는 각종 범죄 유형도 알려줘 범죄를 대비하기도 쉽다. 미리 여행 일정을 등록하면 맞춤형 여행 정보도 제공받을 수 있다. 애플리케이션 '해외안전여행'도 있다.

홈피 www.0404.go.kr

★ 태국관광청 서울 사무소

다른 나라 관광청 홈페이지와 달리 실용적인 정보를 지속적으로 업데이트하고 있다. 여행 전에 접속해서 태국의 최신 뉴스나 이벤트를 둘러보면 좋다. 상업용 가이드북 수준의 여행안내 책자를 무료로 받아볼 수 있다.

홈피 www.visitthailand.or.kr

★ 태사랑 태국을 포함한 동남아시아 정보가 많은 배낭여행 사이트. 여행자들의 정보가 시시각각 업데이트 된다. 상세한 방콕 지도도 무료로 다운받을 수 있다.

홈피 www.thailove.net

★ 숙소 예약 대행 사이트

각 숙소의 위치와 가격을 한눈에 비교하고 바로 예약할 수 있는 대행 사이트를 이용해보자. 오래된 예약 사이트에는 후기가 축적되어 있어 실제 숙소의 상태를 알기 쉽다. 사진과 후기 외에도 조식 포함 여부, 창문이나 테라스 유무, 방의 크기 등을 면밀히 따져봐야 후회를 최소화할 수 있다.

홈피 **아고다** www.agoda.com
부킹닷컴 www.booking.com
호텔스닷컴 www.hotels.com
트립어드바이저
www.tripadvisor.co.kr
몽키트래블
thai.monkeytravel.com

★ 방콕 여행 필수 앱

방콕 여행을 더 편리하게 해줄 필수 앱들이다. 볼트는 현재 위치를 기반으로 활성화가 되므로 방콕 도착 후 위치 액세스 권한을 변경해야 할 수도 있다.

구글맵
해외여행의 필수 지도 앱. 가고 싶은 곳을 미리 살펴보고 리뷰 등도 참고할 수 있다.

파파고 (구글 번역)
종종 오류가 있긴 하지만 마음의 위안이 되는 번역 앱. 구글 번역 앱과 교차로 이용할 것을 추천.

볼트
방콕에서 유용하게 사용할 수 있는 콜택시 앱. 가격과 경로를 미리 확인할 수 있어서 좋다.

라인
태국의 인기 메신저. 현지 번호가 없어도 되고 음성통화도 지원한다. 배달 시에도 유용하다.

이티고
태국의 레스토랑 예약 & 할인 앱. 최대 50%까지 할인받을 수도 있어 매력적이다.

고와비
마사지 관련 앱. 프로모션 티켓을 구매할 수 있다. 예약 확정은 해당 마사지 숍에 연락해 별도로 해야 한다.

푸드판다
태국의 대표적인 배달 앱. 음식점과 마트에서 주문을 할 수 있다. 메뉴가 영어로 표기되어 있어 편리하다.

비아 버스
태국의 버스 앱. 타고자 하는 버스의 위치도 실시간으로 확인 가능하고 목적지까지 가는 버스도 안내해준다.

Step to Bangkok 05
다양한 태국의 음식

'물에는 물고기가 있고, 논에는 쌀이 있도다(나이남 미쁠라 나이나 미카오)'라는 말이 태국에 있을 만큼 비옥한 토지와 풍부한 수산자원을 품고 있는 나라이다. 외세의 침략을 한 번도 받지 않은 아시아의 유일한 나라로, 풍요로운 자연환경과 안정적인 사회 환경 속에서 미식을 즐기는 분위기가 자연스럽게 형성되었다. 다른 나라들과 교류하며 음식 문화는 더 다채롭게 발전하여 태국의 중요한 관광 자원 중의 하나로 자리매김하고 있다. 여행자들을 불러들이는 큰 매력을 지닌, 태국의 맛있는 음식들을 소개한다.

어장(漁醬) 문화권이다

우리나라를 비롯한 동북아 지역이 콩을 이용해 간장, 된장 등을 만드는 대두장★豆醬 문화권이라면, 태국을 비롯한 동남아 지역은 어장漁醬 문화권이라 할 수 있다(태국이 대두장이 발달하지 못한 이유는 고온다습한 기후로 콩이 발효되기 전에 부패하기 때문이다. 우리나라에서도 그런 이유로 기후가 서늘해지는 가을부터 겨울 동안 메주를 발효시킨다). 그 예로 태국은 생선과 소금으로 발효시킨 '남쁠라'라고 하는 맑은 액젓으로 간장 대신 음식의 간을 맞춘다. '크루엉찜' 혹은 '남찜'이라는 것이 있는데 일종의 양념 간장(딥 소스)이라 할 수 있다. 이 역시 물고기나 새우를 주원료로 만들고, 그 종류만 30여 가지가 넘는다.

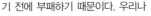

태국도 한국과 마찬가지로 주식은 쌀이다. 지역에 따라 약간 차이가 있지만 방콕 등 중부지방과 남부지방에서는 멥쌀밥을 선호하는 반면, 북부지방과 동북부 지방에서는 찹쌀밥을 더 선호한다. 이 두 지역은 고원지대이고 토양이 척박해서 멥쌀보다는 찹쌀 경작에 더 적합하기 때문이다. 어떤 밥을 먹느냐에 따라 반찬 개념으로 곁들이는 부식도 달라진다. 한 가지 특이한 것은 태국인들은 잡곡밥은 먹지 않는다. 흰 밥 외에 주식 대체 음식은 죽과 국수, 떡(카놈) 등이 있다.

고소하고, 맵고, 신맛이 많다

음식에 따라 다르지만, 태국 음식은 대체로 고소하고, 맵고, 신맛이 나는 편이다. 거기에 다양한 향신료가 첨가되어 향미가 풍성한 것도 특징이다. 태국 음식에 들어가는 재료 중 신맛이 나는 재료는 레몬그라스, 타마린드, 라임 등이다. 매운맛을 내기 위해 고춧가루를 사용할 때도 있지만 '프릭키누'라는 새끼손가락만 한 '쥐똥고추'를 주로 사용한다. 우리나라에서는 '고수(코리앤더Coriander)'라는 부르는 채소가 향신채와 향신료로 두루 쓰인다. 처음에 먹어보고 입맛에 맞지 않을 경우, '마이싸이 팍치(고수는 넣지 마세요)'라고 이야기하면 되지만 미리부터 반감을 품을 필요는 없다.

고수(팍치)

숟가락과 포크를 사용한다

태국의 재래식 식사 관습은 손으로 음식을 먹는 것이었다. 1900년대 초, 라마 5세의 현대화 개혁으로 서구 문화가 유입되면서 숟가락과 포크 등 도구를 사용하기 시작했다. 동양의 숟가락을 주 도구로, 서양의 포크를 보조도구로 채택하여 사용하고 있다.

원래 태국의 음식들은 재료를 잘게 잘라 조리하는 방식이므로 나이프(칼)가 필요하지 않다. 포크는 숟가락으로 음식을 뜰 때, 보조역할을 해준다. 다만 면류를 먹을 때는 젓가락을 사용한다. 공동의 음식을 먹을 때 개인 숟가락으로 직접 뜨는 것은 예의에 어긋나는 행동이다.

반드시 '천끌랑'이라고 하는 공동 숟가락을 사용하여야 한다. 국물이 있는 음식을 숟가락으로 먹지 않고 들이마시는 행동도 태국의 식사 예절에는 벗어나는 일이다.

2 | 다양한 타이 푸드

앞서 소개한 바와 같이 태국 음식의 주식은 쌀밥으로, 반찬이 되는 부식도 상당히 다양한 종류가 있다. 아침 식사로는 죽과 식빵(카놈빵) 등을, 점심으로는 간단하게 국수나 만두, 또는 밥과 간단한 반찬이 올라간 덮밥류를 먹는다. 하루 중 저녁 식사를 가장 푸짐하게 먹고, '컹완'이라고 부르는 후식도 반드시 먹는 관습이 있다.

카오 쑤어이 Steamed Rice

전 세계에서 재배되는 쌀은 쌀알의 모양과 재배지역에 따라 인디카Indica와 자포니카Japonica로 크게 나뉜다. 우리나라와 일본에서 주로 먹는 자포니카는 둥글고 짧은 모양이며 끈기가 있다. 태국에서 주로 먹는 쌀은 인디카 종으로 길고 가느다란 모양이며 끈기가 없다. 주로 '안남미'라고 부른다. 인디카 쌀은 세계 전체 쌀 생산량 및 무역량의 약 90%를 차지할 정도로 압도적으로 많다. 밥을 할 때는 찌듯이 하고 나중에 뚜껑을 덮고 뜸을 들이게 된다.

태국 음식 중에 가장 기본이 되는 음식이 바로 흰밥이다. 태국어로 해석하면 '아름다운 쌀'인데, 이름처럼 태국 음식의 백미는 바로 그냥 '흰밥'이다. 불면 날아갈 것 같은 쌀로 지은 밥이지만, 이 밥(쌀)의 매력에 빠지면 한국에서 두고두고 그리울 것이다. 이 쌀을 이용하여 볶음밥을 만들거나 각종 덮밥 등을 만들게 된다. 흰밥과 요리를 함께 먹는 것이 기본적인 태국 식사로 더 간단하게는 요리를 밥 위에 덮은 덮밥(요리 이름+랏 카오)도 있다. '랏'은 토핑Topping을 뜻한다.

○ 쌀(밥)을 이용한 음식들

— 쪽 Porridge

우리나라 죽과 비슷하다. 중국의 영향을 받은 음식으로 쌀알이 보이지 않도록 끓여 돼지고기 다진 것을 주로 넣어서 먹는다. 날달걀과 실파 다진 것, 채 썬 생강을 넣어서 먹으면 좋다.

— 카오똠 Rice Soup

수프에 맨밥을 넣고 끓인 것으로 주로 새우나 해산물을 사용한다.

— 카오팟 Fried Rice

가장 기본적인 태국식 볶음밥이다. 들어가는 재료에 따라 카오팟 꿍(새우), 카오팟 탈레(해산물), 카오팟 뿌(게살), 카오팟 무(돼지고기), 카오팟 까이(닭고기) 등으로 나누어진다.

— 카오옵 사파롯 Baked Rice in Pineapple

파인애플 볶음밥. 달달한 맛으로 태국 음식 초보자도 누구나 거부감 없이 먹을 수 있다.

쪽 · 카오똠 · 카오팟 · 카오옵 사파롯 · 카오 카무 · 카오만 까이

– **카오 카무** Pork Leg with Rice

간장에 돼지고기 족발을 오랜 시간 끓여 잘게 찢어 밥에 올려 먹는 메뉴. 우리나라 장조림 국물과 비슷한 맛으로 생각보다 상당히 맛있다. 달걀 장조림을 추가할 수도 있다.

– **카오만 까이** Chicken Rice

치킨라이스. 푹 곤 닭고기를 육수로 지은 밥 위에 올려 양념장과 같이 먹는다. 살코기만 먹는 것보다 껍질을 같이 먹는 것이 부드럽고 고소하다. 바비큐 식으로 구운 돼지고기를 올린 것은 **카오 무댕** Barbecued Pork with Rice 이라고 한다.

국수 Noodle

기본적으로 중국의 영향을 많이 받은 국수 요리는 한국인들도 비교적 거부감 없이 먹을 수 있는 음식이다. 국수는 면의 종류나 요리 방법에 따라 무척 많은 종류가 있다. 우선 면의 종류는 크게 재료에 따라 쌀국수인 '꿰띠오'Rice Noodle와 밀가루와 달걀로 만든 '바미'Egg Noodle로 나눌 수 있다. 꿰띠오는 면의 굵기에 따라 '쎈 미', '쎈 렉', '쎈 야이'로 나뉜다. 우리나라 당면과 비슷하지만 훨씬 얇은 '운쎈'Glass Noodle도 있다.

○ **국수를 이용한 음식들**

– **꿰띠오** Rice Noodle

보통 쌀국수 하면 국물이 있는 쌀국수를 떠올린다. 이렇듯 국물이 있는 국수는 '꿰띠오 남(물)'이라고 하고 비빔 면은 '꿰띠오 행(마른)'이라고 한다. 보통 국물은 어떤 재료를 이용했느냐에 따라 돼지고기(무), 소고기(느아), 어묵(룩친)으로 나눈다. 그냥 쌀국수 면 대신에 바미를 선택할 수도 있다. 태국의 쌀국숫집에서는 바짝 말린 건면 대신 살짝 말린 숙면을 사용하여 손쉽게 국수를 만들 수 있고 부드러운 식감도 느낄 수 있다.

— 팟타이 Fried Noodle

팟타이

태국식 볶음 국수로 역사는 수십 년밖에 안 된 음식이지만 빠르게 대표 태국 음식으로 자리 잡았다. 태국식 볶음 국수인 팟타이에는 타마린드Tamarind가 들어가 새콤달콤한 맛이 난다. 주로 (쌀국수)면에 타마린드, 남쁠라, 굴 소스, 설탕을 넣고 두부와 부추, 숙주, 달걀을 넣고 재빨리 볶아낸다. 간장으로 간을 맞춘 팟시유Fried Noodle with Soy Sauce는 주로 넓적한 면인 '쎈 야이'를 이용하는데, 담백한 맛이 한국인 입맛에도 상당히 잘 맞는다.

— 카놈찐 Noodle in Sweet Curry Sauce

카놈찐

태국의 국민 국수요리. 예로부터 멥쌀로 만든 가늘고 흰 국수(우리나라 소면과 비슷하다)를 젓갈이나 커리, 코코넛 밀크와 각종 야채를 올려 함께 먹는 요리이다. 경사스러운 날 나오는 잔치 음식이기도 하다.

— 랏나 Noodle with Gravy

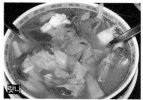

랏나

'쎈 야이'를 굴 소스와 야채 등을 불에 재빨리 볶은 후 녹말 물을 첨가해 우리나라 울면과 비슷한 점성을 가진 요리이다. 고소한 소스와 부드러운 면발로 마니아들이 있는 편이다.

얌 Salad

얌탈레

'얌'은 무침 음식의 일종으로 라임과 식초, 고추 등의 재료를 피시 소스로 버무린 태국식 샐러드이다. 해산물을 넣으면 '얌탈레'가 되고 소고기를 넣으면 '얌느아'가 된다. 당면을 넣는 '얌운센'도 현지인들에게 인기가 좋다.

— 얌탈레 Seafood Salad

해산물을 넣은 샐러드.

— 얌운센 Salad with Glass Noodle

당면을 넣은 샐러드.

얌운센

깽 Curry

깽키오완

'깽'은 주로 국물이 적은 카레와 같은 음식을 칭한다. 탕과 같은 국물이 많은 '똠'과는 달리 자작하게 요리하는 것이 특징이다. 인도에서 영향을 받았지만 카레 반죽에 코코넛 밀크를 넣거나 빼서 요리하거나 각종 향신료를 첨가해 다양한 방법으로 요리한다. 태국인들의 일반 가정식 식단에서 빠지지 않고 등장하는 음식이다. 약간 매콤한 맛을 가진 깽 펫Red Curry, 순하고 부드러운 맛을 가진 깽키오완Green Curry, 가장 매운맛을 가진 깽 빠Jungle Curry 등이 있다.

— 깽키오완 Green Curry

커리의 순하고 부드러운 맛을 가진 음식.

— 깽쏨쁠라 Tamarind Flavor Soup

특유의 시큼한 맛을 가진 생선찌개.

깽쏨쁠라

똠 Spicy & Sour Soup

'똠'은 '끓이다'라는 뜻으로 탕과 같은 국물이 많은 요리를 지칭하는 이름이기도 하다. 똠얌꿍은 태국의 가장 대표적인 음식이자 대외적인 외교사절이라고 해도 될 만한 음식이다. 똠얌꿍의 국물 맛을 내는 3대 재료는 레몬그라스, 라임, 양강근(생강과의 식물)이다. 여기에 각 식당에 따라 코코넛 밀크와 볶은 고추장(남프릭파우) 유무에 따라 매운탕처럼 진한 맛이 나기도 하고, 맑은 탕처럼 개운한 맛이 나기도 한다. 처음 먹을 때는 거부감이 들기도 하겠지만 한 번 맛을 들이면 이 국물로 해장을 할 정도로 깊은 사랑에 빠질 수도 있다. 새우(꿍) 대신 해산물을 넣으면 똠얌탈레가 된다.

똠얌꿍

똠샙

○ 그 외 국물 요리

– 똠샙 Spicy Esan Soup
  태국식 내장탕. 상당히 맵고 자극적이다.

– 똠카까이 Chicken Coconut Soup
  닭고기에 코코넛 밀크를 넣어 끓인 부드러운 국물 요리.

똠카까이

– 깽쯧 Clear Soup
  중국에서 영향을 받은 맑은 국이다. 주로 두부나 배추, 김 등이 주재료가 된다. 한국식 국이 생각날 때 주문하면 향신료가 거의 없어 좋은 대안이 될 수 있다.

– 쁠라능 마나오 Steamed Fish with Lime Soup
  상큼한 맛이 일품인 라임 국물에 생선과 마늘, 고추를 넣고 끓인 탕. 맑고 매콤하면서도 개운한 맛이다. 생선 대신 오징어를 넣으면 '바믁능 마나오'이다.

깽쯧

– 찜쭘 Thai Style Suki
  태국식 수키. 투박한 황토 그릇에 육수를 담고 고기나 야채 등을 익혀 먹는다. 보통 현대식 식당에서 판매하는 육수보다 진하고 깊은 맛이 있고, 주로 노점에서 판매한다.

쁠라능 마나오

볶음 요리 Stir Fried

태국의 가정식에서 가장 중요한 요리다. 태국의 볶음 요리를 이해하기 위해선 요리에 들어가는 재료와 소스에 대한 지식이 있어야 한다. 태국 음식에서 팍치 못지않게 많이 사용되는 식물인 바질Basil은 태국어로 '끄라파오'라고 한다. 이 허브가 들어간 돼지고기볶음은 '팟끄라파오 무'라고 하면 되는데 빨리 말하면 '팟까파오 무'라고 들리며 자극적인 맛이다. 각종 채소를 볶은 '팟팍루암'은 태국인들이 가장 많이 찾는 요리 중 하나이다.

찜쭘

– 팟팍루암 Fried Vegetable
  야채 볶음. 밥반찬으로 무난해 태국 음식에 싫증이 날 때쯤 주문하면 좋다.

팟팍루암

– 팟끄라파오 Fried Holy Basil

바질 잎을 넣고 볶은 요리. 주로 돼지고기(무)나 닭고기(까이)와 함께
요리하고 팟끄라파오만 단독으로 주문할 수도 있고, 덮밥으로 주문할
수도 있다. 센 불에 볶아내야 하고 볶아낼 때, 연기 같은 것이 올라와
고급 식당에서는 다루기 힘든 메뉴이다. 서민 식당에서 먹어야 제 맛
이다.

– 팟팍붕파이댕 Fried Morning Glory

모닝글로리 볶음. 역시 밥반찬으로 인기가 좋은데 아삭한 식감이 살아
있어야 제 맛이다. 청경채를 볶아내면 '팟 팍 카나', 콜리플라워를 볶아
내면 '팟 팍 깔람'이라 한다.

팟끄라파오

팟팍붕파이댕

이싼 푸드 North East Thai Food

이싼은 태국의 동북부 지방을 가리키는 말로 태국에서는 가장 개발이 더딘 곳이지만 이곳의 몇 가지 음식은 전
국토에서 사랑받고 있다. 마치 한국의 남도 음식처럼 말이다. 대표적인 음식은 숯불구이 닭고기인 '까이양'과 숯
불구이 돼지고기인 '무양'이다. 돼지고기 부위 중에서도 목살을 구운 '커무양'은 한국인들에게 최고 인기다.
이런 메뉴들은 파파야 샐러드인 '쏨땀'과 먹으면 찰떡궁합이다. 쏨땀은 어린 파파야를 길고 얇게 잘라 고추, 마
늘, 생선젓, 땅콩, 조그만 새우나 게 등을 넣고 절구에 찧은 것으로 노점에서 많이 찾아볼 수 있다. 이싼 오리
지널 쏨땀은 '빠라'라는 생선 젓국으로만 버무리는데 매우 자극적인 맛으로, 방콕 등 대부분의 지방에 퍼져 있
는 쏨땀은 땅콩과 마른 새우, 라임 즙 등을 넣어 순화시킨 '쏨땀 타이'이다. 들어가는 재료에 따라 상당히 많
은 종류가 있다. 고기를 다져 만든 샐러드는 '랍'이라 한다. 국물 요리에 소개한 '찜쭘'이나 '똠샙'도 사실은 이
싼 지방이 고향인 음식들이다. 그 밖에 육류의 내장을 이용한 음식도 많은데, 곱창구이나 소시지 등도 많이
먹는다.

– **쏨땀** Papaya Salad

파파야 샐러드. 어린 파파야를 길고 얇게 잘라 고추, 마늘, 생선젓, 땅콩, 조그만 새우나 게 등을 넣고 절구에 찧은 것.

– **쏨땀 뿌** Papaya Salad with Crab

게를 넣어 한층 더 자극적인 쏨땀.

– **무양** Pork BBQ

숯불에 구운 돼지고기 바비큐.

– **시콩무양** Pork Rib BBQ

숯불에 구운 태국식 돼지갈비 바비큐.

– **까이양** Chicken BBQ

숯불에 구운 닭고기 바비큐.

– **랍** Ground Salad

고기를 다져 만든 이싼 스타일의 샐러드.

– **싸이끄럭 이싼** Esan Sausage

육류의 내장을 이용해 만든 소시지. 상당히 매콤하다.

– **남똑무** Waterfall Pork

잘 구운 돼지고기 바비큐에 갖은 양념으로 맛을 더한 요리. 이 요리를 잘하는 이싼 식당은 다른 음식들도 맛있는 편이다.

시푸드 Seafood

태국의 시푸드는 어느 나라에서도 찾기 힘든 풍미가 있어 전 세계인의 사랑을 받는 음식이다. 가장 평범한 조리법은 숯불 위에 굽는 그릴Grill이다. 새우나 랍스터는 별다른 양념 없이 숯불에 구워 소스를 찍어먹는 것이 일반적이다. 생선은 주로 양념을 하는 편이다. '쁠라 랏프릭'은 생선을 바짝 튀겨 그 위에 고추양념을 뿌린 것인데 한국인의 입맛에 잘 맞으며 '쁠라 능 마나오'는 라임을 넣고 끓인 생선요리인데 맛이 특이하다. 태국 음식에는 익혀 먹지 않는 해산물도 있는데 굴과 새우, 게 등은 피시 소스, 쥐똥 고추와 함께 생으로 버무려 먹기도 한다. '뿌동', '꿍채남쁠라', '호이랑롬' 등이 그런 요리이다.

– **꿍파오** Prawn BBQ

새우 바비큐. 숯불에 구워 태국식 시푸드 소스에 찍어 먹는다. 풍미가 그만이다.

– **꿍채남쁠라** Shrimp in Chili

라임 소스와 마늘을 올려 먹는 생새우 요리. 애피타이저로도 괜찮다.

– **뿌동** Raw Crab with Chili

마늘과 고추가 잔뜩 올라간 태국식 게장. 생 게를 살짝 얼려 시원하게 먹는 것이 좋다. 매콤하고 라임의 맛이 상당히 자극적이다.

- **호목쁠라** Steamed Fish in Banana Leaf
  생선을 으깨 갖은 양념과 함께 찜을 한 요리. 향신
  료를 많이 쓴 것이 특징. 하드코어 태국 음식 중 하
  나이다.
- **호이랑롬** Oyster
  우리나라 석화 같은 생굴. 함께 주는 라임 즙을 뿌
  리고 채소를 잔뜩 올려 먹어야 제 맛.
- **꿍 끄라티암 프릭타이** Prawn with Garlic and Pepper
  새우를 마늘과 후추를 넣고 볶은 요리.
- **뿌 프릭타이 담** Crab with Black Pepper
  게에 후추를 넣고 볶은 요리.
- **뿌팟퐁커리** Fried Crab with Curry Sauce
  게와 달걀, 커리의 조화로 한국인에게 가장 인기 있
  는 시푸드 요리로 등극했다.
- **어쑤언** Omelet with Oyster
  싱싱한 굴을 달걀과 함께 뜨거운 철판에 지글지글
  부쳐 먹는 요리. 우리나라 굴전과 비슷한 맛이
  난다.

- **호이라이 팟프릭파오**
  Clams with Sweet Basil with Chili Sauce
  조개에 태국식 고추장을 살짝 넣고 바질 잎과 함께
  볶은 요리. 매콤하고 자작한 국물에 밥을 비벼 먹어
  도 그만이다.
- **쁠라텃** Fried Fish
  생선 튀김.
- **팟프리어완 쁠라** Fried Fish Sweet and Sour Sauce
  바싹 튀긴 생선에 우리나라 탕수육과 비슷한 새콤
  달콤한 소스를 올려 먹는 요리.
- **쁠라 능시유** Steamed Fish with Soy Sauce
  생선에 간장 소스와 생강, 파 등의 야채를 올려 쪄
  내는 요리. 약간은 중국 요리를 닮은 태국 요리.
- **꿍옵운센** Shrimp with Glass Noodle
  특유의 한약과 같은 향이 있어 호불호가 갈리는 음
  식이다.
- **호이크랭 루억** Steamed Cockles with Dipping Sauce
  삶은 꼬막을 소스에 찍어 먹는 요리. 안주로, 애피
  타이저로 인기다.

기타 Etc

아래는 놓치기 아까운 태국 음식이다.

남프릭 꽁시얍 Shrimp Paste Dipping Sauce

태국식 쌈장

미앙캄 Miang Kham

상큼한 찻잎에 채소와
멸치튀김 등을 싸 먹는 요리

까이 호빠이텅 Chicken in Banana Leaf

바나나 잎으로 닭고기를 감싸
구운 요리

카이 찌아우 Thai Style Omelet

태국식 달걀 오믈렛

꿍싸롱 Fried Shrimp with Noodle

새우를 국수로 감아 튀긴 요리

카오쏘이 Chiang Mai Noodle

치앙마이 스타일 국수

사테 Satay

꼬치구이

까이텃 Fried Chicken

짭조름한 양념을 입힌 닭튀김

롯띠 Thai Pancake

태국식 팬케이크

뽀삐아 Spring Roll

스프링롤

수키 Suki

태국식 전골 요리

다양한 노점 간식

무료 기본 반찬과 소스

'픽남쁠라'는 중요한 반찬이자 소스로 피시 소스에 쥐똥고추를 썰어 넣은 것이다. 숟가락으로 젓국과 고추 조각을 떠서 밥 위에 뿌리면 된다. 적은 양의 고추라도 상당히 매우니 조심해야 한다. 그 외 양념통에서 발견할 수 있는 것은 식초 맛이 나는 국물에 고추가 들어있는 '남쏨프릭', 초고추장과 비슷한 '남프릭 씨랏차', 태국인들이 단맛을 좋아한다는 증거인 설탕 '남딴', 태국식 고춧가루인 '프릭뽄' 정도이다. 쌀국수를 먹을 때 특히 이런 양념을 유용하게 사용할 수 있다.

more & more **주요 태국 음식 태국어 표기**

전식 Appetizers [ของว่างก่อนอาหาร]
- 꿍채남쁠라 Shrimp in Chili [กุ้งแช่น้ำปลา]
- 랍 Ground Salad [ลาบ]
- 뽀삐아 Spring Roll [ปอเปี๊ยะ]
- 뿌짜 Crab in Shell [ปูจ๋า]
- 쏨땀 Papaya Salad [ส้มตำ]
- 사테 Satay [สะเต๊ะ]
- 얌느아 Beef Salad [ยำเนื้อ]
- 얌탈레 Seafood Salad [ยำทะเล]
- 얌운센 Salad with Glass Noodle [ยำวุ้นเส้น]
- 카이 찌아우 Thai Style Omelet [ไข่เจียว]
- 텃만꿍 Shrimp Cake [ทอดมันกุ้ง]
- 호목쁠라 Steamed Fish in Banana Leaf [ห่อหมกปลา]
- 호이랑롬 Oyster [หอยนางรม]

수프 Soup [ซุป]
- 깽쏨쁠라 Tamarind Flavor Soup [แกงส้มปลา]
- 깽키오완 Green Curry [แกงเขียวหวาน]
- 깽쯧 Chinese Pickle Soup [แกงจืด]
- 쁠라능 마나오 Steamed Fish with Lime Soup [ปลานึ่งมะนาว]
- 찜쭘 Thai Style Shabu-Shabu [จิ้มจุ่ม]
- 똠얌꿍 Spicy & Sour Prawn Soup [ต้มยำกุ้ง]
- 똠샙 Spicy Esan Soup [ต้มแซ่บ]
- 똠카까이 Chicken Coconut Soup [ต้มข่าไก่]

라이스 Rice [ข้าว]
- 쪽 Porridge [โจ๊ก]
- 카오니아우 Steamed Sticky Rice [ข้าวเหนียว]
- 카오 무댕 Barbecued Pork with Rice [ข้าวหมูแดง]
- 카오 쑤어이 Steamed Rice [ข้าวสวย]
- 카오 카무 Pork Leg with Rice [ข้าวขาหมู]
- 카오팟 Fried Rice [ข้าวผัด]
- 카오만 까이 Chicken Rice [ข้าวมันไก่]
- 카오옵 사파롯 Baked Rice in Pineapple [ข้าวอบสับปะรด]
- 카오똠 Rice Soup [ข้าวต้ม]
- 팟끄라파오쁠라믁 랏카오
  Fried Holy Basil with on the Rice
  [ผัดกะเพราปลาหมึกราดข้าว]

국수 Noodle [ก๋วยเตี๋ยว]
- 랏나 Noodle with Gravy [ราดหน้า]
- 꿰띠오 Rice Noodle [ก๋วยเตี๋ยว]
- 바미 Egg Noodle [บะหมี่]
- 카놈찐 Noodle in Sweet Curry Sauce [ขนมจีน]
- 카오쏘이 Chiang Mai Noodle [ข้าวซอย]
- 팟시유 Fried Noodle with Soy Sauce [ผัดซีอิ๊ว]
- 팟타이 Fried Noodle [ผัดไทย]

볶음 요리 Stir fried [อาหารประเภทผัด]

- **깡 끄라티암 프릭타이** Prawn with Garlic and Pepper [กุ้งกระเทียมพริกไทย]
- **뿌 프릭타이 담** Crab with Black Pepper [ปูพริกไทยดำ]
- **뿌팟퐁커리** Fried Crab with Curry Sauce [ปูผัดผงกระหรี่]
- **어쑤언** Omelet with Oyster [ออส่วน]
- **팟팍루암** Fried Vegetable [ผัดผักรวม]
- **팟끄라파오 무** Fried Holy Basil with Pork [ผัดกะเพราหมู]
- **팟팍붕파이댕** Fried Morning Glory [ผัดผักบุ้งไฟแดง]
- **팟프리어완 무** Sweet and Sour Pork [ผัดเปรี้ยวหวาน]
- **호이라이 팟프릭파오**
  Clams with Sweet Basil with Chili Sauce
  [หอยลายผัดพริกเผา]

튀김 요리 Fried [อาหารประเภททอด]

- **까이텃** Fried Chicken [ไก่ทอด]
- **까이 호빠이텅** Chicken in Banana Leaf [ไก่อบใบตอง]
- **쁠라랏프릭** Whole crispy Fish with Chili Sauce [ปลาราดพริก]
- **쁠라텃** Fried Fish [ปลาทอด]

기타 Etc [อื่นๆ]

- **꿍옵운센** Shrimp with Glass Noodle [กุ้งอบวุ้นเส้น]
- **꿍파오** Prawn BBQ [กุ้งเผา]
- **남똑무** Waterfall Pork [น้ำตกหมู]
- **남프릭 꿍시얍** Shrimp Paste Dipping Sauce [น้ำพริกกุ้งเสียบ]
- **롯띠** Thai Pancake [โรตี]
- **빠텅꼬** Thai Style Doughnut [ปาท่องโก๋]
- **뿌동** Raw Crab with Chili [ปูดอง]
- **쁠라 능시유** Steamed Fish with Soy Sauce [ปลานึ่งซีอิ๊ว]
- **수키** Suki [สุกี้]
- **싸이끄럭 이싼** Esan Sausage [ไส้กรอกอีสาน]
- **양** Barbecue [ย่าง]
- **호이크랭 루억** Steamed Cockles with Dipping Sauce [หอยแครงลวก]

디저트 Dessert [ของหวาน]

- **끌루아이찹** Crisp Sweet Bananas [กล้วยฉาบ]
- **남캥싸이** Ice Flakes with Syrup [น้ำแข็งใส]
- **카오니아우 마무앙** Mango Rice [ข้าวเหนียวมะม่วง]
- **탐팁크롭** Crispy Water Chestnuts [ทับทิมกรอบ]

식당에서 많이 쓰는 태국어

- **맛있다** – 아러이
- **맵다** – 펫
- **메뉴** – 메누
- **계산서** – 첵빈
- **숟가락** – 천
- **젓가락** – 따끼얍
- **포크** – 썸
- **접시** – 짠
- **빨대** – 롯
- **모기향** – 약깐융(모가-융)
- **물** – 남
- **얼음** – 남캥
- **맥주** – 비야
- **소금** – 끄르아
- **간장** – 남씨유
- **설탕** – 남딴

- **식초** – 남쏨
- **후춧가루** – 프릭타이
- **피시 소스** – 남쁠라
- **해산물** – 탈레
- **새우** – 꿍
- **게** – 뿌
- **돼지고기** – 무
- **소고기** – 느아
- **닭고기** – 까이
- **계란** – 카이
- **파** – 똔험
- **마늘** – 끄라티암
- **고추** – 프릭키누
- **고춧가루** – 프릭쁜
- **고수** – 팍치

태국의
음료

태국의 수돗물에는 석회질이
많아 그냥 마셔서는 안 되고,
반드시 생수를 사 먹어야 한
다. 사계절 내내 나는 다양한
열대 과일 덕분에 다양한 과
일 주스가 발달해 있고, 커피
나 차(茶)도 매우 흔하다. 태국
은 아세안 최고 주류 소비국으
로, 자국에서 생산하는 맥주
나 위스키 등의 소비량이 상
당히 많다.

★ 과일주스나 셰이크

태국은 열대 과일 천국답게 과일 셰이크(폰라마이 빤)나 과
일 착즙 주스(남 폰라마이)도 상당히 많다. 고급 레스
토랑부터 서민 식당, 재래시장, 길거리에서도 흔하게
찾아볼 수 있다. 태국 과일 셰이크의 왕은 누가 뭐래도
수박 셰이크인 '땡모 빤'이다. 시원한 수박을 얼음과 함
께 갈아주어 갈증과 더위를 해소하는 데 그만이다. 망
고 셰이크는 '마무앙 빤', 라임 셰이크는 '마나오 빤'이라
고 한다. 착즙 기계를 이용한 신선한 오렌지 주스(남쏨)
도 흔하고 저렴하다.

★ 커피 & 차

태국인들도 커피와 차를 즐겨 마신다. 태국 전통 방식의 커피는 망
에 거른 진한 커피로, 연유를 듬뿍 넣어 마신다. 따뜻한 커피는 '카페
런', 차가운 커피는 '카페 옌'이라고 한다. 태국 북부의 치앙라이에서
품질 좋은 커피가 재배되고, 체인 커피 전문점들이 늘어나면서 한국
에서 마시는 '아이스아메리카노'도 쉽게 접할 수 있다.
일명 '타이 티'라고 부르는 태국식 차(茶)는 진하게 우린 홍차에 연유
와 설탕을 넣어 마신다. 보통 얼음을 넣어 시원하게 마시고, '차옌'이
라고 한다. 다양한 허브를 이용한 차(茶) 문화도 발달해서 품질
좋은 차를 접할 수 있다.

★ 맥주

태국의 맥주 3대 브랜드로는 싱하Singha(현지에서는 '씽'이라 발음), 창
Chang, 리오Leo가 있다. 이 브랜드들이 차지하는 시장 점유율이 90%가 넘
어 외국 브랜드들이 태국에서만큼은 힘을 발휘하지 못한다. 더운 날씨 탓
에 태국인들은 맥주에도 얼음을 타서 마시는 경우가 대부분이다. 수제 맥
주Craft beer 열풍도 상당해서 호텔의 바나 시내의 펍에서 자주
접할 수 있고, 이런 스폿들이 점점 늘어나는 추세이다.

★ 그 외의 주류

맥주와 더불어 태국인들이 즐겨 마시는 술은 위스키다. 태
국의 국민 위스키라 할 수 있는 쌩쏨Sang Som은 창 맥주를
생산하는 타이 베버리지Thai Beverage社의 효자 상품. 그 외
로 러이파이퍼100Piper와 메콩Mekong도 인기다. 싱하 맥주
에서 생산하는 브랜디인 리젠시Regency는 달큰한 향으로
여행자들에게 큰 인기를 얻고 있다. 한국처럼 스트레이트
로 마시는 경우는 거의 없고 소다수와 얼음을 섞어 마신다.
일명 '양동이 칵테일Whisky Bucket'이라 부르는 폭탄주를 카오산 등에서 자
주 목격할 수 있다.

★ 에너지 드링크제

태국의 에너지 드링크제는 유명하다. 전 세계 170여 개국에 수출
하는 레드불Red Bull의 끄라틴댕Krathing daeng이 있고, 현지인들은
엠러리하씹M150을 선호한다. 태국인들의 에너지 드링크제 사랑
은 대단해서 매일 한 병씩 마시는 사람들이 많다. 하지만 카페인
과 설탕 함량이 지나치게 높아 중독되면 여러 가지 부작용이 있
을 수 있으므로 조심하는 것이 좋다.

★ 기타

태국인들에게 유제품도 상당히 인기가 좋다. 태국의 로컬 낙농 농장에
서 나오는 우유와 요구르트, 두유 등 그 종류가 다양하다. 카오야이 지
방의 '촉차이 농장Chokchai Farm'이나 유기농 유제품으로 유명한 '데어리
홈Dairy Home'의 제품은 기회가 되면 꼭 접해보도록 하자. 코코넛이나 녹
차를 이용한 건강 음료, 두유 등도 유명하다.

★ 생수

태국에서는 반드시 생수를 사서 마시도록 하자. 편의점에서 자체 생
산하는 생수가 저렴해서 인기가 좋고, 미네랄Mineral 생수들은 금액
이 조금 더 비싸지만 믿을 만하다. 유명한 브랜드로는 아우라Aura,
퍼라Purra, 몽플레Mont Fleur 등이 있다. 식당에서 물은 돈을 지불하고
따로 주문해야 한다.

기초
태국어

태국 여행의 가장 큰 재미는 천사의 미소를 가진 현지인들과 어울리는 것이며 그들이 먹는 진짜 음식과 문화를 느끼는 것이다. 그 속으로 깊이 들어가려면 현지어가 필요하다. 태국어는 읽고 쓰기에 들어가면 어렵지만 처음에 간단한 의사소통을 하는 단계에서는 쉬운 언어다. 다음 내용을 몇 번 읽으면서 암기하고 현지인들에게 사용하다보면 생각보다 쉽게 태국어로 접근할 수 있을 것이다.

★ 사람

나	폼(남성), 찬(여성)	학생	낙 리안
당신/너	쿤	선생	크루
그	카오	의사	모오
그녀	터	주인	짜오콩
우리	푸악 라오	남자	푸차이
당신들	푸악 쿤	여자	푸잉
그들	푸악 카오	남편	싸미
친구	프언	부인	판야
경찰	땀루엇	아이	룩룩

★ 시간/접속

오늘	완니	그리고	레
오늘밤	큰니	그러나	떼와
내일	푸룽 니	왜냐하면	프록와
어제	무어 완 니	월요일	완짠
3시간	쌈 추어 몽	화요일	완앙칸
51분	하씹 엣 나티	수요일	완풋
29초	이씹 까오 위나티	목요일	완프르핫(싸버디)
2개월	썽 드언	금요일	완쑥
7년	쩻 삐	토요일	완싸오
		일요일	완아팃

★ 생존 단어(가나다 순)

공항	싸남빈	에어컨	에
돈	능언	영수증	바이셋
두통	무앗 후아	은행	타나깐
병원	롱 파야반	전화	토라삽
선풍기	팬	태국	타이
설사	텅 씨아	태국어	파싸타이
수건	파첸뚜어	한국	까올리
식당	란 아한	호텔	롱램
약국	란 카이야	환전소	랙 응언

★ 동사/형용사/의문사

단어	발음	단어	발음	단어	발음
가다	빠이	자다	넌	덥다/뜨겁다	런
오다	마	말하다	풋	춥다	나오
하다	땀	생각하다	킷	차갑다	옌
마시다	듬	운전하다	캅롯	어디	티나이
먹다	낀	수영하다	와이 남	무엇	아라이
보다	헨	원하다	아오(명사 앞), 똥깐(동사 앞)	누구	크라이
느끼다	루쓱	맵다	펫	어떻게	양라이
기억하다	짬	싸다	툭	언제	무어라이
잊다	름	비싸다	팽	할 수 있다	다이
알다	루	슬프다	씨아 짜이	할 수 없다	마이 다이
이해하다	카오짜이	행복하다	쾀쑥	갖고 있다	미
사랑하다	락	피곤하다	느어이	갖고 있지 않다	마이 미

★ 숫자

숫자	발음	숫자	발음	숫자	발음	숫자	발음
0	쑨	6	혹	12	씹 썽	361	쌈러이 혹씹 엣
1	능	7	쩻	20	이씹	1000	능판
2	썽	8	뺏	21	이씹 엣	10000	능문
3	쌈	9	까오	30	쌈씹		
4	씨	10	씹	100	능러이		
5	하	11	씹 엣	200	썽러이		

★ 칭찬과 감사

표현	발음	표현	발음
고맙습니다.	컵 쿤	그는 잘 생겼네요.	카오 러
천만에요.	마이 뺀 라이	당신은 참 귀엽습니다.	쿤 나락 막
그녀는 아름답습니다.	터 쑤어이	미안합니다.	커 톳
당신은 매우 좋은 사람이군요.	쿤 짜이 디 막		

★ 간단한 의사소통

안녕하세요.	싸와디?	저는 한국에서 왔습니다.	폼 마짝 까올리 (여성의 경우 폼 대신 찬)
잘가요.	라 껀	저는 학생입니다.	폼 뺀 낙쓱사
행운을 빕니다.	촉디	저는 태국어를 아주 조금 합니다.	풋 파사 타이 다이 닛너이
잘 지내세요?	싸바이 디 마이?	천천히 말씀해 주세요.	까루나 풋 차차
잘 지내요.	싸바이 디	영어를 할 줄 아세요?	쿤 풋 파사 앙끄릿 다이마이?
당신은 이름이 뭡니까?	쿤 츠 아라이?	저는 푸껫에서 5일간 머무릅니다.	폼 유 티 푸껫 하 완
내 이름은 00입니다.	폼 츠 00 (여성의 경우 폼 대신 찬)	당신은 몇 살 입니까?	쿤 아유 타오라이?
이해를 못하겠어요	마이 카오짜이	저는 서른 다섯 살입니다.	폼 쌈씹하 삐 래오
이해하겠어요.	카오짜이 래우	잠깐만 기다리세요.	러 싹크루
만나서 반갑습니다.	인디 티다이 루짝쿤	배고파요.	히우 카오
어디에 사세요?	쿤 팍유 티나이?	갈증나요.	히우 남

★ 쇼핑

시장이 어디 있습니까?	딸랏 유 티나이?	너무 작아요.	렉 끈 빠이
여기 가방이 있습니까?	까빠우 미 마이?	얼마예요?	타오라이 캅(크랍)?
너무 비싸군요.	팽 끈 빠이	디스카운트 좀 해주세요.	롯 다이마이
싫어요. / 별로예요.	메이 아오	300B에 하죠?	쌈러이 다이마이?
저한테는 너무 크군요.	야이 끈 빠이		

★ 택시에서

밀레니엄 힐튼 호텔에 가고 싶어요.	폼 똥깐 빠이 롱램 밀레니엄 힌딴		
여기서 멈추어주세요.	쩟티니	곧장 가세요.	뜨롱 빠이
오른쪽으로 도세요.	리여 콰	천천히 가주세요.	빠이 차차
왼쪽으로 도세요.	리여 싸이	빨리 가주세요.	빠이 레오레오

★ 스파에서

2시간	썽 초몽	강하게 받길 원할 때	아오 낙낙
좋아요, 시원해요.	싸바이	약하게 받길 원할 때	바우바우
아파요.	쨉	등을 많이 해주세요.	아오 랑 여
추워요.	나우		

★ 식당에서

여기 앉아도 될까요?	낭 티니 다이마이?
메뉴 좀 볼 수 있을까요?	커 두 메뉴 너이?
새우 볶음밥을 주문하고 싶은데요.	폼 아오 카오 팟 꿍
닭고기 바비큐 세 접시와 콜라 한 병 주세요.	커 까이양 쌈짠 레 콕 쿠엇능
냉커피 두 잔만 주실래요?	커 까페 옌 썽 투어이?
싱하 맥주 세 병 주세요.	커 비야싱 쌈 쿠엇
맵지 않게 해주세요.	커 마이 펫
매운 음식을 좋아해요	첩 아한 펫
마늘이 많이 들어가는 것이 좋겠어요.	끄라티암 여여 디파이미
주문했어요.	썽 래오
맨밥 한 그릇만 더 주세요.	커 카오 쑤어이 익 짠 능
진짜 맛있군요.	아러이 찡찡
계산서 주세요.	커 첵빈
모기향 좀 주세요.	커 약깐융
재떨이 주세요.	커 티키아불리
맛있다	아러이
맵다	펫

★ 긴급 상황

실례합니다. 화장실은 어디 있습니까?	커톳. 형남 유 티나이?
나는 아파요.	폼 마이 싸바이 (여성의 경우 – 폼 대신 찬)
의사가 필요해요.	폼 똥깐 모
도와주세요.	추어이 두어이
도와주실 수 있으세요?	추어이 너이 다이마이?
경찰이 필요해요.	똥깐 폽 땀루엇
병원이 어디에 있죠?	롱파야반 유 티나이?
별문제 아닙니다(No problem).	마이 뻰 라이

Tip | 태국어에도 존칭이 있다

문장의 마지막에 캅(화자가 남성일 경우)/카(화자가 여성일 경우)를 붙이면 존칭이 된다.

메뉴	메뉴
계산서/영수증	첵빈/바이셋
숟가락	천
젓가락	따끼얍
포크	썸
접시	짠
빨대	롯
모기향	약깐융(모기-융)
물/얼음	남/남캥
맥주	비야
커피	까페
차(tea)	차
소금	끄르아
간장	남씨유
설탕	남딴
식초	남쏨
후춧가루	프릭타이
피시 소스	남쁠라
해산물	탈레
새우	꿍
게	뿌
돼지고기	무
쇠고기	느아
닭고기	까이
계란	카이
파	똔험
마늘	끄라티암
고추	프릭키누
고춧가루	프릭뽄
코코넛	마프라오
망고	마무앙
파인애플	사파롯
수박	땡모

주요 태국어 표기

★ ㄱ

국립미술관 National Gallery
[พิพิธภัณฑสถานแห่งชาติ หอศิลป]
국립극장 National Theater [โรงละครแห่งชาติ]
국립박물관 National Museum [พิพิธภัณฑสถานแห่งชาติ]

★ ㄴ

남부 버스터미널 Sai Thai Bus Terminal [ขนส่งสายใต้ใหม่]

★ ㄷ

돈므앙 공항 Don Muang Airport [ท่าอากาศยานดอนเมือง]
동부 버스터미널 Ekkamai Bus Terminal
[สถานีขนส่งเอกมัย]
두짓 정원 Dusit Garden [สวนดุสิต]

★ ㄹ

라차다 Rachada [รัชดา]
락므앙 Lak Muang(City Pillar) [ศาลหลักเมือง]
룸피니 공원 Lumphini Park [สวนลุมพินี]

★ ㅁ

마담 투소 밀랍인형 박물관 Madame Tussauds Bangkok
[พิพิธภัณฑ์หุ่นขี้ผึ้งมาดามทุสโซ]
마하깐 요새 Mahakan Fort [ป้อมมหากาฬ]
민주 기념탑 Democracy Monument
[อนุสาวรีย์ประชาธิปไตย]

★ ㅂ

반 캄티양 Kamthieng House Museum
[พิพิธภัณฑ์บ้านคำเที่ยง]
방람푸 Banglampu [บางลำภู]
방콕 예술문화센터 Bangkok Art And Culture Centre(BACC)
[หอศิลปวัฒนธรรมแห่งกรุงเทพมหานคร]
벤짜씨리 공원 Benjasiri Park [สวนเบญจสิริ]
벤짜낏티 공원 Benjakitti Park [สวนเบญจกิติ]
북부 버스터미널 Mo Chit Bus Terminal
[สถานีขนส่งหมอชิต]
빠뚜남 Pratunam [ประตูน้ำ]

★ ㅅ

사란롬 파크 Saranrom Park [สวนสราญรมย์]

사톤 Sathonk [สาธร]
수안파카드 궁전 Suan Pakkard Palace Museum
[พระราชวังสวนผักกาด]
수완나폼 공항 Suvarnabhumi Airport
[สนามบินสุวรรณภูมิ]
스쿰빗 Sukumvit [สุขุมวิท]
시청 City Hall [ที่ว่าการกรุงเทพมหานคร]
실롬 Silom [สีลม]
싸남루앙 Sanam Luang [สนามหลวง]
싸오 칭차 Sao Ching Cha [เสาชิงช้า]
쌘쌥 운하 Khlong Saen Saeb [คลองแสนแสบ]
씨암 Siam [สยาม]
씨암 박물관 Museum of Siam [มิวเซียมสยาม]
씨암 오션월드 Siam Ocean World [สยามโอเชี่ยนเวิร์ล]

★ ㅇ

아난따 싸마콤 궁전 Anata Smakom Palace
[พระที่นั่งอนันตสมาคม]
아피섹 두짓 궁전 박물관 Abhisek Dusit Throne Hall
[พระที่นั่งอภิเศกดุสิต]
야오와랏 로드 Yaowarat Road [ถนนเยาวราช]
에라완 사당 Erawan Shrine [พิพิธภัณฑ์ช้างเอราวัณ]
라마 3세 공원 Rama III Park
[สวนสาธารณะเฉลิมพระเกียรติ ถนนพระราม3]
왓 랏차낫다 Wat Ratchanatda [วัดราชนัดดา]
왓 마하탓 Wat Mahathat [วัดมหาธาตุ]
왓 보원니웻 Wat Bowonniwet [วัดบวรนิเวศ]
왓 사켓 Wat Saket [วัดสระเกศ]
왓 수탓 Wat Sutat [วัดสุทัศน์]
왓 아룬 Wat Arun [วัดอรุณ]
왓 차나 쏭크람 Wat Chana Songkhram [วัดชนะสงคราม]
왓 포 Wat Pho [วัดโพธิ์]
왓 프라깨우 Temple of the Emerald Buddha [วัดพระแก้ว]
왕궁 The Grand Palace [พระบรมมหาราชวัง]
위만멕 궁전 Vimanmek Palace [พระที่นั่งวิมานเมฆ]

★ ㅈ

전승기념탑 Victory Monument [อนุสาวรีย์ชัยสมรภูมิ]
짐톰슨 하우스 Jim Thompson's House & Museum
[พิพิธภัณฑ์บ้านไทยจิมทอมป์สัน]
짜오프라야 강 Chao Phraya River [แม่น้ำเจ้าพระยา]

★ ㅊ

차이나타운 China Town [ไชน่าทาวน์]

칫롬 Chitlom [ชิดลม]

★ ㅋ

카오산 Khaosan [ข้าวสาร]

퀸즈 갤러리 Queen's Gallery
[หอศิลป์สมเด็จพระนางเจ้าสิริกิติ์ พระบรมราชินีนาถ]

★ ㅌ

트리무띠 사당 Trimurti Shrine [ศาลพระตรีมูรติ]

★ ㅍ

팍끌롱 꽃시장 Pak Khlong Flower Market
[ปากคลองตลาด]

펀칫 Phloenchit [เพลินจิต]

푸 카오 텅 Phu Khao Thong [ภูเขาทอง]

프라쑤멘 요새 Phrasumane Fort [ป้อมพระสุเมรุ]

★ ㅎ

휠남퐁 역 Hua Lampong Station [สถานีรถไฟหัวลำโพง]

★ 숫자 [ตัวเลข]

0 Soon [ศูนย์]

1 Nueng [หนึ่ง]

2 Song [สอง]

3 Saam [สาม]

4 Si [สี่]

5 Ha [ห้า]

6 Hok [หก]

7 Ched [เจ็ด]

8 Paed [แปด]

9 Kow [เก้า]

10 Sib [สิบ]

★ 월 [เดือน]

1월 January [มกราคม]

2월 February [กุมภาพันธ์]

3월 March [มีนาคม]

4월 April [เมษายน]

5월 May [พฤษภาคม]

6월 June [มิถุนายน]

7월 July [กรกฎาคม]

8월 August [สิงหาคม]

9월 September [กันยายน]

10월 October [ตุลาคม]

11월 November [พฤศจิกายน]

12월 December [ธันวาคม]

★ 숙소 [ที่พัก]

방 Room [ห้อง]

베개 Pillow [หมอน]

★ 교통 [การจราจร]

고속도로 Thang Duan [ทางด่วน]

공항 Airport [สนามบิน]

도로 Road [ถนน]

배, 보트 Boat [เรือ]

수상버스 Express Boat / Waterbus [เรือด่วน]

자전거 Bicycle [จักรยาน]

주유소 Gas Station [ปั๊มน้ำมัน]

항구, 선착장 Pier [ท่าเรือ]

★ 시내 관광 [การท่องเที่ยวในตัวเมือง]

가깝다 Near [ใกล้]

멀다 Far [ไกล]

기념탑 Monument [อนุสาวรีย์]

대학교 University [มหาวิทยาลัย]

도시 Muang / Mueang [เมือง]

마사지 Massage [ข้อความ]

모기 Mosquito [ยุง]

문 Gate [ประตูทางเข้า]

사원 Wat [วัด]

시장 Market [ตลาด]

약국 Pharmacy, Drugstore [ร้านขายยา]

열쇠 Key [กุญแจ]

지도 Map [แผนที่]

태국 정부 관광청 T.A.T
[การท่องเที่ยวแห่งประเทศไทย]

한국 Korea [เกาหลี]

SOS
방콕

여행은 떠나는 것보다 안전하게 돌아오는 게 더 중요하다. 낯선 곳인 만큼 사고가 나면 대처하기가 쉽지 않으므로 안전하게 여행할 수 있도록 대비하자. 여행 중 돌발 사태와 같은 위급 사항이 생길 때, 그 대처를 위한 팁들이다.

★ 여행 중 여권을 잃어버렸다면?

여행을 위해 이것저것 챙겨가고 싶은 것이 많겠지만 확인하고 또 확인해야 할 것이 있으니 바로 여권이다. 여권은 해외에서 신분을 증명해주는 유일한 증명서이다. 여행 중에도 항상 소중하게 보관해야 한다. 여권 분실에 대비해 여권용 사진 2장과 여권 사본을 미리 챙겨두도록 하자. 현지에서 여권을 잃어버렸을 때는 그 나라에 있는 대사관이나 영사관을 먼저 찾는 것이 가장 급한 일(주민등록증이나 운전면허증 등 본인의 신분을 입증할 수 있는 신분증이 있으면 많은 도움이 된다). 긴급 여권 등을 발급받아 귀국 시에 사용할 수 있다.

태국(방콕) 현지 한국대사관 Embassy of the Republic of Korea
주소 23 Thiam-Ruammit Road, Ratchadaphisek
전화 02-247-7537

★ 비행기를 놓치게 되었다면?

탑승 시간을 놓쳐 비행기를 타지 못하게 되었다면 이때는 자신이 타야 할 항공사의 데스크로 가야 한다. 일부 저가 항공권을 제외하면 다른 조건 없이 다른 항공편을 바꾸어 탈 수 있다. 직원에게 문의하여 다음 비행기를 탈 수 있는지 알아보는 것이 급선무이다.

★ 지갑 등 중요한 물건을 분실(도난)했을 경우

신용카드와 현금카드 등이 들어 있는 지갑을 잃어버렸을 때는 당황하지 말고 침착하게 대처한다. 우선 카드 회사에 전화를 걸거나 앱에 접속해 분실 신고를 한다. 각 카드 회사에서는 분실 신고만큼은 24시간 직원이 직접 응대를 해준다. 신고 이후로 사용할 수 없도록 신속하게 조치를 했으면 일단 급한 불은 끈 셈. 외출 시에는 현금을 많이 갖고 다니지 말고 여러 곳에 나누어 보관하는 것이 좋다. 신용카드도 많이 갖고 가지 말고 1~2개 정도만 갖고 가도록 한다. 물건을 분실(도난)할 경우에 대비해 여행 전에 여행자보험도 들도록 한다. 이때 현지 경찰서의 도난 확인서가 있어야 보험 혜택을 받을 수 있으므로 경찰서를 꼭 찾아서 도움을 받도록 한다.

★ 아프거나 다쳤을 경우

낯선 환경과 먹을거리, 일교차 등으로 몸살, 감기, 배탈, 설사 등 여행 기간 내내 아프다가 돌아올 수도 있다. 갑작스런 질병에 대비해 상비약을 준비하는 것이 좋으며 단순히 약으로만 나아지지 않는다면 서둘러 현지 병원을 찾는 것이 좋다. 숙소에 부탁하면 왕진을 해주기도 한다. 진단서와 진료비 청구서를 챙겼다가 여행자보험을 통해 병원비를 보상받을 수 있다. 몸이 아프거나 하면 일정에 욕심을 내기보다는 숙소에서 편안히 쉬며 체력을 보충하는 것이 현명하다. 아래는 한국어 지원이 가능한 방콕 내 종합 병원이다.

범룽랏 국제 병원 Bumrungrad International Hospital
주소 33 Soi Sukhumvit 3
전화 02-066-8888

싸미띠웻 병원 Samitivet Sukhumvit Hospital
주소 133 Sukhumvit 49
전화 02-022-2222

Tip | 먹을거리는 현지에서 즐기고
가져오는 것은 NO!

면세품 이외에 망고나 파파야, 육포 등을 트렁크에 넣어 오다가 공항에서 눈물을 머금고 폐기하거나 과태료를 물게 되는 경우가 있다. 반입이 가능한 경우에도 그 과정이 복잡하고 혹시 불법 반입 시에는 과태료도 부과되는 상황이 발생되니 굳이 모험을 감수하고 가져올 필요는 없다. 여행사로 들르는 쇼핑센터에서 괜찮다고 하더라도 이에 대한 책임은 본인이 감수해야 하므로 반입 금지 품목에 대해서는 과감히 절제하는 자세도 필요하다. 특히 현지 공항에서 판매하는 과일이나 육포 등도 동일하게 적용된다.

Index

✿ Travel Note

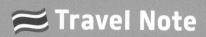

Travel Note

Travel Note

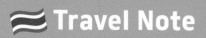

Travel Note

전문가와 함께하는

프리미엄 여행

나만의 특별한 여행을 만들고
여행을 즐기는 가장 완벽한 방법, 상상투어!

알차요　친절해요　맛있어요

상상투어

예약문의 070-7727-6853 | www.sangsangtour.net
서울특별시 동대문구 정릉천동로 58, 롯데캐슬 상가 110호

믿고 보는 해외여행 가이드북

셀프트래블

셀프트래블은 테마별 일정을 포함한 현지의 최신 여행정보를
감각적이고, 실속 있게 담아낸 프리미엄 가이드북입니다.

www.esangsang.co.kr

상상출판

amazing
THAILAND

AMAZING
NEW
CHAPTERS

FOOD

STARRING YOU

ICE CREAM &
SWEET TREATS

ORGANIC
LIFESTYLE

QUEST FOR
DINING